高职高专项目导向系列教材

高聚物生产技术

第二版

张立新　主　编
饶　珍　副主编

化学工业出版社
·北京·

《高聚物生产技术》第二版主要内容共分为八个学习情境。情境一重点阐述了高聚物的基本理论知识、高聚物典型生产过程及高聚物生产岗位的主要工作任务；情境二～八分别选择了聚氯乙烯、聚丙烯、聚乙烯、聚苯乙烯、顺丁橡胶、聚酯及聚甲基丙烯酸甲酯共七种典型合成产品，以产品的生产过程为主线，介绍了每种产品的性能及用途、生产原理、主要岗位的工作任务、生产工艺流程及主要岗位生产技术等，将高分子化学的基本理论知识融于每个产品的生产过程，利于学生熟悉岗位知识及技能。本教材以教学任务的形式编写，每一个任务是一个独立的模块，在实际教学中可以灵活安排。

本教材题材新颖，实践操作性强，注重学生实践技能的培养与训练，体现了任务驱动、项目导向的教学改革模式，教材内容贴近于生产实际，可作为高职高专化工技术类、高分子材料类以及相关专业教材，也可供从事高聚物生产的工程技术人员参阅。

图书在版编目（CIP）数据

高聚物生产技术/张立新主编．—2版．—北京：化学工业出版社，2016.8

ISBN 978-7-122-27463-2

Ⅰ．①高…　Ⅱ．①张…　Ⅲ．①高聚物-生产技术-高等职业教育-教材　Ⅳ．①TQ316

中国版本图书馆CIP数据核字（2016）第145194号

责任编辑：窦　臻　刘心怡　　　　装帧设计：刘丽华

责任校对：宋　夏

出版发行：化学工业出版社（北京市东城区青年湖南街13号　邮政编码100011）

印　　刷：北京永鑫印刷有限责任公司

装　　订：三河市宇新装订厂

787mm×1092mm　1/16　印张10¼　字数252千字　2016年9月北京第2版第1次印刷

购书咨询：010-64518888（传真：010-64519686）　售后服务：010-64518899

网　　址：http://www.cip.com.cn

凡购买本书，如有缺损质量问题，本社销售中心负责调换。

定　　价：29.00元

版权所有　违者必究

前言

“高聚物生产技术”是高职高专化工技术类石油化工生产技术、有机化工生产技术、精细化学品生产技术专业及高分子材料加工类相关专业学生学习的一门专业课程，本教材即针对该课程而编写。为了适应高职以任务驱动、项目导向的教学改革趋势，根据高等职业教育的特点及课程性质，本教材结合了相关专业人才培养方案的需求，在注意学科基本知识结构的基础上，淡化了复杂的理论，突出了利用基本规律解决实际问题，知识内容由浅入深，从基础到应用，突出了知识的应用性。按照项目化课程体例格式编写，表现形式多样化，做到了图文并茂、直观易读。

本教材在编写时整合“高分子化学”、“高聚物合成工艺”、“高分子合成实训”、“装置仿真实训”等相关的学习内容，重新构成“高聚物生产技术”课程内容。以典型产品（聚乙烯、聚丙烯、顺丁橡胶等）为导向，根据聚合工岗位（群）职业能力的要求，采用真实工作任务，整个学习过程知识和能力训练安排体现渐进性。

本教材分为八个学习情境。学习情境一高聚物的生产过程，介绍了高聚物的基本知识、典型生产过程及高聚物生产岗位的主要工作任务；学习情境二聚氯乙烯生产；学习情境三聚丙烯生产；学习情境四聚乙烯生产；学习情境五聚苯乙烯生产；学习情境六顺丁橡胶生产；学习情境七聚酯生产；学习情境八聚甲基丙烯酸甲酯生产（实训）。七种典型产品生产过程完全遵循于生产实际，生产岗位任务分析符合学生的认知规律，清晰易懂。

本书由辽宁石化职业技术学院张立新主编，广州工程技术职业学院饶珍副主编。具体编写分工如下：学习情境一、学习情境二、学习情境五～八由张立新编写，学习情境三、学习情境四由饶珍编写，辽宁石化职业技术学院付丽丽、石红锦老师也参加了部分章节的编写工作，全书由张立新统稿，在此表示感谢。

本书第一版在编写过程中，也得到辽宁石化职业技术学院高分子材料专业教研室杨连成、马超、赵若东、付丽丽、石红锦及锦州石化公司很多工程技术人员的大力支持，在此一并表示感谢！

由于编者的水平有限，难免存在各种问题，敬请大家批评指正。

编者

2016年5月

前言

目录

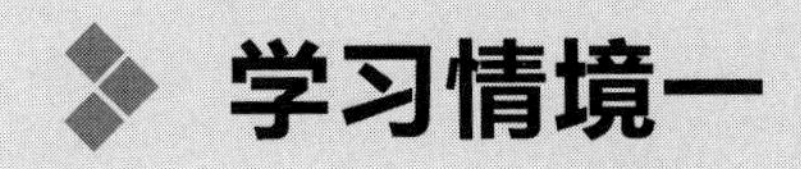

高聚物的生产过程

知识目标：

掌握高聚物的基本概念、分类及命名方法；掌握高聚物形成反应的特点；初步了解高分子材料的实际应用；掌握高聚物生产的主要过程及基本原料的来源；掌握高聚物生产过程特点。

能力目标：

能熟练地命名各类高聚物；能规范写出聚合物的分子式；能判别聚合物的形成反应类型；能正确地分析合成高聚物的单体、引发剂等原料来源；能正确地依据产品用途合理地设计高聚物生产路线。

任务一　认识高聚物

【任务介绍】

已知 8 种化合物：氯乙烯、乙烯、丙烯、苯乙烯、1,3-丁二烯、对苯二甲酸、乙二醇、甲基丙烯酸甲酯，完成以下任务：

1. 写出利用以上化合物形成高聚物的化学反应式；
2. 命名高聚物，并指出其单体、结构单元、重复结构单元、英文缩写；
3. 将高聚物按其用途及主链结构进行分类；
4. 分析单体形成聚合物的聚合机理并判别聚合反应类型。

【相关知识】

一、高聚物的基本概念

高分子化合物（简称高分子，又称高聚物）是由许多相同的、简单的重复单元通过共价键连接而成的大分子所组成的化合物。常用高聚物的相对分子质量高达 $10^4 \sim 10^6$，分子链很长，一般在 $10^{-7} \sim 10^{-5}$ m 之间。

【实例 1-1】 由苯乙烯聚合形成聚苯乙烯：

$$n\,\mathrm{H_2C{=}CH(C_6H_5)} \longrightarrow \mathrm{\{CH_2{-}CH(C_6H_5)\}_{\mathit{n}}}$$

【实例 1-2】 由对苯二甲酸和乙二醇聚合形成聚酯：

$$n\,\mathrm{HOOC{-}C_6H_4{-}COOH} + n\,\mathrm{HO{-}CH_2{-}CH_2{-}OH}$$

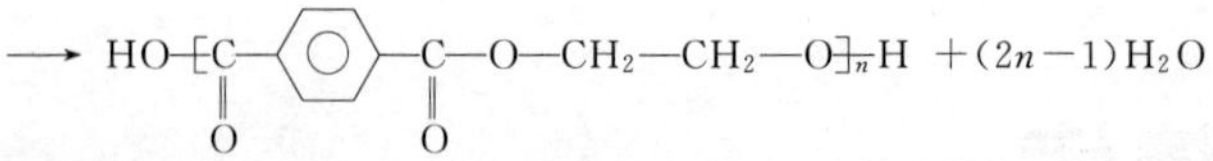

$$\longrightarrow HO\!\left[\!\!\begin{array}{c}C\\ \|\\ O\end{array}\!\!-\!\!\bigcirc\!\!-\!\!\begin{array}{c}C\\ \|\\ O\end{array}\!\!-O-CH_2-CH_2-O\right]_n\!H+(2n-1)H_2O$$

二、高聚物的基本术语

在描述高聚物时，常采用单体、结构单元、单体单元、重复结构单元及聚合度等术语。

高聚物的相对分子质量虽然很大，但都是由小分子通过一定的化学反应形成的，通常把用于合成聚合物的低分子化合物称为单体，它也是合成高聚物的原料。如苯乙烯经聚合反应形成聚苯乙烯，苯乙烯就称为聚苯乙烯的单体；同样，对苯二甲酸和乙二醇是形成聚酯的单体。

高聚物的形成过程可写成如下形式：

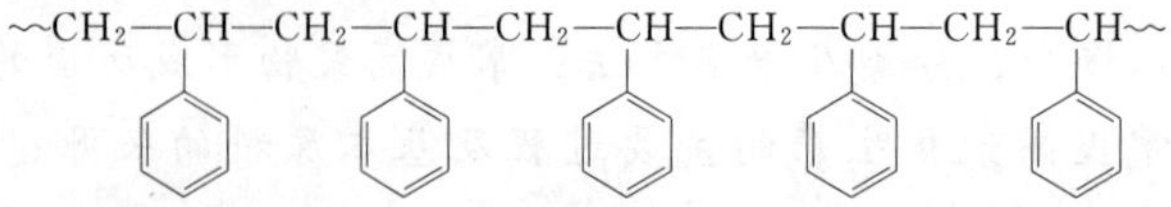

$$\sim CH_2-\underset{\displaystyle C_6H_5}{CH}-CH_2-\underset{\displaystyle C_6H_5}{CH}-CH_2-\underset{\displaystyle C_6H_5}{CH}-CH_2-\underset{\displaystyle C_6H_5}{CH}-CH_2-\underset{\displaystyle C_6H_5}{CH}\sim$$

可见，聚苯乙烯大分子是由许多苯乙烯小分子的结构单元重复连接而成的。构成高分子链的基本单元称为结构单元，符号 ～ 代表高分子的碳链骨架。为方便起见，习惯写成：

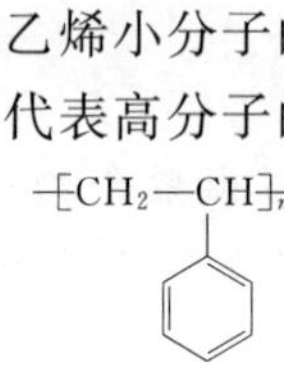

$$\left[CH_2-\underset{\displaystyle C_6H_5}{CH}\right]_n$$

聚苯乙烯的结构单元与所用原料苯乙烯单体分子相比，除了电子结构有所改变外，其原子种类和各种原子的个数完全相同，这种结构单元又称单体单元，且此结构在分子链中重复着，故将此基本结构也称为聚苯乙烯的重复结构单元，n 代表重复单元数，称为聚合度，又俗称链节数，常以$\overline{X}_n$ 表示。可见，像聚苯乙烯这类聚合物，单体单元、结构单元、重复结构单元都是相同的。

聚酯是由对苯二甲酸和乙二醇两种单体合成的，由方括号里的单元重复连接而成，称为重复结构单元。但它的结构单元有两个，且合成中有小分子水生成，造成结构单元与单体的组成不同，这种结构单元不能称为单体单元。这类聚合物的结构单元和重复结构单元是不同的。

【实例 1-3】 聚苯乙烯

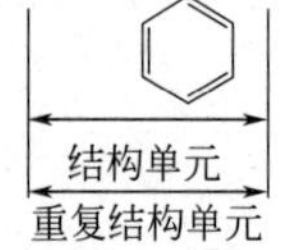

$$\left[CH_2-\underset{\displaystyle C_6H_5}{CH_2}\right]_n$$

结构单元

重复结构单元

【实例 1-4】 聚酯

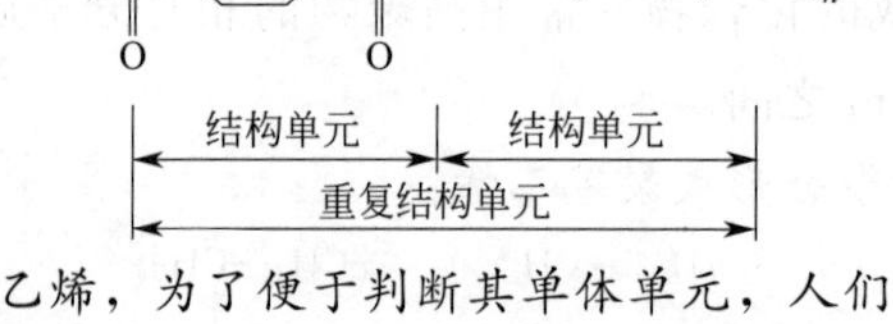

$$HO\!\left[\!\!\begin{array}{c}C\\ \|\\ O\end{array}\!\!-\!\!\bigcirc\!\!-\!\!\begin{array}{c}C\\ \|\\ O\end{array}\!\!-O-CH_2-CH_2-O\right]_n\!H$$

结构单元　结构单元

重复结构单元

特例：聚乙烯和聚四氟乙烯，为了便于判断其单体单元，人们习惯写成 $\left[CH_2-CH_2\right]_n$ 和 $\left[CF_2-CF_2\right]_n$ ，也就是不将$-CH_2-$和$-CF_2-$作为其结构单元（重复结构单元），而是把$-CH_2-CH_2-$和$-CF_2-CF_2-$看成其结构单元（重复结构单元）。

三、高聚物的聚合度及相对分子质量

高聚物作为材料使用的最基本要求就是要具有一定的强度。聚合物的强度与其相对分子质量大小密切相关，因此，高分子在合成、加工及应用时的一个重要参数就是相对分子质量。

聚合度是衡量高聚物相对分子质量大小的一个重要指标。由前面的聚合物结构式很容易看出，聚合物的相对分子质量$\overline{M}_n$是重复单元或结构单元的相对分子质量（M_0）与重复单元数（或结构单元数，聚合度）的乘积，即：$\overline{M}_n=\overline{X}_nM_0$或$\overline{M}_n=nM_0$。

【实例 1-5】 以氯乙烯单体为原料，经聚合得到的聚氯乙烯按其用途不同其相对分子质量可在 5 万～15 万之间，其结构单元相对分子质量为 62.5，试计算其聚合度。

解： $\overline{X}_n=\overline{M}/M_0=(50000\sim150000)/62.5=800\sim2400$

说明一个聚氯乙烯大分子是由大约 800～2400 个氯乙烯结构单元构成的。

但对于聚酰胺、聚酯一类聚合物，平均相对分子质量是结构单元数$\overline{X}_n$和两种结构单元平均相对分子质量$\overline{M}_0$的乘积。

高聚物的相对分子质量与低分子化合物不同，是一个平均值。原因是高聚物都是由一组聚合度不等、结构形态不同的一系列同系物的混合物所组成，该特点被称为高聚物相对分子质量的多分散性。一些常见的高聚物相对分子质量见表 1-1。

表 1-1　一些常用高聚物的相对分子质量　　单位：万

塑料	相对分子质量	橡胶	相对分子质量	纤维	相对分子质量
高密度聚乙烯	6～30	天然橡胶	20～40	涤纶	1.8～2.3
聚氯乙烯	5～15	丁苯橡胶	15～20	尼龙-66	1.2～1.8
聚苯乙烯	10～30	顺丁橡胶	25～30	维尼纶	6～7.5
聚碳酸酯	2～6	氯丁橡胶	10～12	聚丙烯(纤维级)	12～18

可见，即使平均相对分子质量相同的聚合物，其分子量的分布也可能不同，主要是相对分子质量相等的各部分所占的比率不同所造成的。因此，除了平均相对分子质量外，分子量的分布也是影响聚合物性能的重要因素之一。低相对分子质量部分将使聚合物的强度降低，相对分子质量过高的部分又将使其在成型加工时塑化困难。从加工的角度来看，不同聚合物材料应该有不同的分布范围。如合成纤维的相对分子质量分布宜窄，合成橡胶的相对分子质量分布宜宽。

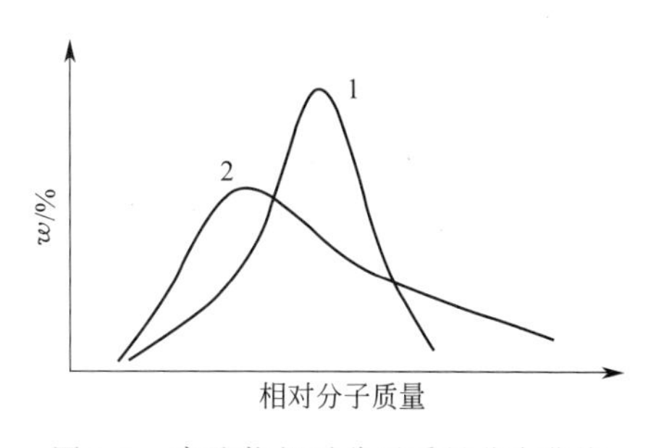

图 1-1　高聚物相对分子质量分布曲线
1—分布较宽；2—分布较窄

高聚物相对分子质量的多分散程度可用相对分子质量分散系数 *HI* 或相对分子质量分布曲线来表示。*HI* 值接近于 1，说明相对分子质量分布较窄；*HI* 值越大，表明相对分子质量分布越宽。图 1-1 所示的是两种典型高聚物的相对分子质量分布曲线。相对分子质量分布曲线可直观看出高聚物相对分子质量的多分散性。图中试样 1 相对分子质量分布较窄；试样 2 相对分子质量分布较宽。

四、高聚物的分类

高聚物的种类很多，可以从不同的角度进行分类。

1. 根据高分子的来源分类

高分子按照其来源可分为天然高分子、半天然高分子和合成高分子。

(1) 天然高分子

自然界天然存在的高分子化合物，如淀粉、纤维素、明胶、蚕丝、羊毛、天然橡胶等。

（2）半天然高分子

经化学改性后的天然高分子化合物。如硝化纤维素、醋酸纤维素等。

（3）合成高分子

由小分子化合物经聚合反应形成的高分子化合物，如由乙烯聚合得到的聚乙烯、氯乙烯聚合得到的聚氯乙烯等。

2. 根据高聚物的性能和用途分类

聚合物主要用作材料，根据制成材料的性能和用途，一般分为塑料、橡胶、纤维、涂料、胶黏剂、离子交换树脂及功能高分子等。通常把塑料、橡胶和纤维统称为三大合成材料。

（1）塑料

在一定温度和压力下具有流动性，可塑化加工成型，而产品最后能在常温下保持形状不变的一类高分子材料。塑料可分热塑性塑料与热固性塑料两种。热塑性塑料可熔可溶，在一定条件下可以反复加工成型，对塑料制品的再生很有意义，占塑料总产量的70%以上，如聚乙烯、聚丙烯、聚氯乙烯等；热固性塑料不熔不溶，在一定温度与压力下加工成型时会发生化学变化，不可以反复加工，如酚醛树脂、脲醛树脂、环氧树脂等。

（2）橡胶

在室温下具有高弹性的高分子材料称为橡胶。它在外力作用下能发生较大的形变，当外力解除后，又能迅速恢复其原来形状。橡胶具有独特的高弹性，还具有良好的耐疲劳强度、电绝缘性、耐化学腐蚀性以及耐磨性等，是国民经济中不可缺少和难以替代的重要材料。常见的有天然橡胶、丁苯橡胶、顺丁橡胶、异戊橡胶、氯丁橡胶、丁基橡胶等。

（3）纤维

柔韧、纤细，具有相当长度、强度、弹性和吸湿性的丝状高分子材料称为纤维。纤维可分为天然纤维和化学纤维。天然纤维指棉花、羊毛、蚕丝和麻等；化学纤维指用天然或合成高分子化合物经化学加工而制得的纤维。化学纤维又分为人造纤维和合成纤维，将天然纤维经化学处理与机械加工而制得的纤维称为人造纤维，如人造丝（黏胶纤维）；由合成的高分子化合物经加工而制得的纤维称为合成纤维，如聚酯纤维（涤纶）、聚酰胺纤维（尼龙）、聚丙烯腈纤维（腈纶）和聚丙烯纤维（丙纶）等。

实质上，塑料、橡胶和纤维这三类聚合物有时很难严格区分。例如聚丙烯既可制成塑料制品，也可制成丙纶纤维；聚酯、聚酰胺既可以做工程塑料又可做纤维等。

3. 根据高分子主链结构分类

高分子化合物通常以有机化合物为基础，根据主链结构，可分为碳链、杂链、元素有机高聚物和无机高聚物。

（1）碳链高聚物

高分子主链完全由碳原子组成。绝大部分单烯类和二烯类聚合物属于此类，如聚乙烯、聚丙烯、聚氯乙烯、聚苯乙烯等，详见表1-2。

表1-2 常见的碳链高聚物

高聚物名称	重复结构单元	单体结构	英文缩写
聚乙烯	$—CH_2—CH_2—$	$CH_2═CH_2$	PE
聚丙烯	$—CH_2—CH(CH_3)—$	$CH_2═CH(CH_3)$	PP

续表

高聚物名称	重复结构单元	单体结构	英文缩写
聚苯乙烯	$-CH_2-CH(C_6H_5)-$	$CH_2=CH(C_6H_5)$	PS
聚氯乙烯	$-CH_2-CH(Cl)-$	$CH_2=CH(Cl)$	PVC
聚偏二氯乙烯	$-CH_2-C(Cl)(Cl)-$	$CH_2=C(Cl)(Cl)$	PVDC
聚四氟乙烯	$-CF_2-CF_2-$	$CF_2=CF_2$	PTFE
聚三氟氯乙烯	$-CF_2-CF(Cl)-$	$CF_2=CF(Cl)$	PCTEF
聚异丁烯	$-CH_2-C(CH_3)(CH_3)-$	$CH_2=C(CH_3)(CH_3)$	PIB
聚丙烯酸	$-CH_2-CH(COOH)-$	$CH_2=CH(COOH)$	PAA
聚丙烯酰胺	$-CH_2-CH(CONH_2)-$	$CH_2=CH(CONH_2)$	PAM
聚丙烯酸甲酯	$-CH_2-CH(COOCH_3)-$	$CH_2=CH(COOCH_3)$	PMA
聚甲基丙烯酸甲酯	$-CH_2-C(CH_3)(COOCH_3)-$	$CH_2=C(CH_3)(COOCH_3)$	PMMA
聚丙烯腈	$-CH_2-CH(CN)-$	$CH_2=CH(CN)$	PAN
聚醋酸乙烯酯	$-CH_2-CH(OCOCH_3)-$	$CH_2=CH(OCOCH_3)$	PVAc
聚乙烯醇	$-CH_2-CH(OH)-$	$CH_2=CH(OH)$（假想）	PVA
聚丁二烯	$-CH_2-CH=CH-CH_2-$	$CH_2=CH-CH=CH_2$	PB
聚异戊二烯	$-CH_2-CH=C(CH_3)-CH_2-$	$CH_2=CH-C(CH_3)=CH_2$	PIP
聚氯丁二烯	$-CH_2-CH=C(Cl)-CH_2-$	$CH_2=CH-C(Cl)=CH_2$	PCP

（2）杂链高聚物

高分子主链中除碳原子外，还有氧、氮、硫等杂原子。如聚甲醛、聚醚、聚酯、聚酰胺、聚碳酸酯等，详见表 1-3。

（3）元素有机高聚物

高分子主链中没有碳原子，主要由硅、硼、氧、氮、铝、钛等原子组成，但侧基由有机基团组成。如有机硅橡胶、聚钛氧烷、聚硅氧烷 $\left[\underset{R}{\underset{|}{\overset{R}{\overset{|}{Si}}}}-O\right]_n$ 、聚钛氧烷 $\left[\underset{R}{\underset{|}{\overset{R}{\overset{|}{Ti}}}}-O\right]_n$ 等。详见表 1-3。

表 1-3 常见的杂链高聚物及元素有机高聚物

高聚物名称	重复结构单元	单体结构	英文缩写
聚甲醛	$-CH_2-O-$	$CH_2=O$	POM
聚环氧乙烷	$-CH_2-CH_2-O-$	$\underset{\diagdown\ O\ \diagup}{CH_2-CH_2}$	PEOX
聚环氧丙烷	$-CH_2-\underset{CH_3}{\underset{\mid}{CH}}-O-$	$\underset{\diagdown\ O\ \diagup}{CH_2-CH_2}-CH_3$	PPOX
聚 2,6-二甲基苯醚	$-C_6H_2(CH_3)_2-O-$	$C_6H_3(CH_3)_2-OH$	PPO
聚对苯二甲酸乙二醇酯	$-CO-C_6H_4-CO-OCH_2CH_2-O-$	$HOOC-C_6H_4-COOH$ $HO-CH_2-CH_2-OH$	PET
环氧树脂	$-O-C_6H_4-C(CH_3)_2-C_6H_4-O-CH_2\underset{OH}{\underset{\mid}{CH}}CH_2-$	$HO-C_6H_4-C(CH_3)_2-C_6H_4-OH$ $\underset{\diagdown\ O\ \diagup}{CH_2-CH_2}-CH_3$	EP
聚碳酸酯	$-O-C_6H_4-C(CH_3)_2-C_6H_4-O-\underset{O}{\underset{\|}{C}}-$	$HO-C_6H_4-C(CH_3)_2-C_6H_4-OH$ $COCl_2$	PC
聚苯砜	$-O-C_6H_4-C(CH_3)_2-C_6H_4-O-C_6H_4-SO_2-C_6H_4-$	$HO-C_6H_4-C(CH_3)_2-C_6H_4-OH$ $Cl-C_6H_4-SO_2-C_6H_4-Cl$	PASU
尼龙-6	$-NH(CH_2)_5CO-$	$-NH(CH_2)_5CO-$	PA-6
尼龙-66	$-NH(CH_2)_6NH-CO(CH_2)_4CO-$	$H_2N(CH_2)_6NH_2$ $HOOC(CH_2)_4COOH$	PA-66
聚氨酯	$-O(CH_2)_2O-CONH(CH_2)_6NHCO-$	$HO(CH_2)_2OH$ $ONC(CH_2)_6CNO$	PU
聚脲	$-NH(CH_2)_6NH-CONH(CH_2)_6NHCO-$	$H_2N(CH_2)_6NH_2$ $ONC(CH_2)_6CNO$	PUA
酚醛树脂	$-C_6H_3(OH)-CH_2-$	$C_6H_4(OH)-CH_2=O$	PF

续表

高聚物名称	重复结构单元	单体结构	英文缩写
聚硫橡胶	$-CH_2CH_2-\underset{\|\|}{\overset{}{S}}-\underset{\|\|}{S}-$ (S S)	$ClCH_2CH_2Cl$ Na_2S_4	PSR
硅橡胶	$-O-Si(CH_3)_2-$	$Cl-Si(CH_3)_2-Cl$	

(4) 无机高聚物　高分子主链及侧链均无碳原子。如硅酸盐类等。

4. 根据高分子几何形状分类

(1) 线型高分子

线型高分子为没有支链的长链分子。其特点是热塑性的，加热可以熔融而且在适当的溶剂中可以溶解。如低压聚乙烯、聚丙烯、聚苯乙烯、聚酯等，如图 1-2(a) 所示。

(2) 支链型高分子

支链型高分子为线型长链分子上带有长短不等支链的高分子。其特点与线型高分子相似，但热塑性和可溶性会随支化程度的不同而改变。如高压聚乙烯、接枝共聚物 ABS 树脂等，如图 1-2(b) 所示。

(3) 体型高分子

体型高分子是由许多线型高分子或支链型高分子在一定条件下交联而成三维空间网状结构的高分子。其特点是在适当溶剂中可以溶胀，但不能溶解，受热可软化但不能熔化，强热则分解，不可反复熔化。如固化后的酚醛树脂、脲醛树脂、硫化橡胶等，如图 1-2(c) 所示。

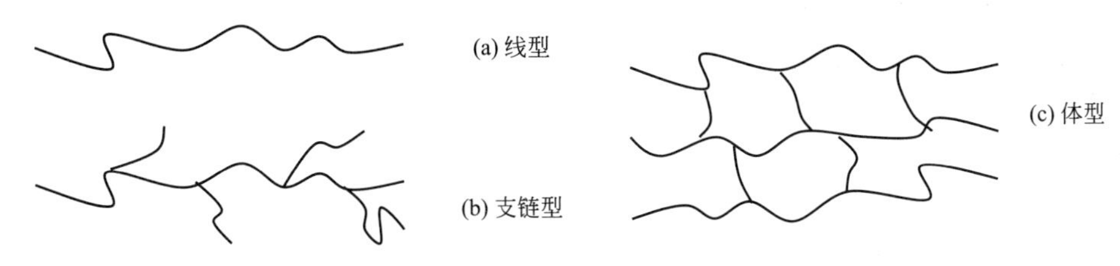

图 1-2　高分子的几何形状

五、高聚物的命名

天然高分子一般依据来源、化学性质、主要用途或功能有其专用名称。如纤维素（来源）、淀粉（用途）、酶（化学功能）、蛋白质（来源）、核酸（化学性质）等。

合成高分子的种类和用途繁多，一直以来并没有统一的命名方法，有时同一种聚合物会有好几种命名方法，现分别介绍如下。

1. 习惯命名法

习惯命名法是指依照单体或聚合物结构来命名的一种方法，分以下几种情况。

(1) 在原料单体或假想单体名称前面冠以“聚”字来命名

如聚乙烯、聚丙烯、聚氯乙烯和聚己内酰胺等。但聚乙烯醇是由假想乙烯醇链节结构而命名的，乙烯醇单体是不存在的，聚乙烯醇是聚醋酸乙烯酯的水解产物。

(2) 在单体名称（或简名）后缀“树脂”来命名

这种方法通常用来命名由两种或两种单体以上合成的共聚物，有时也会在两种单体中各取一个字来命名。如苯酚和甲醛的聚合产物称为酚醛树脂；尿素与甲醛的聚合产物称为脲醛树脂等。

需要说明的是，树脂原意是指动物、植物分泌出来的半晶体或晶体，现已扩大到成型加工前的聚合物粉料或粒料，如聚乙烯树脂、聚丙烯树脂、聚氯乙烯树脂等。

(3) 在单体名称（或简名）后缀“橡胶”来命名

如丁二烯与苯乙烯聚合产物称为丁苯橡胶；丁二烯与丙烯腈聚合产物称为丁腈橡胶；丁二烯聚合顺式结构产物称为顺丁橡胶等。

(4) 以聚合物的结构特征来命名

如对苯二甲酸与乙二醇的聚合产物称为聚对苯二甲酸乙二醇酯；己二酸与己二胺的聚合产物称为聚己二酰己二胺；2,6-二甲基酚聚合产物称为聚2,6-二甲基苯醚等。有时也利用结构特征来命名某一类高聚物，如高分子主链重复单元中含有酯键（—OCO—）的一类高聚物称为聚酯；类似的有聚醚（—O—）、聚酰胺（—NHCO—）、聚砜（—SO_2—）等。

2. 商品命名法

商品名称主要是根据外来语来命名的，并且大多数用于合成纤维的命名，我国习惯以“纶”字作为后缀。如涤纶（聚对苯二甲酸乙二醇酯）、锦纶（聚己二酰己二胺）、腈纶（聚丙烯腈）、维尼纶（聚乙烯醇缩醛）、氯纶（聚氯乙烯）、丙纶（聚丙烯）等。

商品名称中比较典型的是尼龙，它代表聚酰胺一类聚合物。如尼龙-66是己二胺和己二酸的聚合产物，后面第一个数字表示二元胺中的碳原子数，第二个数字表示二元酸中的碳原子数，同理，尼龙-610就是己二胺和癸二酸的聚合产物；如果尼龙名称后面只有一个数字的，则是代表氨基酸或内酰胺的聚合物，如尼龙-6是己内酰胺或ω-氨基己酸的聚合物。

常见的还有由甲基丙烯酸甲酯聚合得到的片状产物称为有机玻璃；由玻璃纤维增强的不饱和聚酯或环氧树脂称为玻璃钢等。

3. 系统命名法

上述几种命名方法虽然简单、方便，但在科学上并不严格，有时也会出现混乱。例如，重复结构单元为—OCH_2CH_2—的聚合物，很难说明其单体结构和来源，环氧乙烷、乙二醇等都能通过适当途径制得这种产物。因而在1972年，国际纯粹与应用化学联合会(IUPAC) 对高聚物提出了系统命名法，类似于有机物的命名方法，虽然比较严谨，但因使用上烦琐，目前尚未普遍使用。

4. 聚合物名称的缩写

人们在书写聚合物名称时，为了简便，常常写成英文缩写名，例如聚乙烯写成PE，聚甲基丙烯酸甲酯写成PMMA，丙烯腈-丁二烯-苯乙烯的三元共聚物写成ABS树脂，丁苯橡胶写成SBR等。常见的英文名称缩写见表1-2、表1-3。

六、高聚物的形成反应

由低分子单体合成聚合物的化学反应称为聚合反应。聚合反应有多种类型，可以从不同的角度进行分类，常用的有以下几种。

1. 按单体与聚合物的组成与结构变化分类

早在20世纪30年代时，美国化学家华莱士·卡罗瑟斯（Carothers）曾将为数不多的聚合反应分成加聚反应和缩聚反应两大类，随着高分子化学的发展，新的聚合反应不断开发，增列了开环聚合反应。

（1）加聚反应

加聚反应是加成聚合反应的简称，是单体经加成而聚合起来的反应，产物被称作加聚物。氯乙烯加聚生成聚氯乙烯就是一个典型的例子。

$$n\mathrm{CH_2{=}CH(Cl)} \longrightarrow \mathrm{-\!\!\![CH_2CH(Cl)]\!\!\!-}_n$$

这类聚合反应的特点是聚合产物的结构单元与其单体组成完全相同，仅仅是电子结构有所变化；加聚物的相对分子质量是单体相对分子质量的整数倍。碳链高聚物的合成反应大多数都属于此类，如聚乙烯、聚苯乙烯、聚甲基丙烯酸甲酯、聚异戊二烯等。

（2）缩聚反应

缩聚反应是缩合聚合反应的简称，是单体经多次缩合而聚合成大分子的反应，反应过程中还伴有水、醇、氨或氯化氢等低分子副产物产生，产物被称作缩聚物。己二胺和己二酸经聚合反应生成尼龙-66就是一个典型的例子。

$$n\mathrm{H_2N(CH_2)_6NH_2} + n\mathrm{HOOC(CH_2)_4COOH} \longrightarrow \mathrm{H{-}\!\![HN(CH_2)_6NHOC(CH_2)_4CO]_{\mathit{n}}OH} + (2n-1)\mathrm{H_2O}$$

这类聚合反应的特点是缩聚物中往往留有官能团的结构特征，如酰胺键—NHCO—、酯键—OCO—等；聚合物的结构单元要比单体少若干个原子；缩聚物的相对分子质量不是单体相对分子质量的整数倍。杂链高聚物的合成反应多数属于此类，如聚酯、聚酰胺、酚醛树脂、脲醛树脂等。

（3）开环聚合反应

杂链高聚物中有一部分产物结构类似缩聚物，但反应时无低分子副产物产生，且聚合产物与单体组成相同，又有点类似加聚。人们将环状单体聚合成线形聚合物的反应称作开环聚合反应。如环氧乙烷经开环聚合反应生成聚环氧乙烷，己内酰胺开环聚合生成聚酰胺-6（尼龙-6）等。

$$n\,\mathrm{CH_2{-}CH_2}\ (\text{环上连 O}) \xrightarrow{\text{开环}} \mathrm{-\!\![OCH_2CH_2]_{\mathit{n}}}$$

环氧乙烷　　　聚环氧乙烷

$$n\,\mathrm{NH(CH_2)_5CO}\ (\text{环状}) \xrightarrow{\text{开环}} \mathrm{-\!\![NH(CH_2)_5CO]_{\mathit{n}}}$$

己内酰胺　　　尼龙-6

2. 按聚合机理分类

随着对聚合反应研究的更加深入，20世纪50年代Flory根据聚合反应机理和动力学的不同，将聚合反应分成连锁聚合反应和逐步聚合反应两大类。

（1）连锁聚合反应

多数烯烃类单体的加聚反应属于连锁聚合反应。连锁聚合反应需要活性中心（活性种），单体与活性中心反应使链不断增长，活性中心可以是自由基、阳离子或阴离子，因而连锁聚合反应可分为自由基聚合反应、阳离子聚合反应和阴离子聚合反应。连锁聚合反应由链引发、链增长、链终止等各步基元反应组成，各基元反应的速率和活化能差别很大，体系始终由单体和高聚物组成，没有相对分子质量递增的中间产物，连锁聚合反应一般为不可逆反应。

（2）逐步聚合反应

多数缩聚反应和加成反应属于逐步聚合反应。逐步聚合反应不需要特定的活性中心，是由低分子转变成高分子的过程，反应缓慢，逐步进行。在反应初期，大部分单体很快聚合形成二聚体、三聚体、四聚体等低聚物，随后，低聚物之间继续发生聚合反应，相对分子质量逐步提高，每一步的反应速率和活化能基本相同，聚合体系由单体和相对分子质量递增的系列中间产物组成，大多数逐步聚合反应为可逆反应。

按聚合反应机理分类既可以反映聚合反应的本质，也可以利用其特征来控制聚合速率和产物的相对分子质量等聚合反应重要指标，因此，按聚合机理分类非常重要。

七、高分子材料的应用

材料是人类生产和生活的物质基础，与能源及信息技术并列成为现代科学技术发展的三大支柱。按其化学成分分类，材料可分为金属材料、无机非金属材料、有机高分子材料和复合材料四大类。高分子合成材料是20世纪用化学方法制造的一种新型材料，它具有不同于低分子化合物独特的物理、化学和力学性能，在短短的几十年内，高分子材料迅速发展，已与有几百上千年历史的传统材料并驾齐驱。原料来自石油、天然气和煤，其资源比金属矿藏丰富得多。目前，在相当程度上取代了钢材、水泥、木材和陶瓷等材料。高分子材料具有许多优良性能，是当今世界发展最迅速的产业之一，已广泛应用到电子信息、生物医药、航天航空、汽车工业、包装、建筑等各个领域。

高分子材料在人类的现代生活的衣、食、住、行、用等各个方面的应用更是不胜枚举，图1-3是一个家庭妇女在厨房里所看到的，几乎到处都有高分子材料。

图1-3　我们身边的高分子材料

随着高分子工业的快速发展、应用领域的逐步扩大，合成高分子材料的废弃量大量增大，对环境保护造成了极大的压力。现在世界各国大力推进“绿色”高分子，也称“环境友好”高分子。如用玉米和甜菜为原料，经发酵得乳酸，经本体聚合成聚乳酸，用它制成医用外科缝合线，可自降解掉，不用拆线；用它代替聚乙烯作为包装材料和农用薄膜，解决了这一领域令人头疼的大量废弃物的处理问题。以可再生的农副产品为原料代替日趋短缺的不可再生的石油资源，真正体现了绿色的内涵。

任务二　高聚物的生产过程

如果将任务一中的八种单体进行聚合反应制备高聚物，尝试初步分析合成高聚物应包含哪些主要生产过程，单体是如何制备的，了解主要生产岗位的工作任务。

一、高聚物单体的来源

1. 单体的来源

高分子合成材料已广泛应用于各个领域中，要求原料来源丰富、成本低、生产工艺简单、环境污染小，各种原料能综合利用、经济合理。

目前，单体来源主要有三个途径，即石油化工路线、煤炭路线及农副产品路线。高聚物合成所用单体大多数是单烯烃、二烯烃等脂肪族化合物，少数为芳烃、杂环化合物，还有二元醇、二元酸、二元胺等含官能团的化合物。除单体外，生产中还需要大量的有机溶剂，如苯、甲苯、二甲苯、加氢汽油及烷烃化合物等。所以采用石油化工技术路线是比较合理的，这里仅介绍石油化工路线。

采用石油化工技术路线的相关各工业关系如图 1-4 所示。

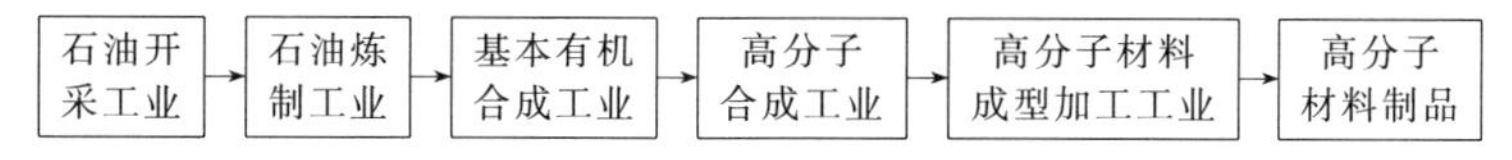

图 1-4　石油化工技术路线的相关各工业关系

石油开采工业：从石油中开采出原油和油田伴生气的工业。

石油炼制工业：将原油经过常减压蒸馏、催化裂化、加氢裂化、焦化、加氢精制等过程加工成各种石油产品的过程。如汽油、煤油、柴油、润滑油等石油产品。

基本有机合成工业：将经过石油炼制得到的相关油品如汽油、柴油经高温裂解、分离精制得到三烯，即乙烯、丙烯及丁二烯。由裂解得到的轻油经催化重整加工得到三苯一萘，即苯、甲苯、二甲苯及萘，进一步可合成醇、醛、酮、有机酸、酸酐、酯以及含卤类衍生物等。基本有机合成工业不仅为高分子合成工业提供了最主要的原料——单体，并且提供溶剂、塑料用添加剂及橡胶用配合剂等。

高分子合成工业：将小分子的单体聚合成相对分子质量高的合成树脂、合成橡胶及合成纤维。

高分子材料成型加工工业：将高分子合成工业的产品合成树脂、合成橡胶及合成纤维，添加适当种类及数量的助剂，经过一定的方法加以混合或混炼，然后经各种成型方法制得经久耐用的高分子材料制品。

2. 常见单体的用途

(1) 乙烯和丙烯

有机合成中，利用石脑油或轻柴油裂解主要制乙烯和丙烯，因为乙烯产量最大，所以一般将石油裂解装置通称为“乙烯装置”。以乙烯为单体经聚合反应得到的是聚乙烯，是目前产量、用量最大的合成树脂。乙烯和丙烯用途十分广泛，所以发展特别快，也是合成其他树脂的主要原料。乙烯、丙烯的主要用途如图 1-5、图 1-6 所示。

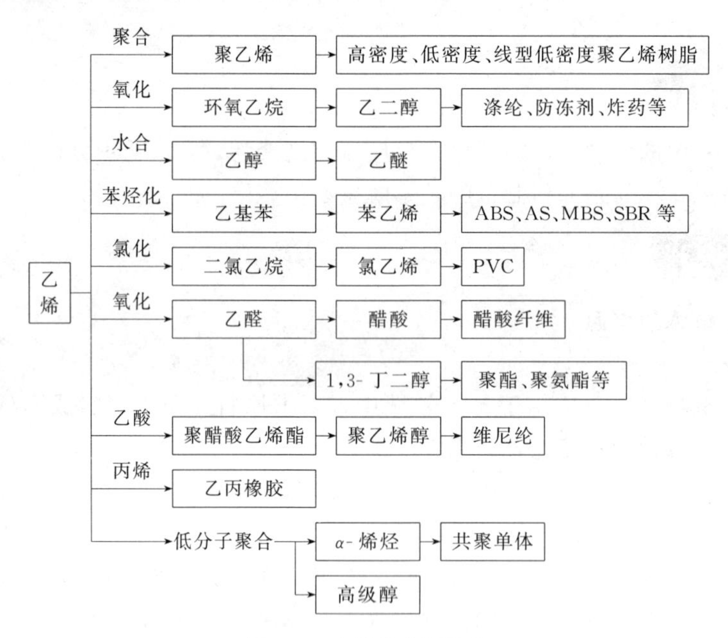

图 1-5　乙烯的主要用途

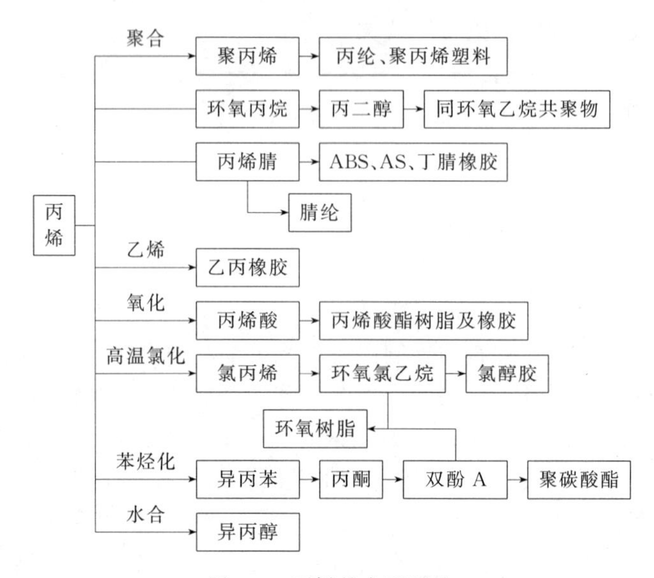

图 1-6　丙烯的主要用途

（2）1,3-丁二烯

1,3-丁二烯是合成橡胶的主要单体之一，还可生产工程塑料及热塑性树脂，1,3-丁二烯的主要用途如图 1-7 所示。

（3）苯乙烯

苯乙烯是合成高聚物的重要原料，利用它可制成合成橡胶、合成树脂及多种精细化工产品，苯乙烯的主要用途如图 1-8 所示。

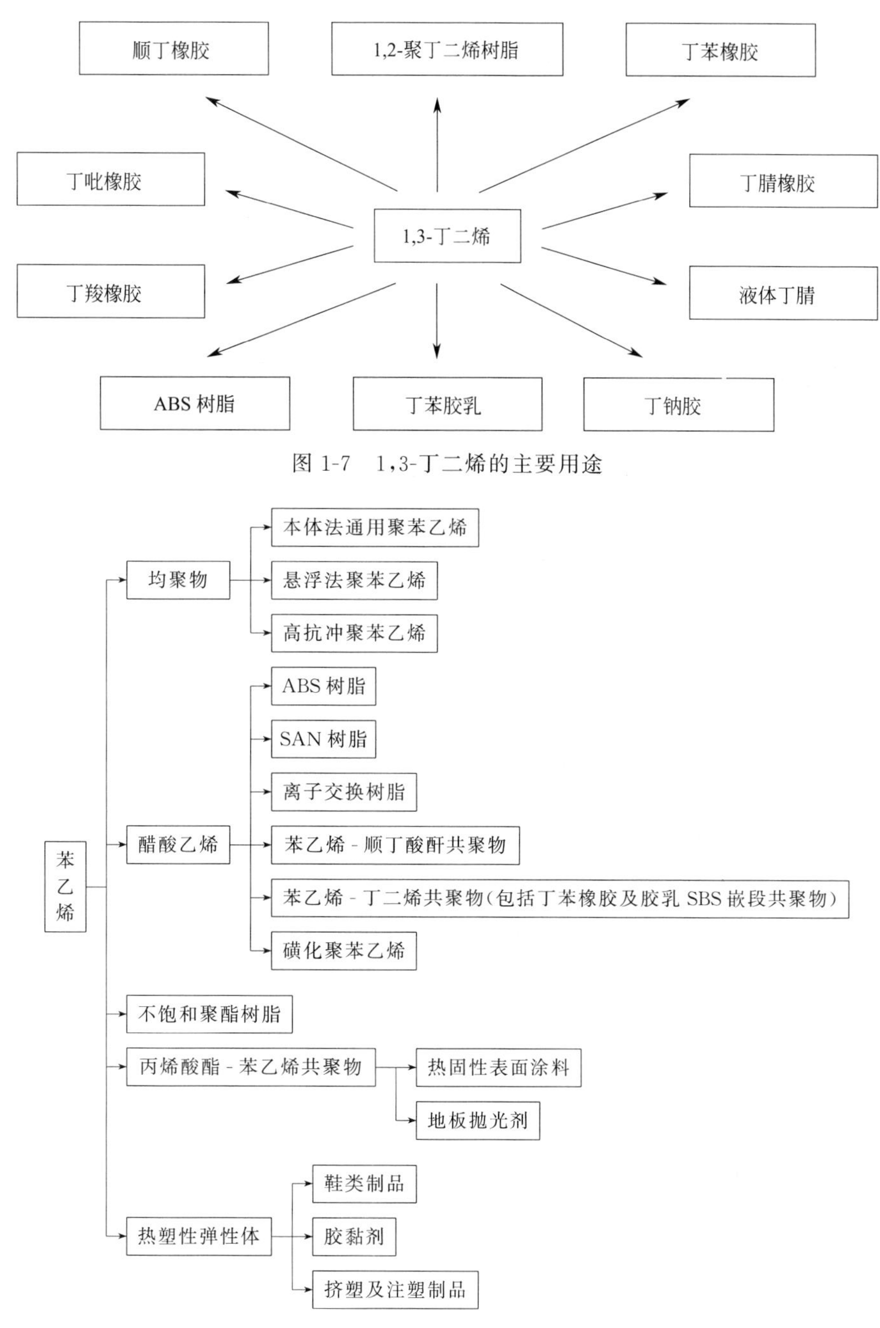

图 1-7　1,3-丁二烯的主要用途

图 1-8　苯乙烯的主要用途

二、高聚物的生产过程

高聚物的生产过程主要包括原料准备与精制、引发剂的配制、聚合反应、产物分离、回收及产品后处理等工艺步骤，每步工艺过程，都对产品的质量有影响。高聚物的生产过程如图 1-9 所示。

1. 主要生产过程描述

(1) 原料准备与精制过程

主要包括单体、溶剂、去离子水等原料的贮存、洗涤、精制、干燥、调整浓度等过程。

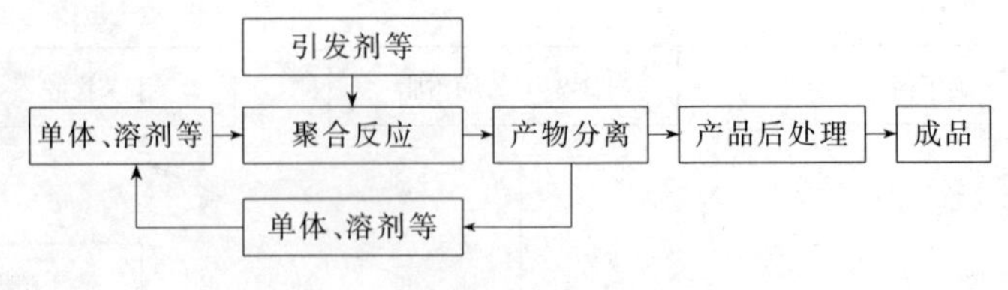

图 1-9 高聚物的生产过程

高聚物合成所用的大多数单体及溶剂都是有机化合物，具有易燃、易爆和有毒的特点，因此，在贮存和输送过程中应当考虑安全问题。

① 为防止单体与空气接触产生爆炸混合物或过氧化物，要求贮存设备和输送管路的密封性要好，不应有渗漏现象。

② 单体和溶剂贮存的温度不能过高，尽量低温下避光贮存最好。

③ 在贮存区不得有烟火或其他可能引起火灾的物品。

④ 为了防止因受热后单体产生自聚，单体贮罐及容器应避免阳光照射，注意采用隔热和降温措施或安装冷却装置。

⑤ 贮存低沸点的单体和溶剂的容器及设备需耐高压。

⑥ 为防止贮罐内进入空气，可通入氮气保护。

此外，合成高聚物的生产中要求单体中杂质含量少，纯度要求至少达到 99%。有害杂质不仅影响聚合反应速率和产物相对分子质量，还可能造成引发剂失活或中毒。尤其是单烯烃及二烯烃单体中要求醛、酮、炔烃含量很少。除单体和溶剂外，所用水及助剂的配制也应达到聚合级要求，如离子聚合反应中必须用除掉钙镁及金属离子的去离子水，否则微量的水分也会引起引发剂失去活性。

(2) 引发剂的配制过程

主要包括聚合用引发剂和助剂的溶解、贮存、调整浓度等过程。在引发剂的配制过程中，多数引发剂有受热后易分解爆炸的危险，所以要充分考虑不同种类引发剂各自的稳定程度。

① 自由基聚合用引发剂。对于油溶性引发剂，主要是偶氮类化合物和有机过氧化物，这类引发剂受热后易分解，宜贮存在低温环境中。尤其是固体有机过氧化物易爆炸燃烧，在工业上贮存时要使用小包装，且有一定的水分保持潮湿状态，还要注意防火、防撞击。液体过氧化物可加入一定量的溶剂稀释以降低其浓度。

对于水溶性引发剂，主要是过硫酸盐及氧化-还原引发体系，这类引发剂在使用前一般用水配成一定浓度溶液后，再加以使用。

② 离子型聚合用引发剂。离子型聚合所用引发剂有阳离子引发剂、阴离子引发剂及配位络合引发剂，其共同特点是不能同水及空气中的氧、醇、醛、酮等极性化合物接触，否则易引起引发剂的中毒。尤其是水的存在很容易发生引发剂的爆炸分解，失去活性。

烷基金属化合物的危险性最大，遇氧后会发生爆炸。如三乙基铝接触空气就会自燃，遇水则会发生强烈反应而爆炸，使用时要特别小心，贮存的地方应有消防设备，配制好的催化剂用 N_2 或其他惰性气体加以保护。

过渡金属卤化物如 $TiCl_4$、$TiCl_3$、$AlCl_3$ 及 BF_3 等，易水解放出腐蚀性的气体。因此，接触的空气或惰性气体应当十分干燥，使用容器、管道及贮罐用惰性干燥气体或无水溶剂冲洗。此外，$TiCl_4$ 和 $TiCl_3$ 易与空气中的氧反应，在贮存和运输中要严格防止接触空气。

在配制配位络合引发剂时，加料的顺序、陈化方式及温度对引发剂的活性也有明显影响。

通常引发剂用量很少，高效引发剂的用量往往更少，配制时一定要按规定的方法和配方要求进行操作，这样才能保证其活性。

③ 缩聚反应所用催化剂。缩聚反应是官能团之间逐步缩合聚合形成高聚物的反应，即使不加催化剂也可以完成聚合反应，但有时为了加快反应速率，也加入一定量的催化剂。大多数是酸、碱和金属盐类化合物，一般不属于易燃、易爆化合物，但对人体有一定的伤害，使用时也要注意安全。

(3) 聚合反应过程

高聚物的聚合反应过程是高聚物合成工艺过程中的核心过程，也是最关键的步骤，对整个高聚物的生产起决定性作用，直接影响产物的结构、性能及应用。不同的聚合实施方法，其聚合反应的控制因素不同，主要考虑以下几个方面。

① 对聚合体系的要求。聚合体系中单体、分散介质（水、有机溶剂）和助剂的纯度达要求，不含有害于聚合反应的杂质，不含影响聚合物色泽的杂质。同时要满足生产用量及配比要求。

② 对反应条件的要求。聚合反应多为放热反应，不同单体聚合热差别很大。聚合温度主要影响聚合反应速率、产物的相对分子质量及分布。因此，为控制高聚物产品的质量，通常要求聚合反应体系的温度波动与变化不能太大。聚合反应压力主要对沸点低、易挥发的单体和溶剂影响较大，影响规律与温度影响相似。因此，生产上需采用高度自动化控制。

③ 对聚合设备和辅助装置的要求。高聚物的合成反应通常在反应器中进行，反应器应有利于加料、出料及传质、传热过程。高聚物合成的品种很多，聚合方法不同，反应器的类型也不同。由于高聚物产品形成之后，不能精制提纯，所以对聚合生产设备的材质要求严格，设备及管道应采用不锈钢、搪玻璃或不锈钢碳钢复合材料制成。

④ 对产品牌号的控制方法。高聚物生产可通过改变配方或反应条件获得不同牌号（主要是相对分子质量大小及分布）的产品，常采用以下几种方法。

a. 使用相对分子质量调节剂。在聚合过程中，链转移反应可以降低产物的相对分子质量，因此，实际生产中可添加适量的链转移剂（相对分子质量调节剂），将产品平均相对分子质量控制在一定范围内。

b. 改变反应条件。聚合反应温度、压力不仅影响聚合反应总速率，对链增长、链终止及链转移反应速率均有不同影响，因而反应条件的改变会改变产品平均相对分子质量。工业上，最典型的是利用反应温度来得到不同牌号的聚氯乙烯树脂。

c. 改变稳定剂、防老剂等添加剂的种类。生产中，某些品种的合成树脂与合成橡胶的牌号因所用稳定剂或防老剂的不同而改变，可根据用途选择。

(4) 产物分离过程

主要包括未反应单体的回收、脱除溶剂、引发剂、低聚物等过程。聚合反应后所得物料多数不是单纯的聚合物，往往还含有未反应的单体、反应用的介质水和溶剂、残留的引发剂及其他未参加反应的助剂等。为提高高聚物产品纯度，回收未反应的单体及溶剂，降低生产成本，减少环境污染，对聚合后的物料必须进行分离，分离方法与所得高聚物的形态有关。

(5) 回收过程

主要包括未反应单体和溶剂的回收与精制过程。生产中主要是回收离子聚合反应和配位聚合反应的溶液聚合方法中使用的有机溶剂，并进行精制，然后循环使用。在生产中，通常采用离心过滤与精馏等单元操作进行回收。

（6）产品后处理过程

主要包括聚合物的输送、干燥、造粒、均匀化、贮存、包装等过程。经前期分离过程制得的固体高聚物，含有一定的水分和未脱除的少量溶剂，必须经过干燥脱除，才能得到干燥的合成树脂或合成橡胶。

此外，还有与全厂有关的三废处理和公用工程如供电、供气、供水等项目。

2. 聚合反应设备

在聚合物生产中，聚合反应工序是最关键的过程，其设备是整个生产过程的核心。聚合反应设备种类很多，通常按结构分为釜式、管式、塔式、流化床及其他特殊结构型式的聚合反应器。

（1）釜式聚合反应器

釜式聚合反应器也称为搅拌釜反应器，简称反应釜，分为有搅拌和无搅拌两种。这类反应器的适应性强，操作弹性较大，适用的压力和温度较宽，既可用于间歇操作，也可用于连续操作，并且釜内的温度和浓度均一，生产上容易控制，所得的产品质量均一，因而应用最广泛。一般聚氯乙烯、乳液丁苯、溶液丁苯、乙丙橡胶、顺丁橡胶等聚合物的合成均用釜式反应器。具体设备原理将在聚氯乙烯、聚丙烯、顺丁橡胶生产工艺中详细介绍。

（2）管式聚合反应器

管式聚合反应器结构比较简单，属于连续流动式的反应器，一般用于处理黏度较高的均相反应物料。生产时原料从管的一端连续送入，在管内完成升温、加压及反应等，产物和未反应的单体从反应器另一端连续排出。管式反应器具体设备原理将在聚乙烯、聚丙烯生产工艺中详细介绍。

（3）塔式聚合反应器

塔式反应器构造简单，也属于连续流动式的反应器，具有长径比较大的垂直圆筒结构，可以是挡板式或固体填充式，塔内物料温度可沿塔高分段控制。塔式反应器主要用在聚苯乙烯的本体聚合中，其设备原理将在聚苯乙烯生产工艺中详细介绍。

（4）流化床聚合反应器

流化床聚合反应器是一种垂直圆筒形或圆锥形容器，内装引发剂，生产时原料从反应器底部进入，产物从顶部引出。这类反应器的颗粒床像液体沸腾一样，因此传热效果好，温度均匀且易控制，但单体转化率较低，由于流程简单，使用日趋普遍。具体设备原理将在聚乙烯生产工艺中详细介绍。

（5）其他特殊结构型式聚合反应器

对于处理高黏度的聚合体系，需要采用特殊结构型式的聚合反应器，如缩聚反应后期使用的卧式反应器。具体设备原理将在聚酯生产工艺中详细介绍。

3. 高聚物的生产过程特点

合成高聚物的生产过程，不同于其他化工生产，具有以下特点。

① 要求单体具有双键和有活性的官能团，分子中含 C═C 及两个或两个以上的官能团，通过分子中双键或活性官能团，生成高聚物。

② 由低分子单体生成高聚物的相对分子质量是多分散性的，相对分子质量的分布不同，产品的性能差别很大，影响相对分子质量的工艺因素较多。

③ 生产过程中聚合或缩聚反应的热力学和动力学不同于一般有机反应，直接影响相对分子质量及分布、大分子结构和转化率。

④ 生产的品种多，有固体、液体，不同品种生产工艺流程差别很大。

⑤ 聚合反应体系中物料有均相反应和非均相反应体系，反应过程中有的有相态变化。

4. 生产岗位主要工作任务

通过对高聚物合成生产企业调研，针对高聚物生产典型工艺过程，总结、分析归纳出高聚物合成产品生产中所对应的岗位任务、岗位能力、岗位知识及岗位素质的要求。如表 1-4 所示。

表 1-4　高聚物合成岗位任务描述

岗位名称	岗位任务描述	岗位能力描述	岗位知识描述	岗位素质描述
聚合单体岗位	聚合单体准备、精制、贮运、质检、投入及设备维护保养	能对单体进行选择、精制、存贮；能解读工艺流程，并按规程实施；能识别单体质量；能按配方计量、投入；能进行设备简单维护保养	单体来源、分类、性质、存贮；精制、计量、输送、控制原理与方法；静、动设备保养	经济意识；安全意识；环保意识；团队意识；整体运作意识
引发剂等岗位	引发剂的精制与配制；各辅助物料精制与配制；各种计量输送；配制设备的维护保养	能对引发剂和辅助物料进行选择、存贮、精制、配制；能解读工艺流程，并按规程实施；能进行各种计量输送；能按配方计量、投入；能进行设备简单维护保养	引发剂的选择、分类、性质、存贮；精制、计量、输送、控制原理与方法；配方的计算方法；静、动设备保养	经济意识；安全意识；环保意识；团队意识；整体运作意识
聚合反应岗	实施聚合并获得合格产品；按规程平稳操作；合理控制工艺条件；“三率”达标；聚合设备维护与保养。	能解读工艺流程，并按规程实施；能判断聚合现象并调节聚合条件；能正确使用聚合设备及仪表；能判别常见问题，并能及时处理；能对聚合设备简单维护与保养	聚合机理；实施方法；影响因素分析；DCS 控制系统；操作优化方法；静、动设备保养、维修	经济意识；安全意识；环保意识；团队意识；关键意识；整体运作意识
产物分离岗位	对含有聚合物的混合物进行分离	能针对混合物组成不同，按分离方案进行分离实施；能解读分离规程；能操作分离设备；能控制分离指标；能维修保养分离设备	分离方案选择；分离原理与设备；分离控制原理；操作规程；静、动设备保养	经济意识；安全意识；环保意识；团队意识；整体运作意识
后处理岗位	聚合产物的提纯处理	能解读提纯操作规程；能实施提纯操作；能控制提纯工艺条件；能对产物均一化处理；能对常见问题处理；能维护保养提纯设备	提纯原理；干燥原理；挤出造粒；均一化处理原理；静、动设备保养	经济意识；安全意识；环保意识；团队意识；整体运作意识
成品岗位	产品计量、抽检、包装、入库、登记、销售、付货	能使用计量、包装设备；能按规程实施计量与包装；能按规定登记、入库、付货；能进行贮存时检查管理；能进行设备维护保养	物流管理；安全管理；经济管理；营销管理	经济意识；安全意识；环保意识；团队意识；整体运作意识
回收岗位	按规程平稳操作；回收工艺条件控制；回收原料的再利用；回收设备维护保养	能解读回收规程；能进行回收设备操作；能控制回收工艺条件；能使用回收用电器、仪表；能处理常见回收问题；能进行设备简单维护保养	回收原理；控制方法；质量控制；节能减排；静、动设备保养	经济意识；安全意识；环保意识；团队意识；整体运作意识

【自我评价】

一、名词解释

1. 高聚物 2. 高聚物相对分子质量多分散性 3. 碳链高聚物 4. 杂链高聚物 5. 塑料 6. 橡胶 7. 纤维

二、填空题

1. 高聚物与小分子化合物相比较，主要特点是（ ）、（ ）、（ ）。
2. 高聚物按高分子主链结构可分为（ ）、（ ）、（ ）和（ ）。
3. 高聚物按用途分为三大合成材料即（ ）、（ ）和（ ）。
4. 高聚物按照大分子几何形状可分为（ ）、（ ）和（ ）。
5. 常说的四大合成树脂是指（ ）、（ ）、（ ）和（ ）。
6. 常说的三大合成橡胶是指（ ）、（ ）、（ ）和（ ）。
7. 常说的三大合成纤维是指（ ）、（ ）和（ ）。
8. 高分子合成单体主要来源于（ ）条途径，即（ ）路线、（ ）路线及（ ）路线。
9. 高聚物合成的生产过程主要包括（ ）、（ ）、（ ）、（ ）、（ ）等。
10. 高聚物的形成反应按照聚合机理可分为（ ）和（ ）。

三、选择题

1. 聚合度是指高聚物的（ ）数。
A. 单体 B. 结构单元 C. 重复结构单元 D. 原料
2. 聚乙烯醇的单体是（ ）。
A. 乙烯 B. 假想 C. 乙烯醇 D. 乙醇
3. 由单体氯乙烯聚合形成聚氯乙烯的反应属于（ ）。
A. 缩聚反应 B. 加聚反应 C. 开环反应 D. 逐步加聚反应
4. 下列聚合物中，属于碳链高聚物的是（ ）。
A. 聚己二酰己二胺 B. 聚环氧乙烷 C. 聚乙烯醇 D. 聚碳酸酯
5. 下列高聚物中，属于热固性树脂的是（ ）。
A. 聚乙烯 B. 聚苯乙烯 C. 聚氯乙烯 D. 酚醛树脂
6. 为了防止单体产生自聚，通常在单体贮存和运输中加入少量（ ）。
A. 添加剂 B. 阻聚剂 C. 引发剂 D. 防老剂
7. 高分子合成工业的原料来源于（ ）。
A. 石油炼制工业 B. 油品贮运工业
C. 有机合成工业 D. 高分子材料加工工业
8. 常用的聚合设备是（ ）反应器。
A. 管式 B. 塔式 C. 釜式 D. 夹套式
9. 一般把石油裂解装置通称为（ ）。
A. 乙烯装置 B. 丙烯装置
C. 苯乙烯装置 D. 氯乙烯装置
10. 高聚物合成工艺中的核心过程是（ ）。
A. 单体精制 B. 引发剂配制 C. 单体回收 D. 聚合反应

四、简答题

1. 写出聚丙烯、聚氯乙烯、聚甲基丙烯酸甲酯、顺丁橡胶、聚酯的结构式，并指出其单体名称、结构单元、重复结构单元及英文缩写。

2. 常用聚苯乙烯的相对分子质量为 $10\times10^4\sim30\times10^4$，计算其聚合度。

3. 尼龙-610 是哪种聚合物的俗称？其单体是什么？名称中的“6”和“10”分别代表什么？写出该聚合物的单体、结构单元及重复结构单元。

学习情境二

聚氯乙烯生产

知识目标：

掌握氯乙烯聚合的反应原理；掌握氯乙烯聚合引发剂的选择原则；掌握生产聚氯乙烯的主要原料及作用；掌握聚氯乙烯装置的生产工艺流程及生产特点；掌握聚氯乙烯生产主要岗位设置及各岗位的工作任务。

能力目标：

能正确分析聚氯乙烯生产岗位的工作任务；能识读聚氯乙烯生产工艺流程图。

聚氯乙烯（Polyvinyl chloride，缩写 PVC）是由氯乙烯单体遵循自由基聚合机理而制得的一种热塑性树脂，氯乙烯的均聚物和共聚物统称为聚氯乙烯树脂。由于生产原料来源丰富、性能优异、用途广泛，这种树脂在通用塑料中占有重要的地位。聚氯乙烯生产原料及产品如图 2-1 所示。

图 2-1　聚氯乙烯原料及产品示意图

一、聚氯乙烯制品展示

以聚氯乙烯树脂为原料，加入各种添加剂，按产品用途不同采用相应的成型加工方法，可以得到各种用途的聚氯乙烯塑料或人造革。聚氯乙烯制品如图 2-2 所示。

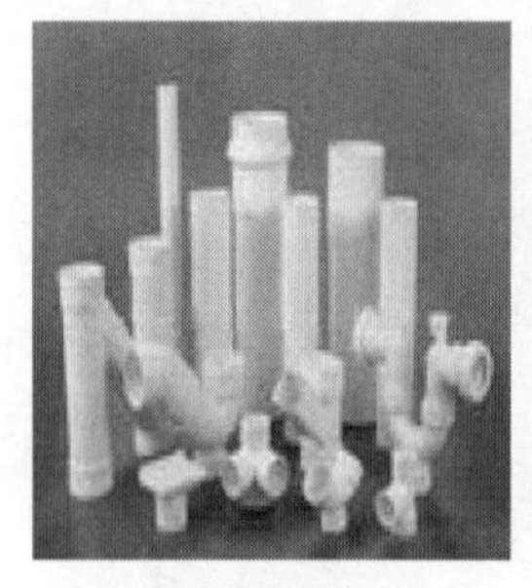

(a) 硬质PVC管材

(b) 塑钢门窗

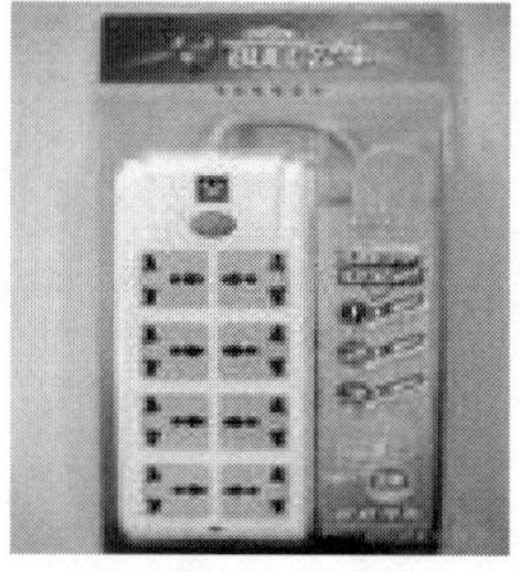

(c) PVC接线板

(d) PVC人造革

图 2-2　聚氯乙烯制品展示

二、聚氯乙烯的性能指标及用途

1. 聚氯乙烯品种

根据聚合方法，聚氯乙烯可分为四大类：悬浮法聚氯乙烯、乳液法聚氯乙烯、本体法聚氯乙烯、溶液法聚氯乙烯。悬浮法聚氯乙烯是产量最大的一个品种，约占 PVC 树脂总产量的 80%左右。随着高分子合成技术的改进，PVC 树脂有了很快的发展，目前已达到上百个品种。我国通用型悬浮法 PVC 树脂通常按聚合度大小划分为 SG1～SG8 共 8 个型号，聚合度一般在 500～1800 范围之内（型号中数字越小，平均聚合度越大）。

2. 聚氯乙烯产品性能

悬浮法生产的聚氯乙烯树脂外观为白色的无定形粉末，密度为 1.35～1.45g/cm^2。由于聚氯乙烯分子中含有极性强的氯原子，分子间力大，使聚氯乙烯制品的刚性、硬度及力学性能优异；但聚氯乙烯对光、热的稳定性较差，在不加热稳定剂的情况下，聚氯乙烯 100℃时即开始分解，130℃以上分解更快，易发生降解反应，引起制品颜色的变化，变化顺序是：白色→粉红色→浅黄色→红棕色→黑褐色→黑色。

聚氯乙烯树脂在加工过程中，可根据不同的用途加入不同的添加剂，使聚氯乙烯塑料呈现不同的物理性能和力学性能。硬质聚氯乙烯具有较好的抗拉伸强度、抗弯强度、抗压强度和抗冲击能力，可做结构材料。软质聚氯乙烯具有较好的柔软性、断裂伸长率和耐寒性，但脆性、硬度及拉伸强度会降低，可做通用塑料。聚氯乙烯的最大特点是阻燃，因此被广泛用于防火，但是聚氯乙烯在燃烧过程中会释放出氯化氢和其他有毒气体，如二噁英。

3. 聚氯乙烯主要质量指标

聚氯乙烯树脂的质量主要以粒度和粒度分布、分子量和分子量分布、黏数、*K* 值、平均聚合度、表观密度、孔隙度、鱼眼、热稳定性、色泽、杂质含量及粉末自由流动性等性能来表征。

（1）黏数

黏数用以表征高聚物相对分子质量的大小。黏数越大，相对分子质量越大，产品型号的序数越小。也可以用 *K* 值和平均聚合度表示。

（2）表观密度

表观密度是指聚氯乙烯树脂未被压缩时单位体积的质量。表观密度越高，聚氯乙烯树脂颗粒越规整。

示例：某企业聚氯乙烯粉料质量指标见表 2-1。

表 2-1　聚氯乙烯粉料质量指标

项目		型号					
		SG1			SG2		
		优等品	一等品	合格品	优等品	一等品	合格品
黏数/(mL/g)		156～144			143～136		
K 值		77～75			74～73		
平均聚合度		1785～1536			1535～1371		
杂质粒子数/个　≤		16	30	80	16	30	80
挥发物(包括水)质量分数/%　≤		0.30	0.40	0.50	0.30	0.40	0.50
表观密度/(g/mL)　≥		0.45	0.42	0.40	0.45	0.42	0.40
筛余物质量分数/%	250/μm　≤	2.0	2.0	8.0	2.0	2.0	8.0
	63/μm　≥	95	90	85	95	90	85

续表

项　目		型　号					
		SG1			SG2		
		优等品	一等品	合格品	优等品	一等品	合格品
"鱼眼"数/(个/$400cm^2$)	≤	20	40	90	20	40	90
100g 树脂增塑剂吸收量/g	≥	27	25	23	27	25	23
白度(160℃,10min)	≥	78	75	70	78	75	70
水萃取物电导率/[μS/(cm·g)]	≤	5	5	—	5	5	—
残留氯乙烯单体含量/(μg/g)	≤	5	10	30	5	10	30

4. 聚氯乙烯主要用途

聚氯乙烯树脂可通过模压、层压、注塑、挤塑、压延、吹塑中空等方式进行加工。在聚氯乙烯树脂中加入适量的增塑剂、热稳定剂等助剂，可制成多种硬质、软质和透明制品，如生产人造革、薄膜、电线护套等软制品，也可生产板材、门窗、管道和阀门等硬制品。聚氯乙烯树脂的主要应用见表 2-2。

表 2-2　聚氯乙烯的主要用途

应用领域	应用实例
型材及异型材	型材、异型材是我国 PVC 消费量最大的领域，约占 PVC 总消费量的 25%左右，主要用于制作门窗和节能材料等
管材和板材	聚氯乙烯管道是其第二大消费领域，约占其消费量的 20%。挤出成型可制得硬管、异型管、波纹管，用作下水管、饮水管、电线套管或楼梯扶手等
一般软制品	挤出成型可制成软管、电缆、电线等；注射成型可制成塑料凉鞋、鞋底、拖鞋、玩具、汽车配件等
薄膜制品	压延成型可制得包装袋、雨衣、桌布、窗帘、充气玩具、塑料大棚及地膜等
涂层制品	压延成型制得人造革，可以用来制作皮箱、皮包、书的封面、沙发、汽车的坐垫、地板革等
泡沫制品	发泡成型可制得泡沫塑料，用作泡沫拖鞋、凉鞋、鞋垫及防震缓冲包装材料等
透明片材	压延成型可制得透明的片材，用作薄壁透明容器或用于真空吸塑包装等
丝状制品	聚氯乙烯单丝可用于制作各种绳索、编织窗纱等
其他	仿木材料、代钢建材等

任务一　聚氯乙烯生产原理

【任务介绍】

依据单体氯乙烯的结构特征，从理论上分析判断合成聚氯乙烯所遵循的聚合机理，生产上如何选择合适的引发剂，采用什么方法控制聚合反应速率及产物的相对分子质量。

【相关知识】

氯乙烯的聚合按自由基聚合反应机理进行。聚合反应式可表示如下：

$$n\,H_2C{=}\underset{\displaystyle Cl}{\underset{|}{C}H} \longrightarrow \left[CH_2{-}\underset{\displaystyle Cl}{\underset{|}{C}H} \right]_n$$

一、单体的性质及来源

氯乙烯单体在常温常压下是一种无色带有乙醚香味的气体，易液化，易发生氧化、加成、聚合等反应，是基本有机化工的重要基本原料。

工业上，氯乙烯主要通过乙炔路线、乙烯氧氯化路线和混合烯炔法三种途径获得。

二、聚氯乙烯的生产原理

前已述及，高聚物的形成反应按照反应机理的不同可分为连锁聚合反应和逐步聚合反应两大类。

1. 连锁聚合反应及应用

连锁聚合反应是指单体经引发后，形成反应活性中心，单体迅速加成到活性中心上，瞬间生成高聚物的化学反应。

一个共价键化合物在受到热、辐射及超声波等能量的作用时，共价键将发生断裂，断裂形式有均裂、异裂两种。均裂时，共价键上的一对电子会形成两个带有独电子的中性基团，称为自由基；异裂时，共价键上的一对电子全部归属于某一个基团，形成阴离子；另一个缺电子基团称作阳离子。均裂和异裂可表示如下：

$$\text{引发剂 I} \xrightarrow{\text{均裂}} \text{R} \cdot \text{(自由基)}$$

$$\text{引发剂 I} \xrightarrow{\text{异裂}} \text{A}^{+} + \text{B}^{-}\text{(阳离子、阴离子)}$$

自由基和阳、阴离子均可作为活性中心，打开烯烃类单体的 π 键，形成单体活性中心，而后进一步与单体加成，使链不断增长，因此，连锁聚合反应根据反应中形成活性中心的性质不同，分为自由基聚合、阳离子聚合、阴离子聚合及配位聚合等。

连锁聚合反应是合成碳链高聚物的主要聚合反应，在连锁聚合反应中，自由基聚合反应的理论最成熟，工业上也处于最重要的地位，通过自由基聚合的产品占聚合物总产量的60%以上。比如，广泛应用的高压（低密度）聚乙烯（LDPE）、聚苯乙烯（PS）、聚氯乙烯（PVC）、聚甲基丙烯酸甲酯（PMMA）、ABS 树脂、聚醋酸乙烯酯（PVAc）、丁苯橡胶（SBR）、丁腈橡胶（ABR）等都是通过自由基聚合反应合成的；丁基橡胶（IIR）、聚异丁烯（PIB）等是通过阳离子聚合反应合成的；聚丙烯（PP）、顺丁橡胶（BR）、异戊橡胶（IR）、乙丙橡胶（EPR）等是通过配位聚合反应合成的。

2. 连锁聚合反应的单体

能够进行连锁反应的单体主要有三种类型，即含有碳-碳双键的单烯烃或共轭双烯烃类、羰基化合物及杂环化合物，其中烯烃类最为重要，应用最为广泛。由于烯烃类单体的结构不同，聚合能力也不同，对聚合类型的选择也就不同。单体究竟适合于何种聚合机理，主要取决于双键碳原子上取代基的电子效应（包括诱导效应、共轭效应）；取代基的空间位阻效应主要影响单体的聚合能力。常用的烯烃类单体对聚合类型的选择性如表 2-3 所示。

表 2-3　常用烯烃类单体对聚合类型的选择性

单　体	聚　合　类　型			
	自由基	阴离子	阳离子	配位
$CH_2{=}CH_2$	⊕	—	—	⊕
$CH_2{=}CH{-}CH_3$	—	—	—	⊕
$CH_2{=}CH{-}CH_2{-}CH_3$	—	—	—	⊕
$CH_2{=}C(CH_3)_2$	—	—	⊕	+
$CH_2{=}CH{-}CH{=}CH_2$	⊕	⊕	+	⊕
$CH_2{=}C(CH_3){-}CH{=}CH_2$	+	⊕	+	⊕
$CH_2{=}CCl{-}CH{=}CH_2$	⊕	—	—	—
$CH_2{=}CHC_6H_5$	⊕	+	+	+
$CH_2{=}CHCl$	⊕	—	—	+
$CH_2{=}CCl_2$	⊕	+	—	—

续表

单　体	聚　合　类　型			
	自由基	阴离子	阳离子	配位
$CF_2=CF_2$	⊕	－	－	－
$CH_2=CHOR$	－	－	＋	＋
$CH_2=CH(OC)OR$	⊕	－	－	＋
$CH_2=CHCOOR$	⊕	＋	－	＋
$CH_2=C(CH_3)COOR$	⊕	＋	－	＋
$CH_2=CHCN$	⊕	＋	－	＋

注：“＋”表示可以聚合，“⊕”表示已工业化，“－”表示不能聚合或只能得低聚物。

(1) 电子效应对聚合类型的影响

乙烯基单体取代基的诱导效应和共轭效应能改变双键的电子云密度，对所形成活性种的稳定性有一定的影响，从而决定着对自由基、阳离子或阴离子聚合的选择性。许多实验也表明，烯烃类单体对聚合类型的选择性主要受取代基电子效应的影响。

① 取代基为推电子基团　推电子基团能使单体双键电子云密度增大，易与阳离子活性种结合进行阳离子聚合。这类取代基有烷基、烷氧基、苯基、乙烯基等。但烷基的给电子性较弱，只有1,1-二烷基取代烯烃异丁烯才能进行阳离子聚合，而单取代烯烃、丙烯则不能进行阳离子聚合。

② 取代基为吸电子基团　吸电子基团能使单体双键电子云密度降低，易与阴离子活性中心结合，分散负电性而形成稳定的活性中心。带吸电子基团的烯烃类单体易进行阴离子聚合或自由基聚合。这类取代基有氰基、羰基（醛、酮、酸、酯）等。但取代基吸电子性太强时，如含两个强吸电子取代基（氰基）的单体偏氰基乙烯［$CH_2=C(CN)_2$］，一般只能进行阴离子聚合。带卤素取代基的单体有些特殊，例如氯乙烯，氯原子的诱导效应是吸电子，而共轭效应则是推电子，两种效应都很弱。因此，氯乙烯既不能进行阴离子聚合，也不能进行阳离子聚合，只能进行自由基聚合。

③ 共轭效应的影响　像苯乙烯、丁二烯、异戊二烯等共轭烯烃，由于共轭体系中π电子流动性大，极易极化，所以既能进行自由基聚合，也能进行离子型聚合。

(2) 位阻效应对聚合能力的影响

烯烃类单体上取代基的数量、大小和位置等空间位阻效应对单体聚合能力有很大影响，决定了它们能否进行加聚反应。

① 无取代基烯烃单体　乙烯分子无取代基且结构对称，偶极矩等于零，不容易聚合，只有在高压高温下才能进行自由基聚合反应合成低密度聚乙烯；但采用齐格勒-纳塔引发剂，可在常温低压条件下通过配位聚合获得高密度聚乙烯。

② 一取代基烯烃单体　通常情况下，取代基大小不会影响单体的聚合反应，如氯乙烯、丙烯等都能进行聚合。即使是取代基较大的乙烯基咔唑也能聚合。

③ 1,1-二取代基烯烃单体　这类单体由于结构的不对称，易诱导极化，故容易聚合，如偏二氯乙烯（$CH_2=CCl_2$）比氯乙烯更容易进行自由基聚合反应，异丁烯［$CH_2=C(CH_3)_2$］容易进行阳离子聚合。但如果取代基的体积较大，聚合将不能进行。如1,1-二苯基乙烯［$CH_2=C(C_6H_5)_2$］，由于苯基的体积较大，对聚合有空间位阻作用，只能形成二聚体而得不到高聚物。

④ 1,2-二取代基烯烃单体　这类单体结构对称，极化程度低，且空间位阻效应大，一

般不容易进行均聚合，如 2-丁烯（$CH_3CH=CH-CH_3$）、1,2-二氯乙烯（$ClCH=CHCl$）等。但有些单体能与其他烯烃类单体进行共聚。如马来酸酐可以与苯乙烯或醋酸乙烯酯共聚，得交替共聚物。

⑤ 三、四取代基烯烃单体　这类单体由于空间位阻较大，原则上都不能聚合。但唯一例外的是，当取代基是氟原子时，无论氟原子的数量和位置如何，都容易进行自由基聚合反应，如氟乙烯（$CH_2=CHF$）、1,2-二氟乙烯（$CHF=CHF$）、四氟乙烯（$CF_2=CF_2$）等都很容易聚合。主要是因为氟原子半径很小（仅大于氢），无空间位阻。

3. 连锁聚合反应的特征

连锁聚合反应的特征可归纳为以下几个方面。

(1) 典型的基元反应

连锁聚合反应一般由链引发、链增长和链终止三个基元反应组成，有时也伴随着链转移反应。各基元反应机理不同，反应活化能和反应速率相差很大。

(2) 快速的形成过程

连锁聚合反应的单体只能与活性中心反应生成新的活性中心，单体之间不能反应；链增长速度极快，反应体系中没有中间产物，始终是由单体、聚合产物和微量引发剂及含活性中心的长链所组成。

(3) 平均相对分子质量与反应时间的关系

连锁聚合反应一旦开始形成反应活性中心，便在极短的时间（通常以秒计）内，大量单体就会加成上去，形成高聚物，因此，延长反应时间不能增加聚合物的相对分子质量，关系曲线如图 2-3 所示。

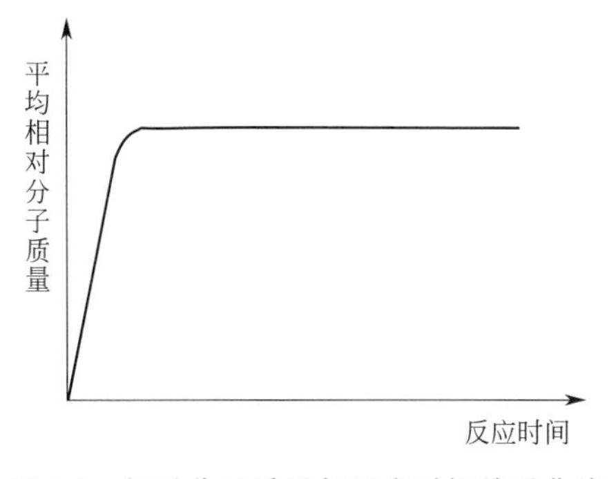

图 2-3　相对分子质量与反应时间关系曲线

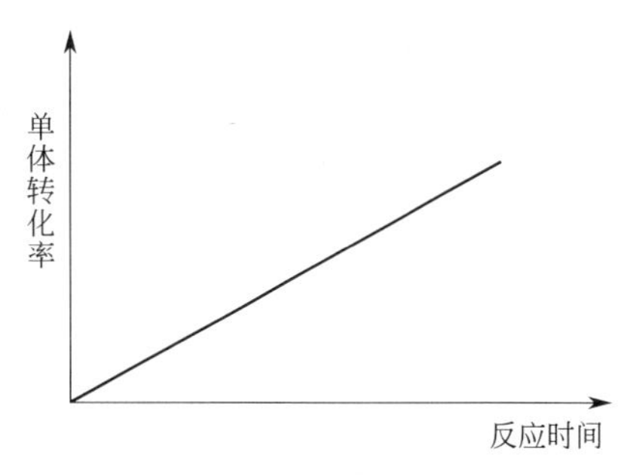

图 2-4　单体转化率与反应时间关系曲线

(4) 单体转化率与反应时间的关系

连锁聚合反应发生后，单体会随着反应时间的增长而逐步消失，因而，转化率随着反应时间的增长而逐渐提高，关系曲线如图 2-4 所示。

(5) 聚合反应不可逆

连锁聚合反应的大多数烯烃类单体在加成过程中，打开双键的 π 键同时会形成两个 σ 单键，由于键能的变化，会放出能量，属于放热反应且热效应较大，因而在一般温度条件下是不可逆的。

4. 自由基聚合反应机理

自由基聚合反应是指单体借助于光、热、辐射、引发剂等的作用，使单体分子活化形成自由基活性中心，再与单体分子连锁聚合形成高聚物的化学反应。

自由基聚合反应按照参加反应单体的种类数目可以分为均聚合和共聚合两种。只有一种单体参加的自由基聚合反应称为均聚反应，如聚乙烯、聚氯乙烯、聚甲基丙烯酸甲酯、聚醋酸乙烯酯等。由两种或两种以上单体参加的自由基聚合反应称为共聚反应，如丁苯橡胶、丁腈橡胶、ABS树脂等。

自由基聚合反应遵循连锁聚合反应机理，通过三个基元反应，即链引发、链增长和链终止使小分子聚合形成大分子，在聚合过程中也可能存在链转移反应，链转移反应对聚合产物的相对分子质量、结构和聚合速率均产生影响。

（1）链引发反应

链引发反应是形成单体自由基活性中心的反应。单体可借助光、热、高能辐射或引发剂四种方式引发聚合，其中以引发剂引发最普遍。

引发剂是产生自由基聚合反应活性中心的物质，在分子结构上应具有弱键，容易分解形成自由基，并能引发单体使之聚合的化合物。其作用与催化剂类似，在聚合过程中将不断被消耗，但分解后的残基会存在大分子链末端，不能分离出来，成为所得高聚物的组成部分。

① 引发剂引发机理　采用引发剂引发时，链引发反应通常分两步来完成，引发剂先分解产生初级自由基，初级自由基再与单体加成生成单体自由基活性中心（活性种）。

第一步：一个引发剂分子I发生均裂，形成两个初级自由基R·：

$$\mathrm{I} \xrightarrow{k_d} 2\mathrm{R}\cdot$$

式中，k_d 为引发剂分解速率常数，s^{-1}。

第二步：初级自由基与单体加成，形成单体自由基活性中心（活性种）：

$$\mathrm{R}\cdot + \mathrm{CH_2{=}\underset{\displaystyle X}{\underset{|}{C}H}} \xrightarrow{k_i} \mathrm{RCH_3{-}\underset{\displaystyle X}{\underset{|}{\dot{C}}H}}$$

式中，k_i 为引发速率常数，s^{-1}。

上述两步反应中，第一步引发剂分解反应是吸热反应，活化能高，分解速率常数 k_d 小，反应速度慢；第二步是放热反应，活化能低，反应速率常数 k_i 大，反应速度快。因此第一步引发剂分解反应不仅是控制整个自由基聚合反应速率的关键步骤，也是影响聚合产物相对分子质量的重要因素。

② 引发剂的种类　前述自由基产生于共价键化合物的均裂，难易程度主要取决于共价键的键能大小，也和外界条件有关。比如，键能较小的化合物在较低温度下就可以断裂，键能较高的化合物需要较高温度才可以断裂。常见共价键的键能见表2-4。

表2-4　常见共价键的键能

共价键	键能/(kJ/mol)	共价键	键能/(kJ/mol)
C—C	3.48	O—O	1.47
C—H	4.15	N═N	4.19
C—N	2.89	C═O	3.31
C—O	3.6		

由表2-4可见，碳-氮键（C—N）和过氧键（O—O）的键能较低，因此，这两类化合物适合作引发剂。

常用的引发剂有四种类型，即偶氮类引发剂（偶氮化合物）、有机过氧类引发剂（有机过氧化合物）、无机过氧类引发剂（无机过氧化合物）和氧化-还原引发体系。

a. 偶氮类引发剂　偶氮类引发剂中最常用的是偶氮二异丁腈（AIBN）和偶氮二异庚腈（ABVN）。

偶氮二异丁腈是白色柱状结晶或白色粉末状结晶，不溶于水，溶于甲醇、乙醇、丙酮、乙醚、石油醚和苯胺等有机溶剂，属于油溶性引发剂。其分解温度为64℃，适用于大多数反应；100℃急剧分解，放出氮气和对人体危害较大的数种有机氰化物，能引起爆炸着火，易燃、有毒；应在10℃以下贮存，且远离火种、热源。

其分解反应式如下：

$$CH_3-\underset{CN}{\overset{CH_3}{\underset{|}{\overset{|}{C}}}}-N=N-\underset{CN}{\overset{CH_3}{\underset{|}{\overset{|}{C}}}}-CH_3 \longrightarrow 2CH_3-\underset{CN}{\overset{CH_3}{\underset{|}{\overset{|}{C}}}}\cdot + N_2\uparrow$$

偶氮二异庚腈是在AIBN基础上发展起来的活性较高的偶氮类引发剂，有逐步取代偶氮二异丁腈的趋势。

其分解反应式如下：

$$(CH_3)_2CHCH_2-\underset{CN}{\overset{CH_3}{\underset{|}{\overset{|}{C}}}}-N=N-\underset{CN}{\overset{CH_3}{\underset{|}{\overset{|}{C}}}}-CH_2CH(CH_3)_2 \longrightarrow 2(CH_3)_2CHCH_2-\underset{CN}{\overset{CH_3}{\underset{|}{\overset{|}{C}}}}\cdot + N_2\uparrow$$

偶氮类引发剂的分解反应几乎全部为一级反应，只形成一种自由基，并且分解均匀，无诱导分解，性质稳定，容易贮存、运输；分解速率较慢，属于中、低活性引发剂；产品容易提纯，价格便宜；分解时有N_2逸出，工业上可用作泡沫塑料的发泡剂，科学研究上可利用N_2放出速率来研究它的分解速率，广泛应用在高分子的研究和生产中。

工业上最典型的应用是聚氯乙烯的悬浮聚合、醋酸乙烯酯的溶液聚合。

b. 有机过氧类引发剂　过氧化氢（HO—OH）是有机过氧类引发剂的母体，如果过氧化氢中的两个H原子都被有机基团取代，就形成了有机过氧化合物（R—OO—R′）。

有机过氧类引发剂中最常用的是过氧化二苯甲酰（BPO）和过氧化十二酰（LPO）等。

过氧化二苯甲酰是白色粉末状晶体，不溶于水，溶于苯、氯仿、乙醚等有机溶剂，属于油溶性引发剂。其分解温度为73℃，干品极不稳定，贮存时加20%～30%的水，加热时易引起爆炸。

过氧化二苯甲酰按两步分解。

第一步：当过氧化二苯甲酰受热时，其弱键（O—O）发生均裂形成两个苯甲酸基自由基：

$$C_6H_5\underset{\underset{O}{\|}}{C}-O-O-\underset{\underset{O}{\|}}{C}C_6H_5 \longrightarrow 2C_6H_5\underset{\underset{O}{\|}}{C}-O\cdot$$

第二步：当有单体存在时，形成的自由基将引发聚合；无单体存在时，苯甲酸基自由基进一步分解成苯基自由基，并放出CO_2，但分解不完全。

$$2C_6H_5\underset{\underset{O}{\|}}{C}-O\cdot \longrightarrow 2C_6H_5\cdot + 2CO_2$$

过氧化十二酰（LPO），也称为过氧化月桂酰，也是常用的有机过氧类引发剂。其分解反应式与过氧化二苯甲酰相类似。

$$CH_3(CH_2)_9CH_2-\overset{\overset{O}{\|}}{C}-O-O-\overset{\overset{O}{\|}}{C}-CH_2(CH_2)_9CH_3 \longrightarrow 2CH_3(CH_2)_{10}-\overset{\overset{O}{\|}}{C}-O\cdot$$

$$\longrightarrow 2CH_3(CH_2)_9\dot{C}H_2 + 2CO_2$$

过氧化二苯甲酰和过氧化十二酰作为引发剂的特点是分解速率较慢，容易发生诱导分解，属于低活性引发剂。为了提高聚合速率，缩短聚合周期，工业上常采用中、高活性的有机过氧化物引发剂，如过氧化二碳酸二异丙酯（IPP）、过氧化二碳酸二辛酯（EHP）、过氧化新癸酸异丙苯（CNP）等，但高活性引发剂在制备、贮存和精制时需要注意安全问题，使用时要避光、不能加热，且一般需配成溶液后在低温下（10℃以下）贮存，实验室中一般不使用。

工业上，醋酸乙烯的溶液聚合、甲基丙烯酸甲酯的聚合常常使用有机过氧化合物作为引发剂。

c. 无机过氧类引发剂　最简单的无机过氧化物是过氧化氢，但因其需要较高的分解温度，一般不单独使用，要和还原剂组成氧化-还原引发剂。

水溶性过硫酸盐是常用的无机过氧类引发剂，代表物是过硫酸钾（$K_2S_2O_8$）和过硫酸铵［$(NH_4)_2S_2O_8$］。属于水溶性引发剂，分解速率受体系 pH 值和温度影响较大，可单独使用，但更普遍的是与适当的还原剂构成氧化-还原体系，可在室温或更低的温度下引发聚合，常用在乳液聚合中。

$K_2S_2O_8$的分解反应如下：

$$KO-\overset{O\uparrow}{\underset{\downarrow O}{S}}-O-O-\overset{O\uparrow}{\underset{\downarrow O}{S}}-OK \longrightarrow 2KO-\overset{O\uparrow}{\underset{\downarrow O}{S}}-O\cdot$$

d. 氧化-还原类引发剂　氧化-还原类引发剂是在过氧化物引发剂中加入适量还原剂组成的，通过氧化-还原反应的电子转移生成自由基，从而引发聚合。此类引发剂可降低分解活化能，使聚合反应在较低的温度下进行，具有较快的分解速率，有利于节省能源，可改善聚合产物的性能。

氧化-还原引发剂根据其是否溶于水，可分为水溶性氧化-还原引发剂和油溶性氧化-还原引发剂。常用的氧化-还原引发体系见表 2-5。

表 2-5　常用的氧化-还原引发体系

类型	实例	溶解性
无机物/无机物	H_2O_2/Fe^{2+} $K_2S_2O_8$	水溶性
有机物/无机物	$RO-OH/Fe^{2+}$	水微溶
无机物/有机物	Ce^{4+}/RCH_2OH Mn^{6+}/草酸	水微溶
有机物/有机物	BPO/N,*N*-二甲基苯胺 BPO/环烷酸镍	油溶性

③ 引发剂的活性　工业上，常用某一温度下引发剂半衰期（$t_{1/2}$）的长短或相同半衰期所需温度的高低来比较引发剂的活性。半衰期指引发剂分解至起始浓度一半所需要的时间，用 $t_{1/2}$ 表示，单位是 h。

如前文所述，引发剂的分解反应为一级反应，即引发剂分解速率 R_d与引发剂浓度［I］的一次方成正比，其表达式为：

$$R_d \equiv -\frac{d[I]}{dt} = k_d[I] \tag{2-1}$$

若令引发剂起始浓度为［I］$_0$，分解至 t 时刻时的浓度为［I］，将式(2-1) 移项积分，得：

$$\ln\frac{[\mathrm{I}]}{[\mathrm{I}]_0}=-k_d t \tag{2-2}$$

当 $[\mathrm{I}]=[\mathrm{I}]_0/2$ 时，则：

$$t_{1/2}=\frac{\ln 2}{k_d}=\frac{0.693}{k_d} \tag{2-3}$$

由式(2-3) 可见，半衰期仅与分解速率常数成反比，与引发剂起始浓度无关；分解速率常数越大，半衰期越短，引发剂的活性越高。常见引发剂的分解速率常数、半衰期和活化能见表 2-6。

表 2-6　常见引发剂的分解速率常数、半衰期和活化能

引发剂	溶剂	温度/℃	k_d/s^{-1}	$t_{1/2}/h$	$E_d/(kJ/mol)$
AIBN	苯	50	2.64×10^{-8}	73	128.4
		60.5	1.16×10^{-5}	16.6	
		70.5	3.78×10^{-5}	5.1	
ABVN	甲苯	59.7	8.05×10^{-5}	2.4	121.3
		69.8	1.98×10^{-4}	0.97	
		80.2	7.1×10^{-4}	0.27	
BPO	苯	60	2.0×10^{-6}	96.3	124.3
		70	1.38×10^{-5}	13.9	
		80	2.5×10^{-5}	7.7	
		100	5×10^{-4}	0.4	
LPO	苯	50	2.19×10^{-6}	88	127.2
		60	9.17×10^{-6}	21	
		70	2.86×10^{-5}	6.7	
$K_2S_2O_8$	0.1mol/LKOH 溶液	50	9.5×10^{-7}	212	140.2
		60	3.16×10^{-6}	61	
		70	2.33×10^{-5}	8.3	

由表 2-6 可以看出，随着聚合反应温度的升高，分解速率常数 k_d 增大，半衰期 $t_{1/2}$ 减小。

目前，常采用引发剂在 60℃测得的半衰期来区分引发剂活性高低。$t_{1/2}>6h$，为低活性引发剂；$t_{1/2}<1h$，为高活性引发剂；$1h<t_{1/2}<6h$，为中等活性引发剂。

④ 引发剂的引发效率　引发剂分解形成的初级自由基并不能全部用于引发单体，形成单体自由基活性中心，有部分引发剂将由于一些副反应而消耗掉，主要的副反应有诱导分解与笼蔽效应。初级自由基用于引发形成单体自由基的百分数或分率称为引发剂的引发效率，用 f 表示。一般引发剂的 f 值在 0.5～0.8 之间，数值的大小与引发剂种类、反应条件和单体活性有关。

a. 诱导分解　在自由基聚合反应过程中，由于自由基很活泼，有可能与引发剂发生反应，使原来的链自由基终止生成稳定分子，另外产生一个新的初级自由基去引发单体，反应体系中自由基数没有变化，但消耗了部分引发剂分子，从而使引发效率降低。诱导分解的实质是链自由基向引发剂分子发生的转移反应。此类反应主要发生在过氧化物引发剂中，而偶氮类引发剂一般不发生诱导分解。

b. 笼蔽效应　若聚合体系中引发剂浓度很低，引发剂分子处于在单体或溶剂分子的包围中，像关在"笼子"里一样，笼子内的引发剂分解成的初级自由基必须扩散并冲出"笼子"后，才能引发单体聚合。但自由基的平均寿命很短，只有约 $10^{-11}\sim10^{-9}s$，如果来不及扩散到"笼子"外面去引发单体，就可能发生一些副反应，形成稳定分子，使引发剂效率降低，这种现象被称为"笼蔽效应"。大多数的引发剂均会发生这种现象，但偶氮类引发剂最容易发生。

此外，单体的活性大小对引发效率也有较大影响。像丙烯腈、苯乙烯等活性较大的单体，能迅速与自由基作用而引发增长，通常情况下 f 值较高；相反，像醋酸乙烯酯类低活性单体，对自由基的捕捉能力较弱，很易发生诱导分解，因此 f 值较低。

⑤ 引发剂的合理选择　工业上，合理地选择适宜的引发剂，对提高聚合反应速率、保证产品质量及安全生产具有重要的意义。通常，从以下几个方面考虑选择引发剂。

a. 依据聚合反应的实施方法选择引发剂的类型　自由基聚合反应的工业实施方法有本体聚合、悬浮聚合、溶液聚合和乳液聚合。本体聚合、油相单体悬浮聚合、有机溶液聚合等要选择油溶性的偶氮类和有机过氧化物类引发剂，乳液聚合和水溶液聚合要选择水溶性的过硫酸盐类引发剂或氧化-还原引发体系。

b. 依据聚合温度选择半衰期适当的引发剂　聚合温度是影响聚合速率和产物相对分子质量的重要因素，半衰期适当的引发剂可使自由基的形成速率和聚合速率适中，保证产品质量。半衰期过长或过短都不利于聚合反应正常进行。如果引发剂活性过低，造成分解速率过低，使聚合时间延长或需要提高聚合温度。相反，若引发剂活性过高，分解半衰期过短，虽然可以提高聚合速率，但反应放热集中，温度不好控制，容易引起爆聚；同时，也会因引发剂过早分解，造成低转化率阶段聚合反应停止。

若无适当半衰期的引发剂，也可以考虑选用复合引发剂，即采用两种或两种以上不同半衰期引发剂的混合物，针对实际聚合反应初期慢、中期快、后期又转慢的特点，最好选择高活性与低活性复合型引发剂，通过前期高活性引发剂的快速分解以保证前期聚合速率加快，后期维持一定速率，缩短了聚合反应的周期，能达到复合引发剂的“协同”效果。

常见引发剂的使用温度范围见表 2-7。

表 2-7　常见引发剂的使用温度范围

引发剂使用温度范围/℃	E_d/(kJ/mol)	引发剂举例
高温＞100	138～188	异丙苯过氧化氢，特丁基过氧化氢，过氧化二异丙苯，过氧化二特丁基
中温 30～100	110～138	过氧化二苯甲酰，过氧化十二酰，偶氮二异丁腈过硫酸盐
低温 −10～30	63～110	氧化还原体系：过氧化氢-亚铁盐，过硫酸盐-亚硫酸氢钠，异丙苯过氧化氢-亚铁盐，过氧化二苯甲酰-二甲基苯胺
极低温＜−10	＜63	过氧化物-烷基金属（三乙基铝，三乙基硼，二乙基铅），氧-烷基金属

c. 依据聚合物的特殊用途选择合适的引发剂　在选用引发剂时，有时还需要考虑引发剂对聚合产物的用途有无影响。如有机过氧类引发剂具有氧化性，合成的聚合物容易变色，不能用于有机玻璃等光学高分子材料的合成；偶氮类引发剂有毒因而不能用于医药、食品有关的聚合物合成；过氧化物在醇、醚、胺等溶液中迅速分解，易发生爆炸，故在这些溶剂中不易选择过氧化引发剂；在进行动力学研究时，多选择偶氮类引发剂，以防止发生诱导分解反应。

d. 依据聚合反应选择适当的引发剂用量　引发剂浓度不仅影响聚合速率，还影响聚合产物的相对分子质量。通常，在保证温度控制和避免爆聚的前提下，尽量选择高活性引发剂，以减少引发剂用量，提高聚合速率，缩短聚合时间。在实际的生产中，引发剂用量大约为单体质量的 0.8%～1.0%，但大多数情况下需要通过大量实验才能决定合适的引发剂最佳用量。

此外，在选择引发剂时，还要综合考虑如贮运安全、价格、来源、稳定性以及对聚合物外观的影响等各方面的因素。

⑥ 其他引发方式　其他引发方式包括热引发、光引发、辐射引发等。

a. 热引发　热引发是指某些烯烃类单体可在热的作用下不加引发剂便能发生自身聚合反应。研究表明，仅少数单体，如苯乙烯在加热时（或常温下）会发生自身引发的聚合反应，其他单体发生的自聚合反应往往只是一种表面现象，绝大多数情况下是由于单体中存在的杂质（包括由氧生成的过氧化物或氢过氧化物）的热分解引起的；若将单体彻底纯化，在黑暗中，十分洁净的容器内，就不能进行纯粹的热引发聚合。

目前，苯乙烯的热聚合已经实现工业化。甲基丙烯酸甲酯虽然也能进行一定程度的热聚合，但聚合速度较低，还不能满足工业生产的要求。因此，对于热聚合机理的研究多限于苯乙烯的聚合。

b. 光引发　光引发通常指单体在光的激发下形成的自由基引发单体聚合的反应。可分为直接光引发和光敏剂间接光引发两种类型。

直接光引发是单体分子直接吸收光照产生自由基而引发的聚合，单体一般是一些含有光敏基团的单体，如丙烯酰胺、丙烯腈、丙烯酸酯、丙烯酸等。

光敏剂间接引发是指在光照下，光敏剂吸收光后，本身并不直接形成自由基，而是将吸收的光能传递给单体而引发聚合，常用的光敏剂有二苯甲酮类化合物和各种染料。有光敏引发剂存在下的光引发聚合的反应速率比相应的单纯光引发聚合的速率要大得多。

光引发聚合的特点是自由基的形成和反应时间都比较短，聚合产物较纯净，实验结果重现性好；光引发聚合总活化能低，可在较低温度下聚合，能减少因温度较高而产生的副反应。

光引发聚合广泛应用于印刷制版、光固化油墨、光刻胶集成电路、光记录等。

c. 辐射引发　辐射引发是指单体在高能射线辐射下完成的引发。辐射引发机理比较复杂，单体受辐射后可形成自由基、阳离子或阴离子，大多数烯烃单体的辐射引发遵循的是自由基聚合机理。辐射过程中还可能引起聚合物的降解或交联。

辐射引发聚合与光引发聚合相似，也可在较低温度下进行，温度对聚合速率影响较小，且聚合物中无引发剂残基，较纯净；此外，辐射引发吸收无选择性，穿透力强，可进行固相聚合。

辐射引发聚合多用于聚合物的接枝和交联改性。

(2) 链增长反应

在链引发反应阶段形成的单体自由基活性中心，具有很高的活性，能很快打开第二个单体分子的π键，形成新的活性自由基，与此类似，自由基可以不断与其他单体分子结合形成高分子活性链，这就是链增长过程。

① 链增长反应的机理及特征

链增长反应就是利用自由基与烯烃的反复加成地使聚合度增大的过程。例如：

$$RCH_2—\underset{X}{\underset{|}{\dot{C}H}} \xrightarrow{CH_2=\underset{X}{\underset{|}{CH}}} RCH_2—\underset{X}{\underset{|}{CH}}—CH_2—\underset{X}{\underset{|}{\dot{C}H}} \xrightarrow{CH_2=\underset{X}{\underset{|}{CH}}} RCH_2—\underset{X}{\underset{|}{CH}}—CH_2—\underset{X}{\underset{|}{CH}}—CH_2—\underset{X}{\underset{|}{\dot{C}H}}$$

$$\xrightarrow{CH_2=\underset{X}{\underset{|}{CH}}} \cdots\cdots \xrightarrow{CH_2=\underset{X}{\underset{|}{CH}}} R\left(CH_2—\underset{X}{\underset{|}{CH}}\right)_n CH_2—\underset{X}{\underset{|}{\dot{C}H}}$$

为了书写方便，上述链自由基可以简写成 $\sim\sim CH_2\underset{\displaystyle X}{\underset{|}{C}}H\cdot$ ，$\sim\sim$代表碳链骨架。R代表引发剂残基。

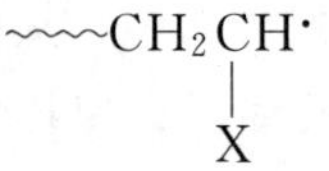

链增长反应是放热反应。大多数烯烃类单体聚合热约55～95kJ/mol，反应热很大。

链增长反应速度极快。链增长反应活化能（20～34kJ/mol）较低，链增长速率常数［10^2～10^4L/(mol·s)］极高，链增长速率极快，在0.01s至几秒钟内，就可以使聚合度达到数千，甚至上万。因此，聚合体系内往往由单体和聚合物两部分组成，不存在聚合度递增的一系列中间产物。

由上述可见，链增长反应一旦开始，就会集中放出大量的热量，在生产中如果不考虑及时散热，将会造成体系温度过高，易引起生产事故。

② 链增长反应的链结构　在链增长反应过程中，不仅要研究反应速率，还需分析大分子微观结构的变化。

以单取代乙烯基单体为例，在链增长反应中，大分子链中结构单元间的连接顺序可能存在下列三种连接方式：

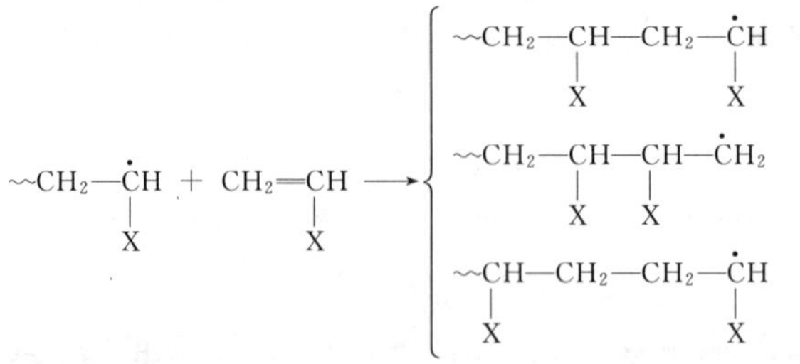

$$\sim CH_2-\underset{X}{\dot{C}H} + CH_2=\underset{X}{CH} \longrightarrow \begin{cases} \sim CH_2-\underset{X}{CH}-CH_2-\underset{X}{\dot{C}H} & \text{头-尾连接} \\ \sim CH_2-\underset{X}{CH}-\underset{X}{CH}-\dot{C}H_2 & \text{头-头连接} \\ \sim \underset{X}{CH}-CH_2-CH_2-\underset{X}{\dot{C}H} & \text{尾-尾连接} \end{cases}$$

表达式中的“头”代表有取代基的碳原子，另一端代表“尾”。综合极性效应和位阻效应的因素，链增长反应主要是按“头-尾”方式连接。因为按“头-尾”形式连接时，取代基与孤电子连在同一碳原子上，能与相邻亚甲基的超共轭效应形成共轭稳定体系，能量较低，自由基最稳定。而“头-头”形式连接时，没有共轭效应，自由基不稳定；另外，亚甲基一端的空间位阻较小，“头-尾”连接反应容易进行。所以大多数单烯烃类单体聚合的链增长以“头-尾”方式连接为主。

当单烯烃类取代基很小、空间位阻也不大时，可能得到相当数量的头-头连接（或尾-尾连接）结构。例如聚氯乙烯的头-头连接（或尾-尾连接）可达30%。

实践证明，聚合反应温度对链增长的链结构也会产生一定的影响。温度升高，头-头连接（或尾-尾连接）的比例将略有增加。例如醋酸乙烯酯的聚合温度从30℃升高到90℃时，大分子链结构中头-头连接（或尾-尾连接）的含量会从1.3%增加到1.98%。

此外，从立体结构看来，自由基聚合物分子链上取代基在空间排布是无规则的，所对应的聚合物往往是无定型的，这也是自由基型聚合产物的重要特征之一。

对于共轭二烯烃类单体的自由基链增长反应，可以按照1，2-加成或1，4-加成两种方式进行。如丁二烯：

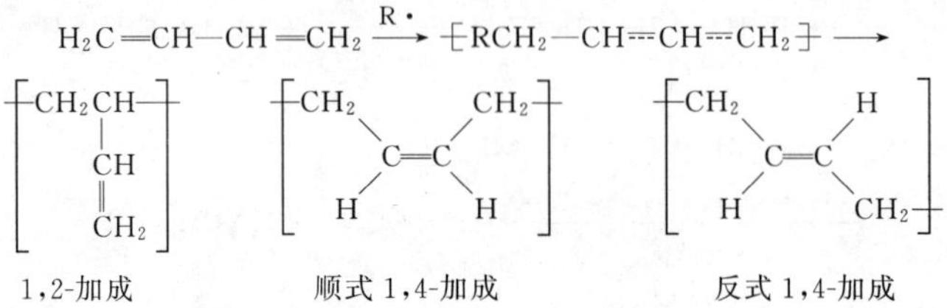

$$H_2C=CH-CH=CH_2 \xrightarrow{R\cdot} \left[RCH_2-CH \text{---} CH \text{---} CH_2 \right] \longrightarrow$$

$$\left[-CH_2\underset{\underset{\displaystyle CH_2}{\|}}{\underset{\displaystyle CH}{\underset{|}{C}}}H- \right] \qquad \left[\begin{matrix} -CH_2 & & CH_2- \\ & C=C & \\ H & & H \end{matrix} \right] \qquad \left[\begin{matrix} -CH_2 & & H \\ & C=C & \\ H & & CH_2- \end{matrix} \right]$$

1,2-加成　　顺式1,4-加成　　反式1,4-加成由于1,2-加成时链增长的空间位阻较大，故高聚物中1,4-加成结构总是多于1,2-加成结构。在1,4-加成结构中又有顺式和反式两种异构体，由于空间位阻的影响，一般以反式结构为主。且1,2-加成结构的量几乎不随聚合温度的改变而改变，但顺式1,4-加成结构的量会随聚合温度的升高而增加。

(3) 链终止反应

链终止反应是指链增长反应的长链自由基彼此相互作用，失去活性而生成稳定的高分子化合物的过程。自由基聚合的链终止反应主要是双基终止，包括偶合终止和歧化终止两种方式。

① 偶合终止　偶合终止是两链自由基的孤电子相互作用结合成共价键的终止反应。偶合终止的特点是大分子的聚合度是两个链自由基重复单元数之和；若有引发剂引发聚合，大分子两端各带一个引发剂残基；大分子链中间以“头-头”结构方式连接。

$$\sim\sim CH_2\underset{\displaystyle X}{\underset{|}{CH}}\cdot + \cdot\underset{\displaystyle X}{\underset{|}{CH}}CH_2\sim\sim \longrightarrow \sim\sim CH_2\underset{\displaystyle X}{\underset{|}{CH}}-\underset{\displaystyle X}{\underset{|}{CH}}CH_2\sim\sim$$

② 歧化终止　歧化终止是某链自由基夺取另一链自由基相邻碳原子上的氢原子或其他原子的终止反应。歧化终止的特点是大分子的聚合度和链自由基的重复单元数相同，每个大分子只有一端带有引发剂残基，其中，一个大分子的另一端为饱和，而另一个大分子的另一端为不饱和。

$$\sim CH_2-\underset{\displaystyle X}{\underset{|}{CH}}\cdot + \cdot\underset{\displaystyle X}{\underset{|}{CH}}-CH_2\sim \longrightarrow \sim CH_2-\underset{\displaystyle X}{\underset{|}{CH_2}} + \underset{\displaystyle X}{\underset{|}{CH}}=CH\sim$$

单体在自由基聚合反应中究竟以什么方式终止，主要取决于单体的种类和反应条件。

通常由实验测定，如苯乙烯、丙烯腈以偶合终止为主；甲基丙烯酸甲酯在60℃以下聚合时，两种终止方式都有，60℃以上时则以歧化终止为主。常见几种单体自由基聚合的终止情况见表2-8。

表2-8　自由基聚合终止方式

单体	温度/℃	偶合终止/%	歧化终止/%	单体	温度/℃	偶合终止/%	歧化终止/%
苯乙烯	0～60	100	0	甲基丙烯酸甲酯	0	40	60
对氯苯乙烯	60～80	100	0		25	32	68
对甲氧基苯乙烯	60	81	19		60	15	85
	80	53	47	丙烯腈	40,60	92	8

由表2-8可见，升高温度，会使歧化终止比例增加。这是由于歧化终止需要夺取氢原子或其他原子，其活化能比偶合终止高。另外，升高温度，自由基碳原子带有侧烷基的歧化终止比例也会增加。

在工业生产中，链自由基可能与反应器壁碰撞，而被金属的自由电子终止，这种终止方式是单基终止。因此，自由基聚合的主要设备聚合釜和搅拌器等都不能使用碳钢，一般应使用不锈钢或搪瓷衬里。

链终止和链增长是一对竞争反应，主要受反应速率常数和反应物浓度的影响，二者的活化能都很低，反应速度均很快。相比而言，链终止速率常数远大于增长速率常数，但从整个聚合体系宏观来看，反应速率还与反应物浓度成正比，而单体浓度远远大于自由基浓度，所以增长速率要比终止速率大得多。否则，将不可能形成长链自由基和高聚物。

(4) 链转移反应

在自由基聚合过程中，链自由基可以与单体加成使链自由基增长，同时还可能从单体、引发剂、溶剂、相对分子质量调节剂等低分子或已形成的大分子上夺取一个原子终止形成稳定大分子，而使这些失去原子的分子成为新的自由基，继续新链的增长，使聚合反应继续进行下去，这一反应称为链转移反应。通式可以写为：

$$\sim CH_2-\underset{X}{\underset{|}{CH}}\cdot + YS \longrightarrow \sim CH_2-\underset{X}{\underset{|}{CHY}} + S\cdot$$

（新自由基）

$$S\cdot + M \longrightarrow SM^{\cdot} \xrightarrow{M} SM_2^{\cdot} \cdots\cdots \longrightarrow$$

分子 YS 可以是单体、引发剂、溶剂、相对分子质量调节剂或大分子等，其结构中往往含有容易被夺取的原子，如氢、氯等。可见，链转移反应实质是活性中心的转移，转移后自由基的数目不变，因此，对聚合反应速度影响不大，主要影响聚合产物的相对分子质量。

链转移方式主要有向单体转移、向引发剂转移、向溶剂（链转移剂）转移及向大分子转移四种方式。

① 向单体转移　向单体转移的速率与单体结构有关，如氯乙烯单体因 C—Cl 键能较弱而易于链转移，可用下式表示。

$$\sim CH_2\underset{X}{\underset{|}{CH}} + CH_2=\underset{X}{\underset{|}{CH}} \longrightarrow \begin{cases} \sim CH_2CH_2 + CH_2=\underset{X}{\underset{|}{C}}\cdot & (a) \\ \sim \underset{X}{\underset{|}{CH}}=CH + CH_3\underset{X}{\underset{|}{\dot{C}H}} & (b) \end{cases}$$

从活化能看，(a) 形式活化能较大，因此，向单体转移以 (b) 的形式为主。向单体转移结果使原来的长链自由基因链转移而提前终止，造成聚合度降低，但转移后自由基数目并未减少，活性也未减弱，故聚合速率不变。

② 向引发剂转移　也称为引发剂的诱导分解。自由基聚合体系中存在着引发剂，链自由基可能向引发剂分子夺取一个基团，使链自由基终止为一个大分子，引发剂变为一个初级自由基，可用下式表示：

$$\sim CH_2\underset{X}{\underset{|}{CH}}\cdot + R-R \longrightarrow \sim CH_2\underset{X}{\underset{|}{CH}}R + R\cdot$$

向引发剂转移结果，自由基数目并无增减，只是损失了部分引发剂分子，因此，反应体系中自由基浓度不变，聚合物相对分子质量降低，引发剂效率下降。有机过氧化物引发剂相对较易链转移，偶氮化合物一般不易发生引发剂链转移。由于引发剂用量一般较少，因而向引发剂转移对聚合度的降低影响不大。

③ 向溶剂或链转移剂转移　向溶剂转移主要发生在溶液聚合中，如果溶剂分子中有弱键存在，易发生链转移，且键能越小，其转移能力越强。可用下式表示：

$$R\sim CH_2-\underset{X}{\underset{|}{\dot{C}H}} + SH \longrightarrow R\sim CH_2-\underset{X}{\underset{|}{CH_2}} + S\cdot$$

向溶剂分子转移的结果是聚合度降低，对聚合速率的影响程度取决于新自由基与原自由基活性的对比，若 S· 活性大于～M· 活性，则聚合速率加快，相反就减小；两者活性相等，则聚合速率不变。

如果溶剂分子中带有活泼氢原子或卤原子，则很容易发生这种转移，工业上将这种溶剂称为相对分子质量调节剂或链转移剂。例如丁二烯与苯乙烯乳液共聚制备丁苯橡胶时，加入十二硫醇作为相对分子质量调节剂，乙烯、丙烯聚合时以氢气为相对分子质量调节剂。

④ 向大分子转移　这类链转移反应一般发生在叔氢原子或氯原子上，使叔碳上带有孤电子，形成大自由基，再进行链增长，形成支链高分子，也可相互偶合成交联高分子，可用下式表示：

$$M_x\cdot+\sim\sim CH_2\underset{\displaystyle X}{\underset{|}{CH}}\sim\sim \longrightarrow M_xH+\sim\sim CH_2\underset{\displaystyle X}{\underset{|}{\dot{C}}}\sim\sim \xrightarrow{nM} \sim\sim CH_2\overset{\displaystyle M_n\sim\sim}{\overset{|}{\underset{\displaystyle X}{\underset{|}{C}}}}\sim\sim$$

向大分子转移主要发生在聚合物浓度较高的聚合后期，此时单体的转化率较高，体系中大分子的浓度也很大，容易发生这种转移。

向大分子转移还有一种形式是向活性链内转移，这种转移也称为“回咬”转移，乙烯在高温、高压下自由基聚合时，聚乙烯链自由基发生转移反应使聚乙烯大分子产生长支链和C_2～C_4短支链，其中乙基、丁基等短支链的形成就是发生了向活性链内转移的结果。丁基支链是自由基夺取第5个亚甲基上的氢形成。乙基是加上一单体分子后作第二次转移而产生的。

$$\sim\sim CH(H)-CH_2-CH_2-CH_2-\dot{C}H_2 \longrightarrow \sim\sim\dot{C}H-CH_2-CH_2-CH_2-CH_3 \xrightarrow{nCH_2=CH_2} \sim\sim CH(CH_2-CH_2-CH_2-CH_3)-(CH_2-CH_2)_{n-1}-CH_2-\dot{C}H_2$$

$$\sim\sim\dot{C}H(CH_2CH_2CH_2CH_3) \xrightarrow{CH_2=CH_2} \sim\sim CH(CH_2-\dot{C}H_2)(CH_2-CH(H)-CH_2-CH_3) \longrightarrow \sim\sim CH(CH_2-CH_3)(CH_2-\dot{C}H-CH_2-CH_3)$$

综上所述，自由基聚合反应的基元反应中，链引发速率最小，是控制总聚合速率的关键。可归纳为慢引发、快增长、速终止、有转移。

5. 自由基聚合反应速率

聚合速率是控制聚合反应过程最重要的指标之一，根据聚合体系单体转化率的变化可分为微观动力学和宏观动力学两部分。微观动力学主要研究聚合初期低转化率下（5%～10%）的聚合速率与单体浓度、引发剂浓度、聚合温度等参数之间的关系。宏观动力学主要研究高转化率下的动力学变化曲线、凝胶效应对聚合的影响等。

(1) 自由基聚合反应微观速率方程

聚合速率指单位时间内消耗单体量或生成聚合物量，常以单体消耗速率（$-d[M]/dt$）或聚合物的生成速率（$d[P]/dt$）表示，以前者的应用为多。

自由基聚合反应包括了链引发、链增长、链终止三步主要基元反应，往往还伴随着链转移反应，各个基元反应对聚合速率均有影响。因此，其过程相当复杂，要想得到描述聚合反应速率方程式，需要进行简化处理。

① 基本假设　如前文分析，链转移反应对自由基数几乎没有影响，若活性不变，对聚合速率也没有影响，因此在分析聚合速率时，可以不考虑链转移反应。尽管如此，在推导微观速率方程式时，还要作如下四个基本假设。

a. 自由基等活性假设　假设链自由基的活性与链的长短无关，即各步链增长速率常数相等，不同链自由基对单体的链增长反应速率常数可用同一个 k_p 来表示。即：

$$k_{p_1}=k_{p_2}=k_{p_3}=\cdots\cdots=k_p$$

b. 稳态假设　假设在聚合反应初期，体系中自由基浓度保持不变，进入“稳定状态”，即 $d[M\cdot]/dt=0$。也可以说链引发速率和链终止速率相等，构成动态平衡。即：

$$R_i=R_t$$

c. 聚合度很大假设　假设单体自由基在很短时间内可以加上成千上万个单体，链引发所消耗的单体远远小于链增长消耗的单体，即：$R_i \ll R_p$，由此，聚合总速率近似等于链增长速率。即

$$R_{总}=-\frac{d[M]}{dt}=-\left(\frac{d[M]_i}{dt}+\frac{d[M]_p}{dt}\right)=R_i+R_p\approx R_p$$

d. 假设聚合过程中无链转移，链终止方式仅为双基终止。

② 微观速率方程

微观聚合速率方程的导出依据是聚合机理。

a. 链引发速率方程

引发剂引发时包括以下两步：

第一步：1个引发剂分解成2个初级自由基。

$$I \xrightarrow{k_d} 2R\cdot \qquad R_d=2fk_d[I]$$

第二步：初级自由基同单体加成形成单体自由基。

$$R\cdot + M \xrightarrow{k_i} RM\cdot \qquad R_i=k_i[R\cdot][M]$$

由于引发剂分解反应最慢，是反应的控制步骤，因此引发速率一般仅取决于初级自由基的生成速率，而与单体浓度无关。即：

$$R_i=d[R\cdot]/dt=2k_d[I] \tag{2-4}$$

由于诱导分解和笼蔽效应的影响，初级自由基分解的引发剂并不全部参加引发反应，因此需引入引发剂效率 f，则引发剂引发速率方程为：

$$R_i=2fk_d[I] \tag{2-5}$$

式中　[I] ——引发剂浓度，mol/L；

R_i——链引发速率，mol/(L·s)；

k_d——引发剂分解速率常数，s^{-1}；

f——引发效率，通常为0.5～0.8。

b. 链增长速率方程　链增长反应是单体与自由基反复加成的反应，速率可用增长反应中单体消耗速率——$d[M]/dt$ 表示。

$$RM_1\cdot + M \xrightarrow{k_{p_1}} RM_2\cdot \qquad R_{p1}=k_{p1}[RM_1\cdot][M]$$

$$RM_2\cdot + M \xrightarrow{k_{p_2}} RM_3\cdot \qquad R_{p2}=k_{p2}[RM_2\cdot][M]$$

$$\vdots \qquad\qquad \vdots$$

$$RM_n\cdot + M \xrightarrow{k_{p_n}} RM_{n+1}\cdot \qquad R_{pn}=k_{pn}[RM_n\cdot][M]$$

在链增长过程中，链增长速率是各步链增长反应速率之和，根据等活性假设，则链增长总速率方程为：

$$R_p=\sum_i R_{pi}=R_{p1}+R_{p2}+\cdots+R_{pn}=k_p\{[RM_1\cdot]+[RM_2\cdot]+\cdots+[RM_n\cdot]\}[M]$$

令 $[M\cdot]$ 表示体系自由基总浓度，即 $[M\cdot]=[RM_1\cdot]+[RM_2\cdot]+\cdots+[RM_n\cdot]$，则链增长速率可表示为：

$$R_p=k_p[M][M\cdot] \tag{2-6}$$

式中　R_p——链增长速率，mol/(L·s)；

k_p——链增长速率常数，L/(mol·s)；

$[M]$、$[M\cdot]$——分别代表单体和自由基总浓度，mol/L。

c. 链终止速率方程　链终止为双基终止，终止速率以自由基消失速率表示。

偶合终止：$M_n\cdot+M_m\cdot\xrightarrow{k_{tc}}M_{n+m}$　　　$R_{tc}=2k_{tc}[M\cdot]^2$

歧化终止：$M_n\cdot+M_m\cdot\xrightarrow{k_{td}}M_n+M_m$　　　$R_{td}=2k_{td}[M\cdot]^2$

令：$k_t=k_{tc}+k_{td}$，即 k_t 为双基终止速率常数。则链终止速率为：

$$R_t=-\frac{d[M\cdot]}{dt}=R_{tc}+R_{td}=2k_{tc}[M\cdot]^2+2k_{td}[M\cdot]^2=2k_t[M\cdot]^2 \tag{2-7}$$

式中　R_t——链终止速率，mol/(L·s)；

R_{tc}、R_{td}——分别为偶合终止速率与歧化终止速率，mol/(L·s)；

k_t——双基链终止速率常数，L/(mol·s)；

k_{tc}、k_{td}——分别为偶合终止速率常数与歧化终止速率常数，L/(mol·s)；

$[M\cdot]$——自由基总浓度，mol/L。

式(2-7) 中的数字 2 表示每次链终止同时消失 2 个自由基，这是美国习惯，欧洲习惯不加 2，查表时需注意。

d. 聚合总速率方程　根据稳态假设，$R_i=R_t$，则式(2-7) 可变为：

$$[M\cdot]=(R_i/2k_t)^{1/2} \tag{2-8}$$

根据聚合度很大假设，聚合总速率 $R_{总}\approx R_p$，将式(2-8) 代入式(2-6)，即得自由基聚合反应微观速率方程为：

$$R_p=k_p[M](R_i/2k_t)^{1/2} \tag{2-9}$$

可见，引发方式不同，其聚合反速率的表达式不同。若为引发剂引发，将式(2-5) 代入式(2-9)，整理后，得：

$$R_p=k_p\left(\frac{fk_d}{k_t}\right)^{1/2}[M][I]^{1/2} \tag{2-10}$$

上式表明，引发剂引发时，聚合速率与单体浓度的一次方成正比，与引发剂浓度的平方根成正比。许多在低转化率下的聚合实验结果也表明了上述关系的正确性，聚合速率方程成为了指导高聚物工业生产的理论基础。

从聚合速率方程推导过程可见，该方程是在等活性、稳态、大分子以及在反应初期不发生链转移反应的基础上推导得到的。该方程的结论 $R_p\propto[I]^{1/2}$，是双基终止的结果。但实际情况有时会存在单基终止与双基终止并存，如在高黏度或沉淀聚合中，结果使聚合速率偏离单体浓度的 1/2 次方而变成 1 次方，也就是存在的情况可能是 $R_p\propto[I]^{0.5\sim1}$。该方程的结论 $R_p\propto[M]$，是单体自由基形成速率远大于引发分解速率的结果。但若初级自由基与单体的引发反应较慢，或引发反应与单体浓度有关（例如成正比），则实际也可能是 $R_p\propto[M]^{1\sim1.5}$。

该方程的结论是在低转化率条件下成立，也就是反应的初期阶段。当转化率较高时，体系黏度增高，会有自加速等反常现象，使聚合速率变化更加复杂，难以用某一方程式来表示，常用单体转化率-时间曲线来直观描述聚合速率的变化规律。

(2) 自由基聚合反应宏观速率曲线　在自由基聚合反应的全过程中，聚合速率是不断变化的，尤其是高转化率时，难以用适当的函数式来描述，因此，一般常用单体转化率-时间曲线来直观地描述聚合速率的变化规律。其速率变化主要存在三种类型，如图 2-5 所示。

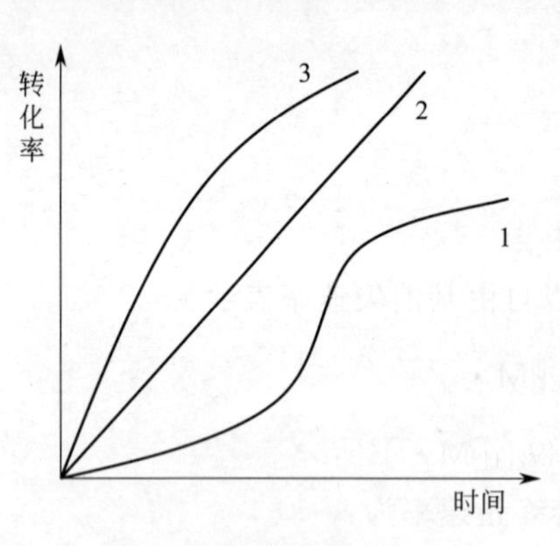

图 2-5　自由基聚合反应转化率-时间曲线
1—常见 S 形曲线；2—匀速聚合型；3—前快后慢型

① 常见 S 形曲线　如图 2-5 中曲线 1 所示，该曲线可以明显地分为诱导期、聚合初期、聚合中期、聚合后期四个阶段，影响各阶段速率的因素并不完全相同。

a. 诱导期（聚合速率为零）　此阶段引发剂分解产生的初级自由基被阻聚杂质所终止，不能引发单体，无聚合物生成，聚合速率为零。在实际工业生产上，存在诱导期的危害是延长聚合周期，增加动力消耗。缩短或消除诱导期的根本途径是必须清除阻聚杂质，将杂质含量控制在 0.003%以下，单体纯度达 99.9%～99.99%以上。非常纯净的单体聚合时，可以没有诱导期。

b. 聚合初期（稳态期或等速期）　此阶段在微观动力学研究时，转化率控制在 5%～10%以下，工业生产中控制在 10%～20%以下，转化率与时间之间呈近似线性关系。主要原因是在诱导期过后，阻聚杂质已基本耗尽，单体和长链自由基开始正常聚合，且体系中的大分子数量较少，黏度较低，体系处于稳态阶段，聚合恒速进行。此阶段聚合速率关系符合微观动力学方程。

c. 聚合中期（加速期期）　随着转化率进一步提高达 10%～20%以后，体系黏度增大，体系会出现自加速现象，将一直延续至转化率达 50%～70%。此阶段由于转化率增高，体系内大分子数目增多，体系黏度不断增大，使长链自由基的活动受阻，甚至活性链的端基被包裹，很难发生双基终止。但低分子单体仍可以自由地与长链自由基碰撞，不影响链增长反应，聚合速率相应增加，由此出现自加速现象。这种由于体系黏度增加所引起的不正常动力学行为称为自加速现象或凝胶效应。

自加速现象将随单体种类及聚合条件的变化有所不同，如图 2-6 所示是甲基丙烯酸甲酯在不同浓度下聚合时的自加速情况。从图中可以看到，浓度在 40%以下时的溶液聚合时，没有自加速现象；浓度在 60%以上时，自加速现象明显，且随着单体浓度的增加，开始出现自加速现象时的转化率提前。如果是不加溶剂的本体聚合，自加速更激烈。此外，溶剂的种类、聚合温度、引发剂用量与活性、链转移反应等对自加速现象也有一定影响。

自加速现象在自由基聚合反应中是一种普遍存在的现象，在工业生产中很容易造成放热集中，引起爆聚和喷料等生产事故的发生，使生产难于控制，同时高温使单体气化，在产物中产生气泡，甚至会产生支链及交联，影响聚合产品的质量，因此必须严格加以避免和控制。

自加速现象是由于体系黏度的增加而引起的，因此，凡是能降低黏度的办法都能够推迟或尽量避免自加速的发生，常用的有四种方法。一是采用溶液聚合，利用适当的溶剂来稀释

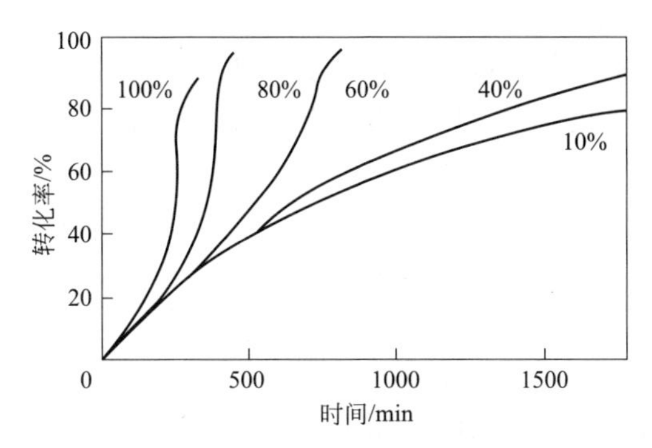

图 2-6　甲基丙烯酸甲酯溶液聚合时单体浓度对自加速的影响

注：引发剂：BPO；溶剂：苯；温度：50℃；

曲线上数字为甲基丙烯酸甲酯的浓度。

聚合物，降低体系的黏度；二是适当的提高温度，利用液体黏度随温度的升高而降低的性质，将体系的黏度控制在出现自加速的黏度以下；三是采用低温引发剂实现低温乳液聚合；四是添加适当的链转移剂控制聚合物的相对分子质量，降低体系黏度。

有时也可利用自加速现象使聚合反应速率加快，可以缩短聚合周期，提高生产效率。如在聚合开始时，向单体中加入一定量的高聚物粉末，使体系黏度增大，促进自加速作用提前出现。

d. 聚合后期（减速期）　当单体转化率达 50%～70%以后，体系黏度更大，单体和自由基的浓度减小，聚合速率大大降低。此阶段单体的自由碰撞也开始受阻，使链增长速率也大大下降，向大分子发生链转移反应的机会增加，使聚合产物出现支链、分枝或交联结构。工业生产上，为了保证产品质量和缩短聚合生产周期，往往达到预期的转化率就停止聚合反应。例如，聚氯乙烯的悬浮聚合最终转化率不超过 90%；丁苯橡胶合成中转化率达 60%～70%左右即行停止，分离聚合物，回收未反应单体。

② 匀速聚合型　如图 2-6 中曲线 2 所示，如果选用半衰期适当的引发剂，使正常聚合速率的衰减与凝胶效应的自动加速过程互相抵消，就可能出现理想的反应。从工业生产过程控制的角度来说，很希望能达到匀速聚合，但需要合理地选择引发剂。例如聚氯乙烯悬浮聚合生产时，若选用半衰期为 2.0h 左右的引发剂，基本上能达到匀速聚合，也可以选用高活性和低活性复合型引发剂。

③ 前快后慢型　如图 2-5 中曲线 1 所示，如果选用活性特高的引发剂，聚合初期就会有大量的自由基产生，聚合速率很快，中期以后，由于引发剂浓度很低，聚合会变得很慢，甚至在转化率不高时就停止了聚合，从工业角度看不愿意出现这样的局面，可以采用分批加入引发剂的方法来解决。

6. 自由基聚合反应产物的平均相对分子质量

平均相对分子质量及其分布是衡量聚合产物质量的重要指标，也是工业生产中的主要控制因素。高聚物的许多性能，如强度、力学性能、热稳定性、加工性能等，都和平均相对分子质量有着密切的关系。

如前文所述，链转移反应对聚合速率影响可不予考虑，但对聚合产物的平均相对分子质量的影响很大。分述两种情况如下：

（1）无链转移时的聚合度方程

无链转移时的聚合度通常用动力学链长表示。所谓动力学链长是指每个活性中心从引发到终止所平均消耗的单体分子数，以 ν 表示。动力学链长为增长速率和引发速率的比，依据稳态时引发速率等于终止速率，则动力学链长可表示为：

$$\nu=\frac{R_p}{R_i}=\frac{R_p}{R_t} \tag{2-11}$$

将式(2-6)、式(2-7) 和式(2-8) 代入上式，得：

$$\nu=\frac{k_p}{(2k_t)^{1/2}}\times\frac{[M]}{R_i^{1/2}} \tag{2-12}$$

若自由基聚合反应由引发剂引发时，用 $R_i=2fk_d[I]$ 代入式(2-12)，得：

$$\nu=\frac{k_p}{2(fk_dk_t)^{1/2}}\times\frac{[M]}{[I]^{1/2}} \tag{2-13}$$

由上式可知，动力学链长与单体浓度的一次方成正比，与引发剂浓度平方根成反比。可见，在自由基聚合体系中，增加引发剂用量虽然可以提高聚合速率，但又使聚合产物的相对分子质量降低，因此，生产中要严格控制引发剂的用量，此外，动力学链长还和聚合温度有关，聚合温度升高，聚合速率增大，平均相对分子质量降低。

(2) 动力学链长与平均聚合度的关系

平均聚合度是指平均每个聚合物分子中所含重复结构单元数，它与动力学链长的关系取决于链终止方式。偶合终止时 $\overline{X_n}=2\nu$；歧化终止时 $\overline{X_n}=\nu$，两种终止方式同时存在时，可按比例计算。

(3) 有链转移时的聚合度方程

在自由基聚合反应中，当有链转移反应发生时，一般不会影响聚合反应速率，但会对聚合产物的相对分子质量产生很大影响。此时产物的平均聚合度应包含以下几个部分：

$$\overline{X_n}=\frac{\text{单体消耗速率}}{\text{正常终止速率}+\text{链转移终止速率}}=\frac{R_p}{R_t+R_{trM}+R_{trI}+R_{trS}+R_{trP}} \tag{2-14}$$

向单体、引发剂、溶剂及大分子转移的反应式及聚合速率方程可表示如下：

向单体转移：

$$\sim\!\sim M\cdot+M\xrightarrow{k_{trM}}\sim\!\sim M+M\cdot \qquad R_{trM}=k_{trM}[M\cdot][M] \tag{2-15}$$

向引发剂转移：

$$\sim\!\sim M\cdot+R{-}R\xrightarrow{k_{trI}}\sim\!\sim MR+R\cdot \qquad R_{trI}=k_{trI}[M\cdot][I] \tag{2-16}$$

向溶剂转移：

$$\sim\!\sim M\cdot+SY\xrightarrow{k_{trS}}\sim\!\sim MY+S\cdot \qquad R_{trS}=k_{trS}[M\cdot][S] \tag{2-17}$$

向大分子链转移：

$$\sim\!\sim M\cdot+PH\xrightarrow{k_{trP}}\sim\!\sim MH+P\cdot \qquad R_{trP}=k_{trP}[M\cdot][P] \tag{2-18}$$

歧化终止时，将式(2-15)、式(2-16)、式(2-17) 及式(2-18) 代入式(2-14)，取倒数，整理得：

$$\frac{1}{\overline{X_n}}=\frac{1}{\nu}+\frac{k_{trM}}{k_p}+\frac{k_{trI}}{k_p}\times\frac{[I]}{[M]}+\frac{k_{trS}}{k_p}\times\frac{[S]}{[M]}+\frac{k_{trP}}{k_p}\times\frac{[P]}{[M]} \tag{2-19}$$

式中　k_{trM}，k_{trI}，k_{trS}，k_{trP}——向单体、引发剂、溶剂、大分子转移速率常数；

[S]，[P] ——溶剂、大分子浓度。

令：$C_M=\frac{k_{trM}}{k_p}$，$C_I=\frac{k_{trI}}{k_p}$，$C_S=\frac{k_{trS}}{k_p}$，$C_P=\frac{k_{trP}}{k_p}$，分别代表向单体、引发剂、溶剂、大分子转移常数，则式(2-19) 变为：

$$\frac{1}{\overline{X}_n}=\frac{1}{\nu}+C_M+C_I\frac{[I]}{[M]}+C_S\frac{[S]}{[M]}+C_P\frac{[P]}{[M]} \tag{2-20}$$

上式表明，正常聚合时双基终止（歧化终止)、向单体转移、向引发剂转移、向溶剂转移和向大分子转移等项对产物平均聚合度均有贡献。各类链转移常数，可以从聚合物手册中查取，选用时，必须注意指定单体、溶剂和温度条件。聚合产物的平均聚合度不仅与单体浓度、引发剂浓度、链转移剂浓度有关，而且还与单体、引发剂及链转移剂的链转移能力有关。

① 向单体转移　当实施本体聚合时，体系中没有溶剂，则 $C_S=0$；若采用无诱导反应发生的偶氮类引发剂或热引发，则 $C_I\approx0$；若向大分子转移很少，则 $C_P\approx0$。式(2-20) 将简化为：

$$\frac{1}{\overline{X}_n}=\frac{1}{\nu}+C_M \tag{2-21}$$

此时，体系可近似看成只发生向单体链转移反应，聚合度与向单体链转移常数 C_M 有关。向单体转移的能力与单体结构、聚合温度等有关。当单体分子中带有叔氢原子、氯原子等键合力较小的原子时，容易被自由基夺取而发生转移反应；向单体链转移常数 C_M 随温度升高而增大。表 2-9 中列出了常见单体在不同温度下的链转移常数 C_M。

表 2-9　向单体的链转移常数（$C_M\times10^4$）

单体	温度/℃				
	30	50	60	70	80
甲基丙烯酸甲酯	0.12	0.15	0.18	0.3	0.4
丙烯腈	0.15	0.27	0.30	—	—
苯乙烯	0.32	0.62	0.85	1.16	—
醋酸乙烯酯	0.94(40℃)	1.29	1.91	—	—
氯乙烯	6.25	13.5	20.2	23.8	—

从表 2-9 中可以看到，多数单体像甲基丙烯酸甲酯、丙烯腈和苯乙烯的链转移常数 C_M 都很小，对产物的相对分子质量影响不大。但氯乙烯由于结构中的 C—Cl 键能较低，氯原子很容易被夺取，其链转移常数 C_M值是乙烯基单体中最大的，甚至远远超过了正常的终止速率，即 $R_{trM}\gg R_t$，因此，聚氯乙烯的平均聚合度仅取决于向单体链转移的速率常数 C_M。

$$\overline{X}_n=\frac{R_p}{R_t+R_{trM}}\approx\frac{R_p}{R_{trM}}=\frac{k_p}{k_{trM}}=\frac{1}{C_M}$$

从表中也可以看出，聚合温度升高，C_M 增大，则聚氯乙烯产物的聚合度降低。生产实践证明，氯乙烯悬浮聚合时产物的聚合度与引发剂用量、单体转化率基本无关，只取决于聚合温度。因此，生产上采用聚合温度控制聚合度，引发剂的用量调节聚合反应速率。

② 向引发剂转移　向引发剂发生链转移是由于引发剂的诱导分解而引起的，主要发生在过氧化物类引发剂中，不仅影响了引发剂的引发效率，也会使聚合产物的平均聚合度降低。通常情况下，虽然向引发剂转移常数 C_I比 C_M和 C_S大，但一般情况下引发剂的浓度很小，因此，向引发剂转移造成产物聚合度下降的影响不大，可以忽略不计。

③ 向溶剂或链转移剂转移　向溶剂转移对平均聚合度的影响只有在实施溶液聚合时才加以考虑。将式(2-20) 右边的其余四项合并，用 $(1/\overline{X_n})_0$ 表示无溶剂或链转移剂时的平均聚合度倒数，可写成：

$$\frac{1}{\overline{X_n}}=\left(\frac{1}{\overline{X_n}}\right)_0+C_S\times\frac{[S]}{[M]} \tag{2-22}$$

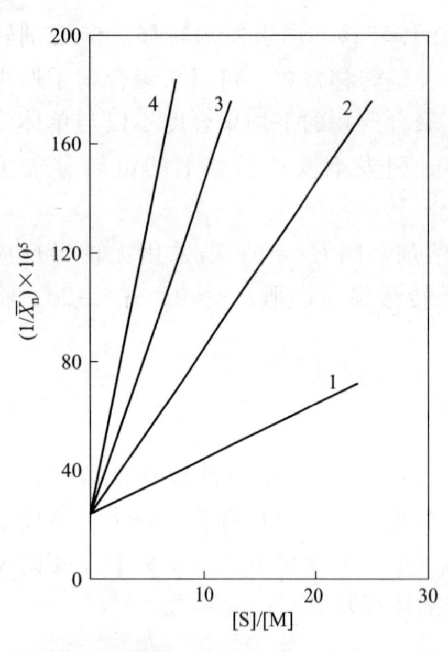

图 2-7　烃类溶剂对聚苯乙烯平均聚合度的影响（100℃苯乙烯热聚合）

1—苯；2—甲苯；3—乙苯；4—异丙苯

实验测定，在不同［S］/［M］下的产物聚合度，以 $1/\overline{X_n}$ 对［S］/［M］作图，可得到一条的直线，该直线的斜率即为向溶剂转移常数 C_S。图 2-7 所示为 100℃时苯乙烯热聚合烃类溶剂对平均聚合度的影响。

向溶剂链转移常数 C_S 的大小受溶剂结构、单体（或自由基）结构及聚合温度的影响。如溶剂分子中有活泼氢或卤原子时，C_S 一般较大，特别是脂肪族的硫醇 C_S 较大，常用作相对分子质量调节剂。温度升高，向溶剂转移常数 C_S 增大。

在高分子合成生产工业上，有时为了控制产物的相对分子质量，确保合适的加工性能，需要人为加入特殊的溶剂（链转移剂）。另外，制备低相对分子质量的聚合物，如制备润滑油、表面活性剂等化工材料时，也需要选用适当的链转移剂来调节相对分子质量。

④ 向大分子转移　如前文所述，向大分子发生链转移的结果是在大分子主链上生成活性点，单体在活性点上增长，形成许多长支链及短支链。这种转移对平均聚合度的影响不大，支链的存在主要影响高聚物的结晶度、密度、强度等物理力学性能。向大分子转移常数 C_P 随温度升高而增加。

7. 阻聚与缓聚

在高分子合成的科学研究及实际工业生产中，一般对聚合级单体的纯度要求较高，在聚合前必须要清除或限制影响聚合反应的有害杂质在一定的含量以下，否则将使聚合反应出现诱导期增长或降低聚合反应速率。但部分烯烃类单体，如苯乙烯、甲基丙烯酸甲酯等，在单体分离、精制、贮存、运输过程，很容易发生自聚反应，为保证安全，往往要加入一定量的“阻聚杂质”——阻聚剂，在单体使用前再把阻聚剂除掉，否则需使用过量的引发剂。可见，阻聚剂的作用并不次于引发剂，因此，有必要了解这类物质的类型、作用机理，从而选择适用的阻聚剂。

(1) 阻聚剂与缓聚剂

从“阻聚杂质”对聚合反应的抑制程度，可分为阻聚剂和缓聚剂两类。

能使反应中的每个活性自由基都消失，而使聚合完全停止的物质称为阻聚剂；只消灭部分自由基或使自由基活性衰减，而使聚合速率减慢的物质称为缓聚剂。阻聚剂与缓聚剂在作用机理上无本质差别，只是作用的程度不同而已，分别称为阻聚作用和缓聚作用，有时两者很难区分。

当体系中存在阻聚剂时，在聚合反应开始以后，并不能马上引发单体聚合，必须在体系中的阻聚剂全部消耗完后，聚合反应才会正常进行。从引发剂开始分解到单体开始转化存在一个时间间隔，称诱导期。

图 2-8 所示是苯醌、硝基苯和亚硝基苯等对 100℃苯乙烯热引发的影响。由图可知，苯醌是阻聚剂，会导致聚合反应存在诱导期，但在诱导期过后，不会改变聚合速率；硝基苯是缓聚剂，不会导致诱导期，不会使聚合反应完全停止，只会减慢聚合反应速率。亚硝基苯则兼有阻聚和缓聚作用，在一定的反应阶段充当阻聚剂，产生诱导期，反应一段时间后其阻聚作用消失，转而成为缓聚剂，使聚合反应速率减慢。

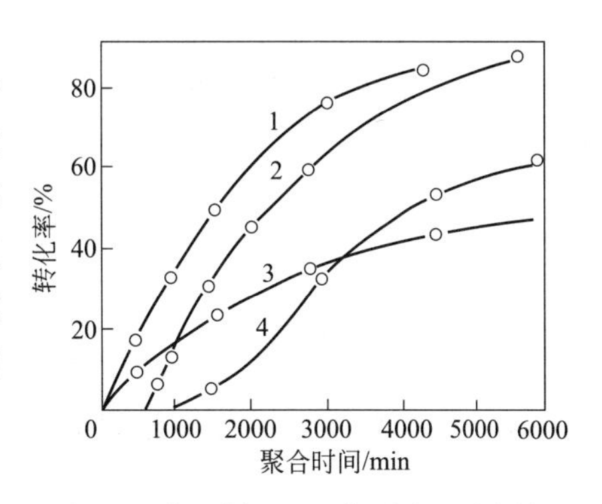

图 2-8　苯乙烯 100℃热引发阻聚剂与缓聚作用的影响

1—无阻聚剂；2—0.1%苯醌；3—硝基苯；4—亚硝基苯

(2) 典型的阻聚剂与阻聚机理

阻聚剂的种类很多，一般分为分子型阻聚剂和自由基型阻聚剂两大类。

① 分子型阻聚剂　常见的有苯醌、硝基化合物、芳胺、酚类、含硫化合物等，是工业普遍使用的阻聚剂。其中，苯醌是最重要的常用阻聚剂，加入量在 0.001%～0.1%就能达到阻聚效果，但随单体不同其阻聚效果有所不同，如苯醌是苯乙烯、醋酸乙烯酯的有效阻聚剂，但对甲基丙烯酸甲酯、丙烯酸甲酯、丙烯腈等单体却只能起缓聚作用。

苯醌的阻聚行为比较复杂，苯醌分子上的氧和碳原子有可能与自由基发生加成反应，而后发生偶合或歧化终止，其过程可以表示如下：

M_x ·+ O═⟨苯环⟩═O → M_x—O—⟨苯环⟩—O· → 歧化终止或偶合终止

M_x ·+ O═⟨苯环⟩═O → O═⟨苯环(H, M_x)⟩—O· → HO—⟨苯环(M_x)⟩—O· → 歧化终止或偶合终止

O═⟨苯环(H, M_x)⟩—O· $\xrightarrow{M_x\cdot}$ M_xH + O═⟨苯环(M_x)⟩═O → 阻聚

醌类阻聚剂的阻聚能力与醌类结构和单体性质有关。实际应用时，通常使用对苯二酚，经氧化后生成苯醌。酚类阻聚剂同时又是抗氧剂和防老剂，其阻聚作用在单体中有氧存在时才表现出来，是用途广泛的一类阻聚剂，常用的是对叔丁基邻苯二酚和 2,6-二叔丁基对甲基苯酚（俗称“264”）等。

芳胺类阻聚剂只有氧存在条件下才具有阻聚作用，与酚类一样，既能作阻聚剂也能作抗氧剂和防老剂，常用的是对甲苯胺、*N*-亚硝基二苯胺和次甲基蓝等。次甲基蓝也是含硫阻聚剂，在氯乙烯悬浮聚合作防黏釜剂使用。

硝基及亚硝基化合物阻聚剂一般用作缓聚剂或弱阻聚剂，它的阻聚效果与单体结构有关，如对醋酸乙烯酯是阻聚剂，而对苯乙烯则是缓聚剂，对甲基丙烯酯类和丙烯酸酯类却无阻聚作用。常用的有硝基苯、间硝基氯苯等。

② 自由基型阻聚剂　常见的有 1,1-二苯基-2-三硝基苯肼自由基（DPPH）、三苯甲基自由基等。自由基型阻聚剂本身均含有氮或氧自由基，是极稳定的自由基，它不能引发单体聚

合，但能很快与链自由基或初级自由基作用发生双基终止而阻止聚合反应。

DPPH 是自由基型高效阻聚剂，在浓度 10^{-4} mol/L 时就能阻止醋酸乙烯酯、苯乙烯、甲基丙烯酸甲酯等烯烃类单体的聚合，故有“自由基捕捉剂”之称，也是理想的阻聚剂。DPPH 未反应之前是黑色的，捕捉自由基后，变为无色，因此可用比色法来定量判断其消耗情况。科学研究中常用来测定引发速率，进而求引发效率。DPPH 的阻聚作用可表示如下：

$$\sim\sim CH_2-\dot{C}H(X) + (C_6H_5)_2N-\dot{N}-C_6H_2(NO_2)_3 \longrightarrow \sim\sim CH=CH(X) + (C_6H_5)_2N-NH-C_6H_2(NO_2)_3$$

（黑色） （无色）

自由基型阻聚剂的阻聚作用虽好，但因制备困难、价格昂贵，所以单体精制、贮存、运输、终止反应等情况下一般不用，多用于测定引发速率。

③ 特殊物质的阻聚作用

a. 氧的阻聚作用　氧具有显著的阻聚作用，可看作是双自由基型阻聚剂，氧与自由基反应，形成不活泼的过氧自由基，过氧自由基本身与其他自由基歧化或偶合终止，过氧自由基有时也可能与少量单体加成，形成相对分子质量很低的共聚物。生产中，氧的主要来源是由空气带入反应系统中，因此，聚合反应通常要先排除氧，然后在氮气保护下进行。但有时高温时过氧化物能分解出自由基而引发聚合反应，乙烯高温高压聚合用氧作引发剂就是这个原理。

b. 金属盐氧化剂　常见的有氯化铁、氯化铜等，这类变价金属盐可与自由基之间发生电子转移反应（即氧化-还原反应），将自由基转化为非自由基，使之失去活性，从而阻止或减慢了聚合反应的进行。以氯化铁为例可表示如下：

$$\sim\sim CH_2-\dot{C}H(X) + Fe^{3+}Cl_3 \longrightarrow \sim\sim CH_2-CH(Cl)(X) + Fe^{2+}Cl_2$$

$$\text{或} \sim\sim CH=CH(X) + Fe^{2+}Cl_2 + HCl$$

氯化铁不但阻聚效率较高，并能化学计量地消灭自由基，因此，常用于测定引发剂的引发速率。

c. 烯丙基单体的自阻聚作用　在自由基聚合中，烯丙基单体不仅聚合速率很低，并且往往只能得到低聚物。在这类聚合反应中，链自由基与烯丙基单体存在加成和转移两个竞争反应。

$$M_n^{\bullet} + H_2C=CH-CH_2R \xrightarrow{\text{加成}} M_n-CH_2-\dot{C}H(CH_2-R)$$

$$M_n^{\bullet} + H_2C=CH-CH_2R \xrightarrow{\text{转移}} M_nH + [H_2C=CH-\dot{C}HR \longleftrightarrow H_2\dot{C}-CH=CHR]$$

链转移后生成的烯丙基自由基由于有双键的共轭稳定性，不能引发单体聚合，只能与其他自由基终止，得到低聚物。由于起缓聚或阻聚作用的是烯丙基单体自身，因此被称为烯丙基单体的自阻聚作用。

（3）阻聚剂的选用原则

阻聚剂在实际生产中不仅种类繁多并且用途广泛，可以防止单体精制与贮运时发生自聚；使聚合在某一转化率下停止，抑制爆聚；测定引发速率，研究聚合机理；防止高分子材料老化等。

在生产中总的选择原则是用量小、效率高、无毒、无污染、容易从单体中脱除、易制造、成本低，也要考虑单体类型、副反应、复合使用与温度影响等。

阻聚剂对不同单体的阻聚效果各不相同，所以要根据单体类型来选择合适的阻聚剂。当聚合烯烃单体的取代基为推电子基团时（—C_6H_5、—$OCOCH_3$等），首选醌类、芳硝基化合物、变价金属盐类等亲电子物质，其次选酚类或芳胺类物质；若取代基为吸电子基团（—CN、—COOH、—$COOCH_3$等），首选酚类、芳胺类供电性物质，其次选用醌类和芳硝基化合物。若聚合体系中含有氧气时，则形成的自由基链除～$\dot{C}$HX 外，还有过氧自由基～CHXOO·，要先考虑酚类、胺类，或酚、胺合用，其次考虑选用醌类、芳硝基化合物、变价金属盐类等。

实际上，究竟选择何种阻聚剂，还需要经过大量的实验来确定。如苯乙烯在贮存过程中很容易发生自聚，可加入苯醌或对叔丁基邻苯二酚作阻聚剂，实践证明，对叔丁基邻苯二酚的加入量少，且阻聚效果好。

8. 自由基聚合反应的影响因素

影响自由基聚合反应的主要因素有原料纯度与杂质、引发剂浓度、单体浓度、聚合温度、聚合压力等。

（1）聚合反应温度

和一般的化学反应一样，聚合反应对温度最为敏感，尤其是热引发或引发剂引发的聚合反应受温度的影响更为显著。温度不但影响聚合速率和产物的平均聚合度，还会影响产物的微观结构。通常，聚合速率随温度的升高而增大，产物平均聚合度随温度的升高而下降。

因此，聚合反应温度是影响聚合产物产品质量的一个重要参数，为防止产物相对分子质量的波动，必须严格控制聚合反应温度。

（2）聚合反应压力

一般来说，压力对液相聚合或固相聚合影响较小，但对气态单体的聚合速率和相对分子质量的影响较显著。通常情况下，聚合压力增高，聚合速率加快，产物相对分子质量增大，支化程度降低。但是，压力对聚合反应速率的影响要比温度的影响要小。工业生产上，只有当聚合反应温度一开始就比较高的时候，才使用高压聚合反应。

（3）原料纯度与杂质

高分子合成所用的单体、引发剂、溶剂、水及其他各种助剂等主要原料，在生产上，对它们的纯度都有严格的要求。一般聚合级的单体纯度在99.9%～99.99%，杂质的含量在0.01%～0.1%。不同的聚合反应条件，对原料纯度要求也不同。如对聚合级氯乙烯单体的要求是纯度＞99.9%、乙炔含量＜0.001%、铁含量＜0.001%、乙醛含量＜0.001，且高沸点物质微量。这里有些杂质的含量虽少，但对氯乙烯聚合的影响颇大。表2-10中列出乙炔对氯乙烯聚合的影响。

总之，杂质的影响是多方面的，对高聚物性能的影响较为显著，微量杂质的存在就不能获得高相对分子质量的聚合物。

表 2-10 乙炔对氯乙烯聚合的影响

乙炔含量/%	诱导期/h	转化率达85%时所需的时间/h	聚合度
0.0009	3	11	2300
0.03	4	11.5	1000
0.07	5	21	500
0.13	8	24	300

9. 氯乙烯的自由基聚合反应原理

如前文所述，向单体发生链转移反应是氯乙烯聚合反应机理的基本特征，引发剂种类和用量主要用来调节聚合反应速率或生产周期长短。在实际生产上，当聚合温度在60℃以下时，聚氯乙烯平均聚合度仅取决于聚合温度，而与引发剂浓度、转化率无关，可利用调整聚合温度来改变PVC牌号。当聚合温度在60℃以上时，除适当改变温度外，还应加入少量链转移剂来控制产物相对分子质量，以免在较高温度下造成过高的操作压力，同时也可减少高温对树脂热稳定性的影响。因此，严格控制聚合温度是保证聚氯乙烯不转型的重要手段。为提高生产能力，选择半衰期适当的引发剂可使聚合过程有比较均一的聚合速率。

任务二 聚氯乙烯生产工艺

【任务介绍】

依据悬浮法生产聚氯乙烯的原理特征，分析生产聚氯乙烯需要哪些原料、各自的作用及规格。能依据生产原理绘制工艺流程框图。

【相关知识】

一、聚氯乙烯生产工艺方法

氯乙烯的聚合遵循自由基聚合机理，生产上可采用的聚合工艺主要有本体、悬浮、溶液、乳液聚合及微悬浮法。目前，聚氯乙烯的均聚及共聚品种大多数都是采用悬浮法生产，得到的是粉状树脂，常用于生产压延和挤出制品。乳液法主要生产糊状树脂，用于生产人造革、壁纸、儿童玩具及乳胶手套等制品。这里，只介绍常见的悬浮法生产粉状聚氯乙烯树脂的工艺过程。

1. 悬浮聚合

悬浮聚合是将不溶于水、溶有引发剂的单体，在强烈机械搅拌和分散剂的作用下，以小液滴状态悬浮于水中完成聚合反应的一种方法。体系的基本组成为单体、引发剂、水和分散剂，也可加入适当的助剂。通常把单体和引发剂称为单体相，水和分散剂称为水相。

目前，悬浮聚合主要用于合成树脂的生产，如聚氯乙烯树脂、可发性聚苯乙烯珠粒、苯乙烯-丙烯腈共聚物、聚甲基丙烯酸甲酯均聚物及共聚物、聚四氟乙烯及聚醋酸乙烯酯树脂等。

悬浮聚合的主要特点是以水作为分散介质，生产成本较低，温度较易控制，产品纯度较高，无需回收，操作简单，粒状树脂可用于直接加工。但目前只能采用间歇分批生产，连续化生产尚处于研究之中。

2. 悬浮聚合体系组成

（1）单体

悬浮聚合的单体应不溶于水或溶解度很低，对水稳定而不发生水解反应。

（2）引发剂

应采用油溶性引发剂。可依据单体性质和工艺条件不同来选择适当的引发剂，引发剂的种类和用量对聚合反应速率、聚合转化率、产物相对分子质量均有影响。

（3）分散介质

应采用去离子水，水中杂质的存在会影响产品外观质量、性能，也会对聚合产生阻聚作用而降低聚合速率。水的作用是能维持单体或聚合物粒子成稳定的悬浮状态，同时也能作为传热介质，将聚合热及时传递出去。

（4）分散剂

主要作用是帮助单体分散成液滴，在液滴表面形成保护膜，防止聚合早期液滴或中后期粒子的黏并。按照化学性质，可将悬浮聚合用分散剂分为水溶性高分子化合物和非水溶性无机固体粉末两大类。

① 水溶性高分子化合物　包括天然高分子化合物和合成高分子化合物两类，都是一些非离子性表面活性极弱的物质。常用的有明胶、淀粉、纤维素醚类（甲基纤维素、羟乙基纤维素等）、聚乙烯醇、聚丙烯酸、马来酸酐-苯乙烯共聚物等。水溶性高分子化合物溶于水的部分分散于水相中，另一部分吸附在单体液滴表面起保护作用。

② 非水溶性无机固体粉末　主要有碳酸镁、碳酸钙和滑石粉等，它们的作用机理是细粉末吸附在液滴表面，起着机械隔离作用，防止液滴相互碰撞和聚集。

悬浮体系中除单体和引发剂外，有时为了控制产物的相对分子质量，单体相中也可加入少量的相对分子质量调节剂、稳定剂、颜料等助剂，水相中加入水相阻聚剂等。

3. 悬浮聚合的机理

悬浮聚合的场所是在单体液滴内，而每个小液滴内只有单体和引发剂，在每个小液滴内实施本体聚合。

（1）单体液滴的形成过程

将溶有引发剂的油状单体倒入水和分散剂形成的水相中，单体相将浮于水相上层。进行机械搅拌时，由于剪切力的作用，单体液层先被拉成细条形，然后分散成单体液滴，在一定的搅拌强度和分散剂作用下，大小不等的液滴通过一系列的分散和结合过程，构成一定的动平衡，最后得到大小均匀的粒子。

（2）聚合物粒子的形成过程

根据聚合物在单体中的溶解情况，悬浮聚合可分为均相聚合（珠状聚合）和非均相聚合（粉状聚合）两种，其成粒机理是不同的。

聚氯乙烯均聚体系是典型的粉状悬浮聚合，其形成过程分为五个阶段：

第一阶段：转化率低于0.1%，在搅拌和分散剂作用下，形成0.05～0.3mm的微小液滴。当单体聚合形成约10个以上高分子链时，高分子链就从液滴单体相中沉淀出来。

第二阶段：转化率为0.1%～1%，是粒子形成阶段。沉淀出来的高分子链合并形成0.1～0.6μm的初级粒子，液滴逐渐由单体液相转变为由单体液相和高聚物固相组成的非均相体系。

第三阶段：转化率为1%～70%，是粒子生长阶段。液滴内初级粒子逐渐增多，合并成次级粒子，次级粒子又相互凝结形成一定的颗粒骨架。

第四阶段：转化率为70%～85%，溶胀高聚物的单体继续聚合，粒子由疏松变得结实而不透明。生产上经常控制在转化率达85%结束，回收残余单体。

第五阶段：转化率在85%以上，直至残余单体聚合完毕，最终形成坚实而不透明的高聚物粉状粒子。

4. 聚氯乙烯的悬浮聚合

在聚氯乙烯悬浮聚合过程中，如果选用不同的分散剂，可以得到颗粒结构和形状不同的紧密型和疏松型两种树脂。紧密型树脂呈乒乓球状，吸收增塑剂能力低，主要用于生产硬制品；疏松型树脂呈棉花团状，吸收增塑剂能力强，易塑化，“鱼眼”少，成型时间短，加工操作方便，适用于粉料直接成型。因此，国内各树脂厂所生产的粉状聚氯乙烯树脂，大多数都是疏松型的。

“鱼眼”，又称晶点，其实质是在聚合条件不当所形成的少量具有体型结构的高相对分子质量的聚氯乙烯树脂颗粒，但其吸收增塑剂的能力非常低，在加工条件下不能塑化，影响了产品的质量。“鱼眼”的形成与悬浮聚合配方、工艺及加工配方、工艺都有关，在生产中要分析其形成原因，减少和消除“鱼眼”的形成。

二、聚氯乙烯生产聚合反应设备

聚氯乙烯悬浮聚合采用釜式反应器，其总体结构如图2-9所示。主要包括釜体、换热装置、搅拌装置、轴封装置及其他结构五大部分。

1. 釜体

釜式聚合反应器的材质多采用搪玻璃、不锈钢和复合钢板。目前规格主要有14m^3、30m^3、33m^3、75m^3、135m^3等，最大可达200m^3以上。釜体型式有“矮胖型”（高径比小）和“瘦长型”（高径比大）。采用不锈钢和碳钢复合不锈钢制作，因其传热系数较高，应用比较广泛。

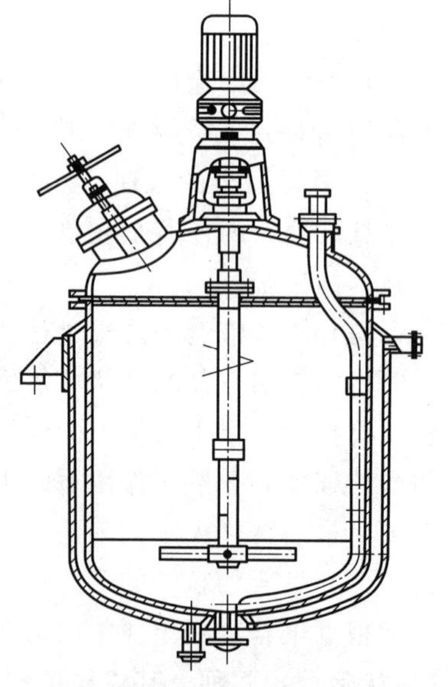

图2-9　釜式反应器结构示意图

2. 换热装置

聚合釜为维持釜内物料温度在规定的范围内，通常设置夹套，在此空间内通入流体，以加热或冷却物料。夹套传热是聚合釜的主要传热方式。有时为提高夹套的传热能力，可在夹套内安装螺旋导流板，或在夹套的不同高度等距安装扰流喷嘴，也可采用切线进水。聚合的传热方式除夹套传热和内冷件传热外，也可采用回流冷凝器及釜外物料循环传热等。

3. 搅拌装置

在釜式聚合反应器中，为实现釜内物料的流动、混合、传质、传热等各种作用，必须设置搅拌器。搅拌器的作用是提供搅拌过程所需的能量及适宜的物料流动状态，主要由搅拌轴、搅拌桨叶和联接件所组成。搅拌轴的转动通过传动装置的传动来实现。传动装置由电机、减速机通过联轴节组成。釜式聚合反应器内的搅拌装置一般还包括搅拌附件（如挡板、导流筒等）。根据桨叶结构型式及尺寸大小，不同搅拌器适用于不同的搅拌体系。图2-10列出了几种典型搅拌器的示意图。

桨式（平桨、斜桨）、透平式和推进式搅拌器因桨叶尺寸较小，搅拌转速较高，一般用于低黏度体系的搅拌；锚式、框式、螺带式和螺杆式搅拌器，桨叶尺寸较大（螺杆式搅拌器

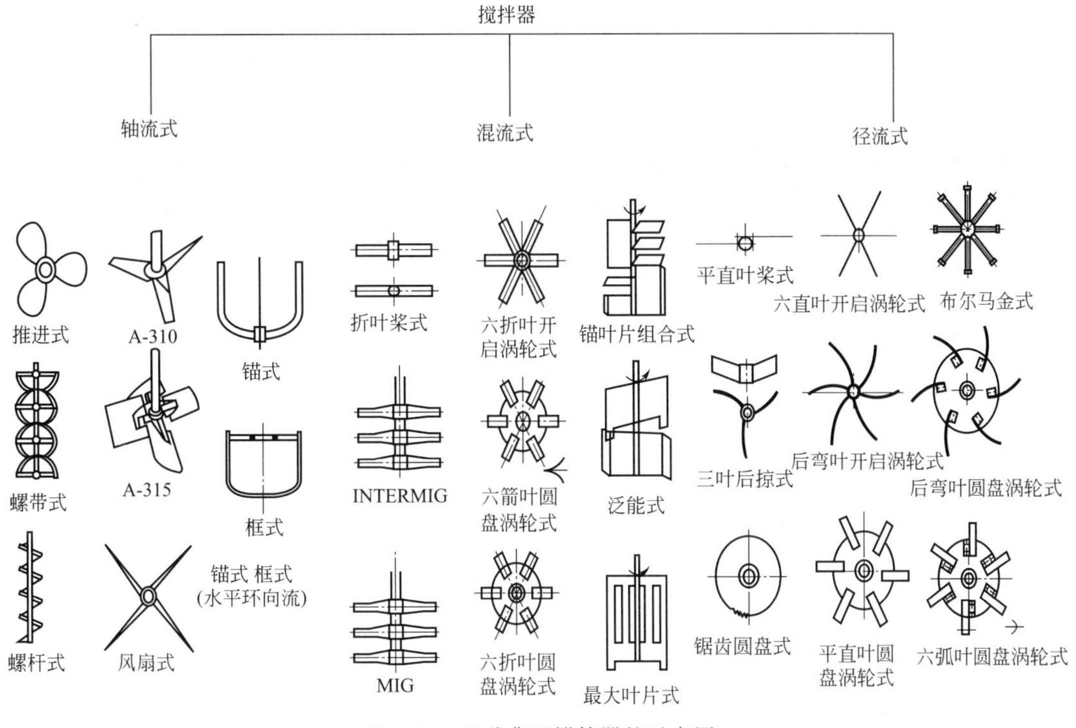

图 2-10　几种典型搅拌器的示意图

除外)，搅拌转速较低，一般用于高黏度体系的搅拌；采用螺杆式搅拌器时，一般与螺带式搅拌器或导流筒配合使用；对于黏度极高的体系，还可采用带刮板的螺带式搅拌器或采用双层或多层搅拌桨叶，或根据需要采用两种或两种以上桨型的组合。

4. 轴封装置

轴封装置主要指在搅拌轴与釜体间的动密封和在釜体法兰与各接管处法兰间的静密封。动密封有机械密封和填料密封两种。轴封是聚合釜唯一的动密封点，是釜式聚合反应器的重要组成部分。轴封的作用是保证聚合釜内处于一定的正压或真空度，防止反应物逸出或杂质渗入，轴封的好坏直接影响聚合釜的运行和生产，其泄漏不但会严重影响釜内的物料组成，影响产品质量，还会造成环境污染，增大能耗，甚至会有火灾或爆炸的危险。

5. 其他装置

其他装置主要指各种用途的接管、人（手）孔及支座等。

6. 聚氯乙烯悬浮聚合生产设备

工业上生产聚氯乙烯常采用下传动底伸式两层三叶后掠式搅拌器。两层三叶后掠式搅拌器增加了轴向转动力，克服了一叶后掠式搅拌器轴向循环量不足的缺点，使聚合体系轴向混合均匀，有利于改善树脂的颗粒度分布和釜内的温度分布，提高了釜的传热效率和产品质量。底伸式搅拌可避免顶伸式长轴下部与轴瓦产生塑化片而影响产品质量。釜内安装四根在釜底部固定的圆形套管式挡板，与釜壁无任何固定点，以避免釜内出现死角。釜的夹套采用半圆管式夹套可提高冷却水流速，有效地提高了釜的传热系数。釜顶设装有喷涂防黏釜液的旋转式电动喷淋阀。

三、聚氯乙烯生产工艺路线特点

将各种原料与助剂加入到反应釜内在搅拌器的作用下充分均匀分散，然后加入适量的引发剂开始反应，并不断地向反应釜的夹套和挡板通入冷却水，达到移出反应热的目的，当氯乙烯转化成聚氯乙烯达到一定百分率时，出现一个适当的压降，即终止反应出料，反应完成后的浆料经汽提塔脱出单体氯乙烯后送到干燥工序脱水干燥。

1. 特殊的沉淀聚合

由于聚氯乙烯在单体氯乙烯中溶解度很小，因此，当转化率小于0.1%时，聚氯乙烯或短链自由基就会从氯乙烯中沉淀出来。但单体能溶胀聚氯乙烯，只有单体相消失后，体系才只有聚合物，此时转化率约为70%。

2. 原料纯度

氯乙烯悬浮聚合中，原料不存将对聚合反应产生很大影响。例如氧的存在对聚合反应起阻聚作用，生成的氧化物在聚氯乙烯中，使热稳定性变坏，产品易于变色。氧的存在也会引起聚合体系pH降低，黏釜现象会加重。而铁、乙炔、乙醛、氯离子等杂质也会降低引发速率，延长聚合时间。因此，聚合前单体必须进行精制，除去有害杂质。

3. 聚合反应温度

聚氯乙烯树脂的相对分子质量主要取决于聚合反应温度。当温度升高时，聚氯乙烯活性大分子向单体进行链转移反应的速率常数比链增长反应速率常数增加得快，因而当温度增加时，链转移的常数增加，平均聚合度降低。所以在工业生产时，如不使用链转移剂（相对分子质量调节剂），聚合温度几乎是控制聚氯乙烯相对分子质量的唯一因素。为了获得不同聚合度和相对分子质量分布均匀的高质量产品，对聚合温度的波动范围应有严格的控制，准确性要求很高，一般要控制在±0.2℃。

4. 搅拌

氯乙烯悬浮聚合中，搅拌是保证产品质量的重要条件之一，由搅拌桨叶旋转所产生的剪切力可以使单体均匀地分散并悬浮成微小的液滴。搅拌还可以提供一定的循环量，使釜内物料在轴向、径向均匀流动和混合，使釜内各部温度分散均一。若釜内反应体系不均一，形成径向和轴向温差，则温度较高部位形成树脂的相对分子质量较低，温度较低部位相对分子质量较高，造成成品的相对分子质量分布不均匀，黏度范围也变宽。

5. 转化率

氯乙烯悬浮聚合低转化率时，液滴有聚并的倾向，处于不稳定状态，转化率增高后，由分散剂形成的皮膜强度增加，聚并减少，渐趋稳定。初级粒子逐渐形成开孔结构比较疏松的聚集体，类似海绵结构，达一定转化率后，海绵结构变得牢固起来，变成不再活动变形的骨架，最后形成疏松颗粒。但随着转化率的提高，继续聚合时，外压将大于颗粒内压力，颗粒塌陷，新形成的聚氯乙烯逐步充满颗粒内和表面的孔隙，使结构致密。

因此，要获得疏松树脂，除分散剂、搅拌等条件合适外，要控制单体转化率在一定范围内，通常控制在85%以下。

6. 分散剂

选择分散剂应具有降低界面张力、有利于液滴分散和具有保护能力、减弱液滴或颗粒聚并的双重作用。在氯乙烯悬浮聚合中，单一分散剂很难满足上述双重作用的要求，为了制得颗粒疏松匀称、粒度分布窄、表观密度合适的聚氯乙烯树脂，往往采用两种以上的分散剂复合使用，甚至可以添加少量表面活性剂作辅助分散剂。生产中，常采用甲基纤维素（HPMC）及聚乙烯醇（PVA）等。

7. 水油比

由搅拌将氯乙烯分散成30～150μm的液滴、水油比为1∶1时，就有足够的“自由”流体，体系黏度较低，保证流动和传热。但聚合成疏松粒子后，内外孔隙和颗粒表面吸附相当量的水，致使自由流体减少，体系黏度剧增，传热困难。因此起始水油比应保持一定值以上。水油比过低，将使粒度分布变差，颗粒形状和表观密度均受影响。生产上，水油比一般为（1～2∶1）。

8. 消泡剂

聚氯乙烯在聚合反应结束回收未反应的单体时，往往由于压降而引起气体体积的急剧膨胀和料层内液态单体的沸腾，使回收的气相单体夹带出许多树脂泡沫，影响传热，甚至造成管路堵塞。因此，生产中在配制分散剂溶液时加入消泡剂，可保证分散剂溶液配制过程中以及以后的加料、反应过程中，不至于产生泡沫。工业上常用的消泡剂有邻苯二甲酸二丁酯、羧酸甘油酯等。

9. 缓冲剂

悬浮法生产聚氯乙烯工艺中使用缓冲剂的作用是维持聚合反应体系的酸碱性近似中性，有助于聚合胶体的稳定。常采用的缓冲剂是碳酸氢铵溶液，通常与水混合后加入聚合釜。

任务三　聚氯乙烯生产主要岗位任务

【任务介绍】

依据聚氯乙烯生产工艺过程，能正确分析影响氯乙烯悬浮聚合的主要因素，进而理解并掌握主要岗位的工作任务及操作要点。

【相关知识】

生产上，氯乙烯聚合采用间歇式操作，主要岗位有原料配制、聚合、汽提、离心脱水、干燥、包装等。

氯乙烯精制

岗位主要任务：负责单体氯乙烯的精制，达聚合级质量要求。

操作要点：

1. 氯乙烯中的杂质。氯乙烯单体中影响聚合的主要杂质是微量氧、乙炔、乙醛、水中的铁离子、氯离子等，主要影响聚合速率、产品聚合度及粒径大小等，也易形成“鱼眼”。

2. 解决办法。提高单体纯度；采用密闭入料工艺，降低含氧量；采用去离子水。

引发剂配制

岗位主要任务：负责引发剂配制；为聚合反应提供引发剂。

操作要点：外购的引发剂按配方经配制，由计量泵打入聚合釜。

分散剂配制

岗位主要任务：负责分散剂配制；为聚合反应提供分散剂。

操作要点：外购的主分散剂、助分散剂等经配制，由计量泵打入聚合釜。

缓冲剂配制

岗位主要任务：负责缓冲剂配制；为聚合反应提供定量的缓冲剂。

操作要点：外购的缓冲剂经配制，由计量泵打入聚合釜。

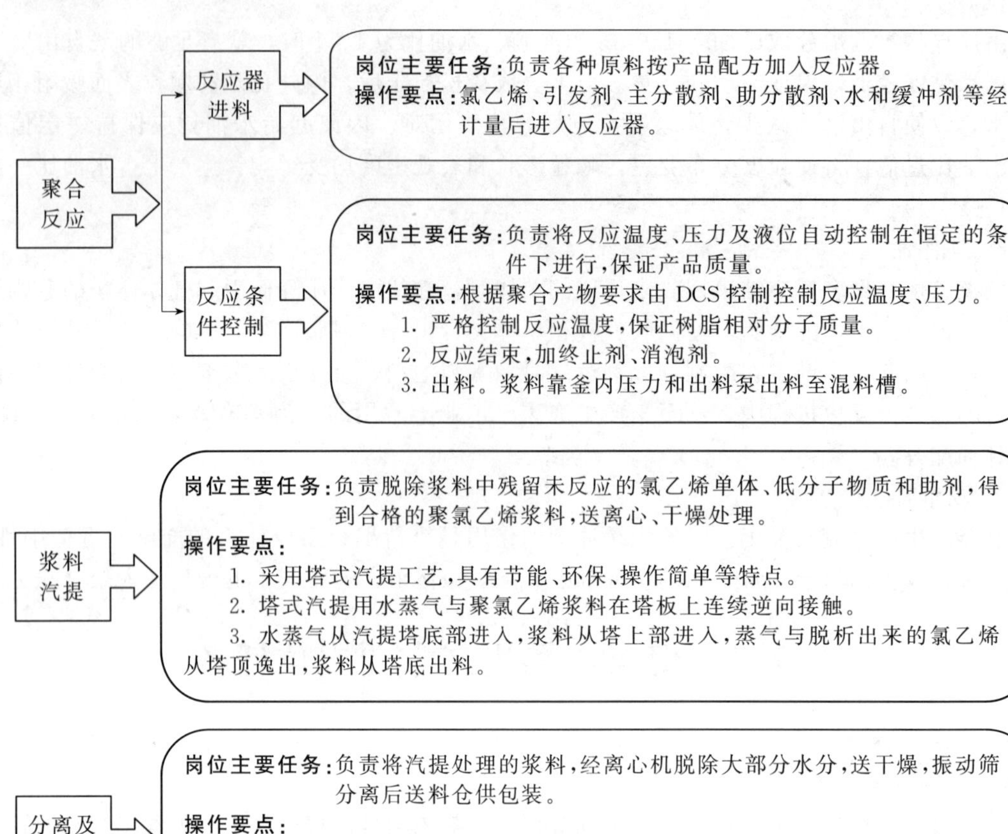

任务四 聚氯乙烯装置生产工艺流程

【任务介绍】

依据聚氯乙烯生产岗位的主要工作任务，识读聚氯乙烯装置的生产工艺流程图，能准确描述物料走向。

【相关知识】

一、工艺流程图的识读方法

1. 了解合成高聚物的工业实施方法，确定聚合体系的主要原料及辅助原料；
2. 读图下注明编号设备的名称，找到主要设备——聚合釜；
3. 按照物料走向（箭头方向）反向找到主要原料及辅助原料；
4. 由聚合釜开始查找产物路线；

5. 按正常生产工艺流程、辅助工艺流程重新识读整体工艺流程。

二、聚氯乙烯装置生产工艺流程

聚氯乙烯装置生产工艺流程如图 2-11 所示。

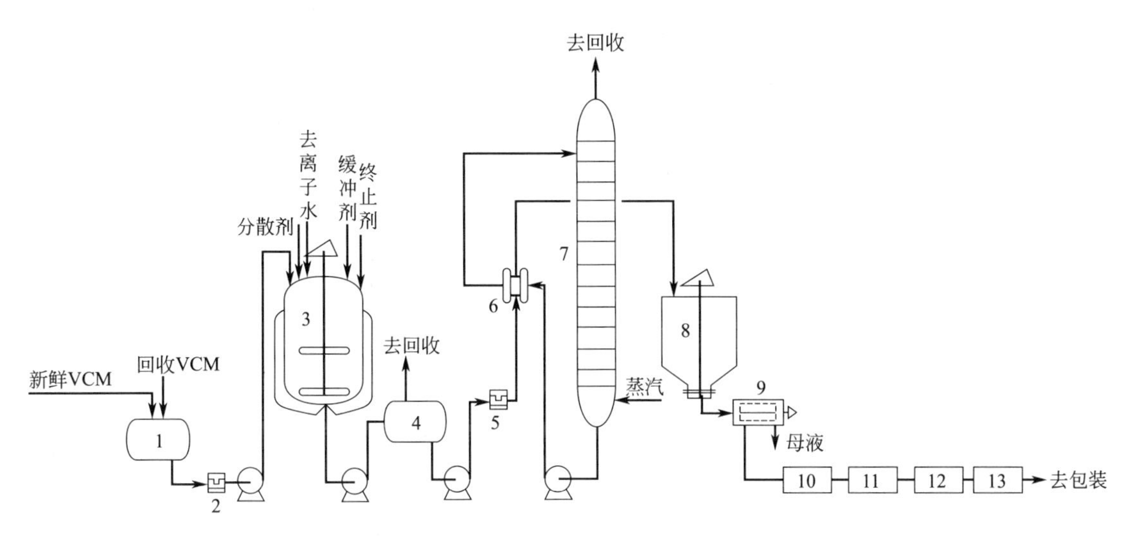

图 2-11 聚氯乙烯装置生产工艺流程图

1—氯乙烯单体贮罐；2—过滤器；3—聚合釜；4—出料槽；5—过滤器；6—螺旋板冷凝器；7—汽提塔；8—浆料槽；9—离心机；10—气流干燥器；11—旋风分离器；12—筛分；13—混料仓

缓冲剂加入定量去离子水配制后，由加料泵加入到聚合釜中。新鲜氯乙烯液体与回收的氯乙烯一同进入氯乙烯单体贮槽中，由单体加料泵按一定比例经加料过滤器、流量计后加入到聚合釜中。去离子水进入贮槽经流量计加入到聚合釜中。分散剂加入定量去离子水配制后，进入分散剂贮槽，由加料泵加入到聚合釜中。引发剂经配制后，由加料泵加入到聚合釜中。终止剂加入定量去离子水配制后，待聚合反应完成后，由终止剂加料泵加入聚合釜。涂壁液在聚合釜入料前由加料泵经蒸汽汽化喷涂在聚合釜釜壁。

聚合釜反应完成后，由浆料输送泵将釜中浆料打到出料槽中，由浆料输送泵，经汽提塔浆料过滤器、螺旋板换器热器预热后打入汽提塔上部与蒸汽自下而上逆向接触，被脱析出的氯乙烯气体经冷凝器冷凝进入冷凝水分离器，氯乙烯气体排至气柜。冷凝下来的冷凝液经冷凝液泵打至母液回收槽。经汽提后的浆料由塔底浆料经冷却后进入混料槽，由泵送至离心干燥。

聚合釜出料至出料槽后，未反应的氯乙烯气体从出料槽进入回收分离器，分离后的氯乙烯气体经过过滤器，在压力大于回收冷凝器压力时，直接进入回收冷凝器。冷凝下来的氯乙烯液体回到回收单体贮槽，未冷凝的氯乙烯气体排至气柜。

贮存在混料槽的浆料，经浆料过滤器由浆料泵送至离心机进口，进入离心机进行洗涤离心，含有微量树脂的母液送至母液分离器，母液在母液分离器中进行沉降分离，下部树脂通过母液回收泵定期送至浆料槽，上部澄清液排至废水池。离心脱水后的湿树脂，由螺旋输送器送入气流干燥器，空气经过滤后由鼓风机输送，经散热器加热后，进入气流干燥器，与物料并流接触，进行传质传热过程。未饱和的湿热空气和物料一起，从气流干燥器顶部出来，沿切线方向进入旋风干燥床的下部，物料在旋风干燥床内旋转上升，继续与热空气进行传质传热过程，由旋风干燥器顶部切线方向排出的湿空气和树脂进入两个串联的旋风分离器，湿空气经抽风机排入大气。由旋风分离器出来的树脂经过筛分后，进入仓泵，经仓泵密闭送至混料仓。树脂进入混料仓的同时，混匀的树脂从料仓底部排出送至包装机进行包装。

任务五　聚氯乙烯装置仿真操作训练

【任务介绍】

利用北京东方仿真公司提供的聚氯乙烯装置仿真软件进行装置冷态开车、正常操作及事故处理操作的训练。

聚氯乙烯聚合工段总貌图如图 2-12 所示。

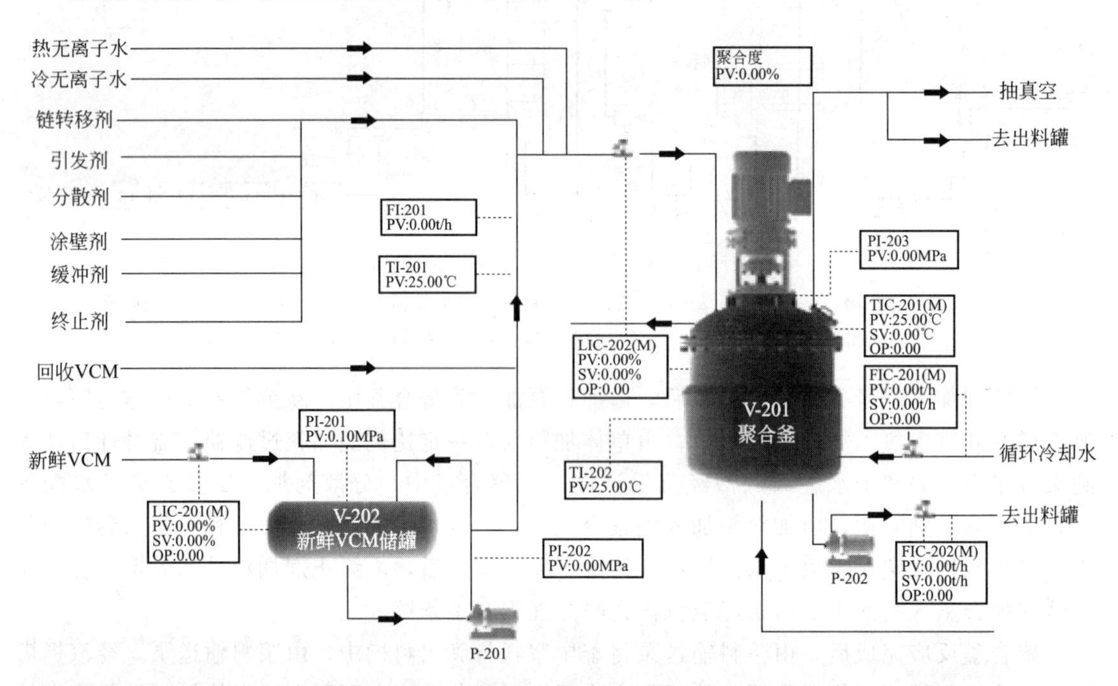

图 2-12　聚氯乙烯聚合工段总貌图

【综合评价】

序号	训练项目	操作内容
1	脱盐水、真空系统、反应器等准备	调节阀门，控制液位 70%、投自动
2	聚合釜进料	加水、启动搅拌、加引发剂、分散剂、缓冲剂、单体，控制液位及进料量
3	聚合釜温度	蒸汽加热、控制反应釜温度、压力，投自动
4	聚合釜出料	加终止剂、卸料
5	浆料成品处理	液位达要求后，启动出料泵、离心机
6	废水汽提	控制液位、调整蒸汽量
7	单体回收	控制压力、液位

【自我评价】

一、名词解释

1. 自由基聚合反应　2. 引发剂半衰期　3. 诱导效应　4. 笼蔽效应　5. 凝胶效应　6. 动力学链长　7. 悬浮聚合

二、填空题

1. 连锁聚合反应按照活性中心的不同可分为（　）、（　）、（　）和（　）。

2. 连锁聚合反应一般包含了（　）、（　）和（　）三个基元反应，也伴随（　）反应。

3. 连锁聚合反应单体结构中，电子效应主要决定（　），位阻效应主要决定（　）。

4. 自由基聚合反应的引发方式有（　）、（　）、（　）、（　）四种，其中以（　）引发最为普遍。

5. 自由基聚合反应中常见的引发剂有（　）、（　）、（　）、（　）四种类型。

6. 适用于连锁聚合反应的工业实施方法有（　）、（　）、（　）和（　）。

7. 悬浮聚合的场所是在每个小液滴内，而每个小液滴内只有（　）和（　），即在每个小液滴内实施（　）。

8. 半衰期可以表征引发剂的（　），值越小，引发剂的活性越（　）。

9. 造成引发效率小于 1 的主要原因是（　）和（　）。

10. 链增长反应中，大分子链中结构单元间的链接顺序有（　）、（　）和（　）三种方式，由于（　）和（　）的影响，自由基聚合反应以（　）方式为主。

11. 自由基聚合反应的链终止方式主要有（　）和（　）两种方式，主要取决于（　）和（　）。

12. 自由基聚合反应的链转移方式主要有（　）、（　）、（　）和（　）。

三、选择题

1. 自由基聚合反应中链增长的序列结构主要是（　）种链节连接形式。

A. 头-头连接　B. 头-尾连接　C. 尾-尾连接　D. 都不是

2. 过氧化苯甲酰属于下列（　）类型的引发剂。

A. 偶氮类　B. 有机过氧化物　C. 无机过氧化物　D. 氧化-还原体系

3. 目前生产聚氯乙烯的主要方法是（　）。

A. 悬浮聚合　B. 溶液聚合　C. 乳液聚合　D. 本体聚合

4. 氯乙烯聚合常用的引发剂是（　）。

A. 有机过氧化物　B. 偶氮类引发剂　C. 复合型引发剂　D. 氧化-还原体系

5. 紧密型聚氯乙烯主要用于生产（　）。

A. 软制品　B. 硬制品　C. 人造革　D. 以上都可以

6. 用于生产人造革的聚氯乙烯树脂主要通过（　）得到。

A. 悬浮聚合　B. 溶液聚合　C. 乳液聚合　D. 本体聚合

7. 以下树脂加工中加入增塑剂最多的是（　）。

A. 聚氯乙烯　B. 聚乙烯　C. 聚丙烯　D. 聚苯乙烯

8. 疏松型聚氯乙烯主要用于生产（　）。

A. 软制品　B. 硬制品　C. 人造革　D. 以上都可以

9. 聚氯乙烯树脂的相对分子质量大小主要取决于（　　）。

A. 引发剂种类　　B. 引发剂浓度　　C. 聚合反应压力　　D. 聚合反应温度

10. 悬浮法生产的聚氯乙烯树脂是（　　）。

A. 粉状　　B. 粒状　　C. 胶液　　D. 以上都有可能

四、简答题

1. 如果分别选择乙烯、丙烯、氯乙烯、丙烯腈、异丁烯、1,3-丁二烯、苯乙烯、偏二氯乙烯、偏二氰基乙烯及四氟乙烯等有机化合物作为单体进行聚合反应，请利用它们的结构特征，分析判断每种单体形成高聚物的反应类型，并说明理由。

2. 自由基聚合反应中引发剂的选择原则是什么？

3. 在自由基聚合反应中，何种条件下会出现自动加速现象？试分析其产生的原因及抑制的方法。

4. 什么是诱导期？自由基聚合反应中产生诱导期的原因是什么？

5. 聚氯乙烯生产时，原料氯乙烯为什么必须精制？主要杂质有哪些？

6. 为什么聚氯乙烯的相对分子质量与引发剂浓度无关而仅取决于聚合温度？

学习情境三

聚丙烯生产

知识目标：

掌握丙烯聚合的反应原理；掌握丙烯聚合引发剂的选择原则；掌握生产聚丙烯的主要原料及作用；掌握聚丙烯装置的生产工艺流程及生产特点；掌握聚丙烯生产主要岗位设置及各岗位的工作任务。

能力目标：

能正确分析聚丙烯生产岗位的工作任务；能识读聚丙烯生产工艺流程图。

聚丙烯（Polypropylene，缩写 PP）是由丙烯单体遵循配位聚合机理而制得的一种热塑性树脂，分子结构有一定的规整性，化学稳定性强，生产原料丰富，合成工艺和设备要求不苛刻，加工适应性好，具有广泛的应用。聚丙烯生产原料及产品如图 3-1 所示。

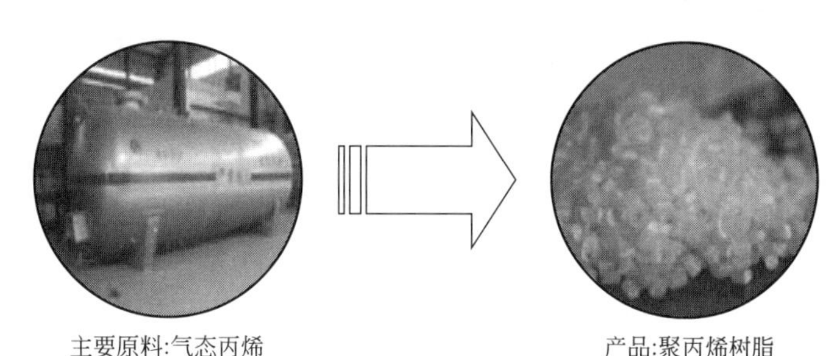

图 3-1　聚丙烯原料及产品示意图

一、聚丙烯制品展示

以聚丙烯树脂为原料，加入各种添加剂，按产品用途不同采用相应的加工方法，可以得到各种用途的聚丙烯塑料或纤维制品。聚丙烯制品如图 3-2 所示。

(a) 塑料筐

(b) 塑料膜

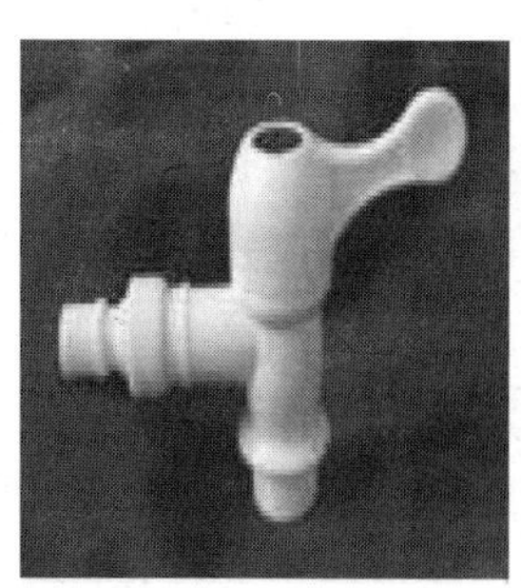

(c) 水龙头

(d) 编织袋

图 3-2　聚丙烯制品展示

二、聚丙烯的性能指标及用途

1. 聚丙烯产品性能

聚丙烯树脂是无味、无毒、白色蜡状颗粒。透明度高，质量轻，相对密度仅为0.90～0.91，是最轻的通用塑料。由于结构规整而高度结晶化，故熔点可高达167℃。不溶于水，121～160℃下可连续耐热不变形。耐热、耐腐蚀、制品可用蒸汽消毒是其突出优点。具有较高的机械强度、拉伸强度及硬度；具有良好的化学稳定性、热稳定性；电性能优良。缺点是耐低温冲击性差、耐候性差，叔碳原子上的氢易被氧化，容易老化，对紫外线很敏感，在氧化和紫外线作用下易降解，可通过添加抗氧剂、紫外线吸收剂或防老剂等来减缓。

2. 聚丙烯主要质量指标

聚丙烯树脂的质量指标项目很多，比较重要且一般能检测和实用的质量指标项目除等规度、熔融指数、拉伸屈服强度等外，还用灰分、氯离子、挥发分含量表示聚丙烯树脂中的杂质含量，对聚丙烯加工和应用有重要影响。

（1）熔融指数

熔融指数，也称熔体流动速率，是指热塑性树脂在熔体测定仪上，在一定负荷和温度下，熔体每10min通过标准口模毛细管的质量，用*MFR*表示，单位为g/10min。熔融指数是衡量聚丙烯树脂在熔融状态下流动性能好坏的指标。*MFR*值越大，聚丙烯树脂的熔融流动性能越好；反之，*MFR*值越小，聚丙烯树脂熔融流动性能就越差。由于聚丙烯是热塑性树脂，是在熔融状态下加工成各种制品的，所以熔融指数是影响聚丙烯加工性能的重要指标，也是衡量聚丙烯产品质量的主要指标之一。

（2）等规度

聚丙烯按结构中甲基排列位置分为全同聚丙烯、间同聚丙烯和无规聚丙烯三种。甲基排列在大分子主链的同一侧称为全同聚丙烯，甲基交替排列在大分子主链的两侧称为间同聚丙烯，甲基无秩序排列在大分子主链的两侧称无规聚丙烯。聚丙烯等规度是指等规（全同和间同）结构的聚丙烯在整个聚合物中含量，用质量百分数表示。

等规度影响聚丙烯的结晶度。等规度越高，结晶度也越高。在一定范围内，结晶度高，树脂拉伸屈服强度高，硬度大，耐冲击强度尤其是低温冲击性能好。同时等规度还影响树脂的加工性能。等规度低，产品发黏，流动性差，包装贮存时易板结成块、团，加工时加料困难，甚至无法加工。一般等规度低于90%时，产品就会出现发黏现象。当等规度低于85%时，产品发黏厉害，会在环管反应器内壁、出料口、闪蒸罐及管线内等处造成严重的黏壁现象，影响操作和正常生产。

（3）灰分、氯离子含量

灰分含量是指聚丙烯中不能挥发而残留下来的杂质在整个样品中的含量，如果灰分含量高，表示加工时不熔物质多，易引起设备的堵塞，也会影响制品的强度等性能。但灰分对采用挤塑、注塑成型加工影响不大。

氯离子含量是指聚丙烯产品中残留的催化剂中氯离子在整个样品中的含量，通常用重量ppm表示。氯离子在聚丙烯树脂中的存在的影响主要是对后加工设备有腐蚀作用。

示例：某企业聚丙烯粉料主要质量指标见表3-1。

3. 聚丙烯的用途

表 3-1　聚丙烯粉料质量指标

项　　目	单　　位	指　　标	备　　注
外观		白色，无结块	目测法
熔融指数	g/10min	0.5～50	熔融指数测定仪(进口)
等规度	%	≥94	等规度测定仪
灰分	mg/kg	≤350	灰分测定仪
氯含量	mg/kg	≤100	氯含量测定仪
表观密度	g/cm^3	≥0.38	表观密度测定仪
拉伸屈服强度	MPa	≥31.5	

聚丙烯树脂在出厂前，会在产品说明书中标明产品的牌号，通常注明其熔体流动速率（*MFR*）、拉伸强度、弹性模量等性能参数及应用。选用时一定要查阅产品说明书，了解牌号的级别、性质及用途，根据制品要求去选择。例如某种丙烯均聚物，作通用注塑，可选择 *MFR* 2.1，拉伸强度 33MPa，弹性模量 1450MPa 的产品，制作容器类制品；作纤维制品，可选择 *MFR* 24，拉伸强度 35MPa，弹性模量 1500MPa，作地毯丝。

聚丙烯树脂具有优良的特性和加工性能，可采用注塑成型、挤出成型、吹塑成型、热成型等方法进行成型加工，PP 制品还可进行涂饰、黏合、印刷、焊接、电镀、剪切、切削、挖刻等二次加工。并易于通过共聚、共混、填充、增强等工艺措施进行改性，因此，被广泛应用于各个领域中。聚丙烯树脂的主要用途见表 3-2。

表 3-2　聚丙烯树脂的主要用途

应 用 领 域	应 用 实 例
化学工业	聚丙烯树脂具有良好的机械性能，可用来制造各种机器设备的零部件，改性后可制造工业管道、水管、电机风扇等
纺织工业	聚丙烯树脂是重要的合成纤维——丙纶的原料，可制作工业用无纺布、地毯、绳索、带子、蚊帐，也可用于生产服装、香烟丝束等
建筑业	聚丙烯用玻璃纤维增强改性或用橡胶改性可制作建筑用模板，发泡后可作装饰材料
汽车制造业	改性聚丙烯可以制造汽车上的许多部件，如汽车方向盘、仪表盘、保险杠等
包装行业	聚丙烯树脂可拉制扁丝制成编织袋，广泛用于各种固体物料的包装；制作成各种薄膜用于食品外包装、糖果外包装、药品包装(输液袋)、服装外包装等
日常用品	可以制作家具如桌椅、盆、桶、浴盆等

任务一　聚丙烯生产原理

【任务介绍】

依据单体丙烯的结构特征，从理论上分析判断合成聚丙烯所遵循的聚合机理，生产上如何选择合适的引发剂，可采用什么方法控制聚合反应速率及产物的相对分子质量。

【相关知识】

聚丙烯（Polypropylene，缩写为 PP）是以丙烯为单体聚合而成的聚合物。丙烯的均聚及共聚合反应，按配位聚合反应机理进行。聚合反应式可表示如下：

$$n\,H_2C{=}CH{-}CH_3 \longrightarrow \left[\!\!-CH_2-\underset{\displaystyle CH_3}{\underset{|}{CH}}-\!\!\right]_n$$

$$nH_2C{=}CH_2 + nH_2C{=}CH{-}CH_3 \longrightarrow {-\!\!\!\!-}[CH_2{-}CH_2{-}CH_2{-}\underset{CH_3}{\underset{|}{CH}}]_n$$

一、单体的性质及来源

丙烯是一种无色易燃的气体，稍带有甜味，化学性质活泼，熔点为－48℃，易发生氧化、加成、聚合等反应，是基本有机化工的重要基本原料。

工业上，丙烯主要由烃类裂解所得到的裂解气和石油炼厂的炼厂气分离获得。

二、聚丙烯的生产原理

离子型聚合反应属于连锁聚合反应，活性中心为离子或离子对。根据活性中心所带电荷的不同，又可分为阳离子型、阴离子型和配位聚合。聚丙烯的聚合遵循配位聚合的机理，由于其增长反应链端具有阴离子的性质，因此，属于阴离子聚合。

1. 离子型聚合反应

离子型聚合具有一般连锁聚合反应的基本特征，由链引发、链增长、链终止三个基元反应组成。离子型聚合反应对单体和催化剂都具有极高的选择性。

离子型聚合反应对环境的要求十分苛刻，微量的杂质如空气、水、酸、醇等都是离子型聚合的阻聚剂，都将阻止聚合反应进行，因此，对反应介质的性质要求高，且聚合反应的重现性差。不仅影响了聚合机理的理论研究，也限制了离子型聚合在工业上的应用。一般凡是能用自由基聚合的单体，不采用离子型聚合制备聚合物。由于离子型聚合单体可选择的范围比较窄，目前已工业化生产的聚合品种与自由基聚合相比要少得多。典型的工业应用是通过阳离子聚合制备丁基橡胶。

配位聚合反应也属于离子型聚合反应的一种，只不过是所用的催化剂具有特殊的定位作用，形成的活性中心为配位阴离子，单体采用定向吸附、定向插入；而开环聚合多数也属于离子型聚合反应，但究竟是阴离子型还是阳离子型取决于催化剂的类型。

2. 配位聚合反应

人们对配位聚合反应的研究源于齐格勒-纳塔（Ziegler-Natta）催化剂的发现。在1938～1939年期间，英国ICI公司在高温（180～200℃）和高压（150～300MPa）条件下，以氧为引发剂，通过自由基聚合得到了聚乙烯，由于聚合产物大分子链中带有较多支链，密度较低，因此称为低密度聚乙烯。1953年，德国化学家Ziegler在一次实验中意外发现了乙烯低温（60～90℃）和常压（0.2～1.5MPa）下聚合的引发剂，合成出了支链少、密度大、结晶度高的高密度聚乙烯。1954年，意大利化学家Natta发现了丙烯聚合的催化剂，成功地将难以聚合的丙烯聚合成高相对分子质量、高结晶度、高熔点的聚合物。之后，人们以他们的名字将这种催化剂命名为Ziegler-Natta催化剂，并于1955年和1957年实现低压聚乙烯和聚丙烯的工业化生产，获得了巨大的经济效益，也开创了一个新的高分子研究领域——配位聚合。

配位聚合的概念是Natta在用齐格勒-纳塔催化剂解释α-烯烃聚合机理时提出的，配位聚合反应指烯烃单体的碳-碳双键与催化剂活性中心的过渡元素原子的空轨道配位，然后发生移位使单体插入到金属-碳键之间使链不断增长的一类聚合反应。

齐格勒-纳塔催化剂不但对聚合反应有引发作用，由于其所含金属与单体之间有强配位能力，使单体分子进入大分子链有空间定向配位作用，可获得高立体规整度的聚合产物。目前，已实现工业化大型生产的主要品种有高密度聚乙烯、聚丙烯、顺丁橡胶、异戊橡胶、乙丙橡胶等。

（1）聚合物的立体规整性

将化学组成相同而结构不同的化合物称为异构体，异构体可以分为结构异构和立体异构两大类，高聚物也存在这种现象。

① 高聚物的结构异构　结构异构是指大分子中原子或原子团相互连接的次序不同而引起的异构，又称为同分异构。如聚甲基丙烯酸甲酯与聚丙烯酸乙酯的结构单元都是—$C_5H_8O_2$—的聚合物。

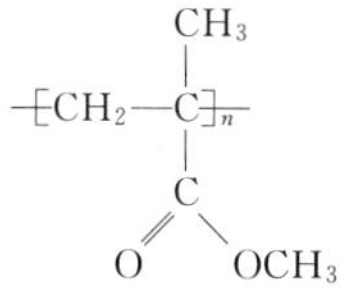

$$\left[CH_2-\underset{\underset{O=C-OCH_3}{|}}{\overset{CH_3}{\overset{|}{C}}} \right]_n \qquad \left[CH_2-\underset{\underset{O=C-OCH_2CH_3}{|}}{\overset{H}{\overset{|}{C}}} \right]_n$$

聚甲基丙烯酸甲酯 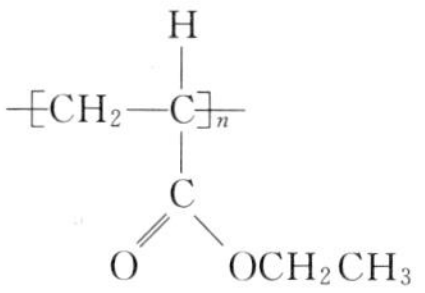　　聚丙烯酸乙酯

又如结构单元为—C_2H_4O—的聚合物可以是聚乙烯醇、聚乙醛、聚环氧乙烷等。

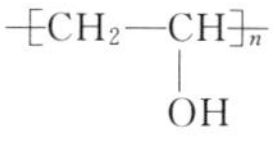

$$\left[CH_2-\underset{\underset{OH}{|}}{CH} \right]_n \qquad \left[\underset{\underset{CH_3}{|}}{CH}-O \right]_n \qquad \left[CH_2-CH_2-O \right]_n$$

聚乙烯醇 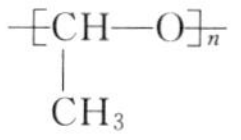　　聚乙醛 　　聚环氧乙烷

此外，在同一种单体聚合链增长时存在结构单元有头-头、头-尾、尾-尾三种连接方式及两种单体在共聚物分子链上有无规、交替、嵌段、接枝等不同的排列方式都属于结构异构体。一种结构单元以一种方式连接的聚合物称为序列规整性聚合物。

② 立体异构　立体异构是由于分子链中的原子或取代基团的空间排布方式不同而引起的异构。高分子中原子或原子团在空间排布方式又称为构型。高聚物的立体异构分为几何异构和光学异构两种。

a. 几何异构　几何异构是由高分子主链上双键或环形结构上取代基的构型不同引起的立体异构现象，多为顺反异构。如 1,3-丁二烯单体进行 1,4-加成聚合反应，由于双键无法旋转，将会产生顺式 1,4-聚丁二烯和反式 1,4-聚丁二烯两种构型的几何异构体。其构型如图 3-3 所示。

顺式和反式 1,4-聚丁二烯的几何构型不同，造成性能差别较大。顺式结构的玻璃化温度较低，是具有高弹性能的通用橡胶；反式结构的玻璃化温度和结晶度都较高，是较硬的低弹性材料，不能作为橡胶使用。

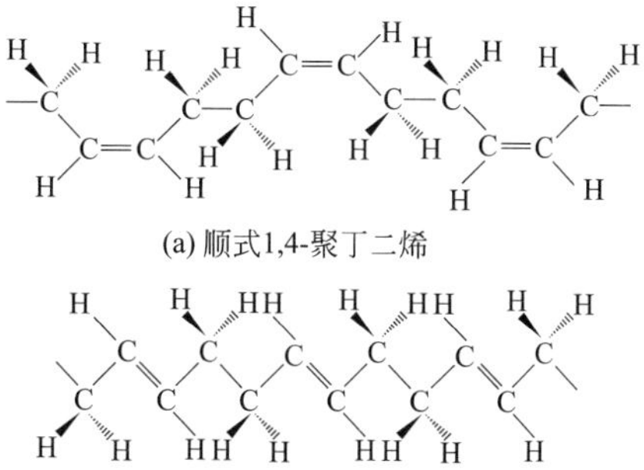

(a) 顺式1,4-聚丁二烯

(b) 反式1,4-聚丁二烯

图 3-3　1,4-聚丁二烯的几何异构体

b. 光学异构　光学异构是由高分子链中手性碳原子上原子或取代基的不同空间排布而引起的立体异构现象，也称为对映体异构。通常将直接与四个不同原子或原子团相连接的碳原子称为手性碳原子，用 C^* 表示。一般按照手性中心上基团的次序不同，分为 *R* 和 *S* 两种构型。

如 α-烯烃的聚丙烯高分子链中，含有多个手性碳原子 C^*，每个 C^* 都与 H、CH_3 及两个不同链长的高分子链相连，属于不对称碳原子，因无旋光性，常称为假手性中心碳原子。

如果将聚丙烯大分子主链拉直成锯齿状（保持碳-碳键角不变）放在平面上，则甲基就伸向平面的上方或下方，则根据手性 C^* 的构型不同，聚丙烯将存在三种结构如图 3-4 所示。

从上图中可以看出，若取代基全部在主链平面的一方，即具有-*RRRRRR*-或-*SSSSSS* 构型为全同立构；若取代基交替出现在主链平面的上下方，即具有-*RSRSRS*-构型

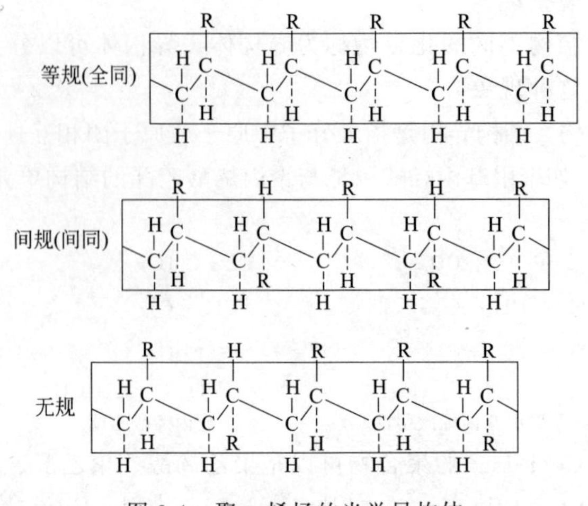

图 3-4 聚 α-烯烃的光学异构体

为间同立构；若取代基没有规律地出现在主链平面的上下方，即 R 和 S 无序排列，则为无规立构。

③ 有规立构高聚物　在聚合物分子链中，全同立构或间同立构的高聚物、高顺式或高反式高聚物以及长段全 R 与长段全 S 构型组成的嵌段高聚物，统称为有规立构高聚物。聚合物的立构规整性影响聚合物的结晶能力，聚合物的立构规整性好，分子排列有序，有利于结晶，高结晶度将使聚合物具有高熔点、高强度、高耐溶剂性的优异性能。如无规聚丙烯是非结晶聚合物，呈蜡状黏稠液体，不能作为材料使用；全同和间同结构的聚丙烯，是高度结晶材料，可用作塑料和合成纤维使用；而全同结构的聚丙烯，T_m高达 175 ℃，具有高强度、高耐溶剂性和耐化学腐蚀性，可耐蒸汽消毒。

高聚物中有规立构聚合物占总聚合物的百分率称为立构规整度（IIP），又称等规度。等规度影响聚丙烯的结晶度，等规度越高，结晶度也越高。在一定范围内，结晶度高，树脂拉伸屈服强度高，硬度大，耐冲击强度尤其是低温冲击性能好。同时等规度还影响树脂的加工性能。等规度低，产品发黏，流动性差，包装贮存时易板结成块、团，加工时加料困难，甚至无法加工。因此，立构规整度是评价聚合物性能、催化剂定向聚合能力的重要指标。立构规整度可采用红外光谱直接测定，也可用化学方法和物理方法等间接测定。

（2）配位聚合反应的引发体系及引发作用

配位聚合的催化剂主要有四种类型。

① 齐格勒-纳塔催化剂　这类催化剂主要用于 α-烯烃、二烯烃、环烯烃的配位聚合。

典型的齐格勒催化剂由 $Al(C_2H_5)_3$［或 $Al(i\text{-}C_4H_9)_3$］与 $TiCl_4$ 组成，$TiCl_4$ 是液体，当 $TiCl_4$ 于－78℃下在庚烷中与等摩尔 $Al(i\text{-}C_4H_9)_3$ 反应时，得到暗红色的可溶性络合物溶液，该溶液于－78℃就可以使乙烯很快聚合，但对丙烯的聚合活性极低。

典型的纳塔催化剂是由 $Al(C_2H_5)_3$ 与 $TiCl_3$ 组成，$TiCl_3$ 是结晶状固体，在庚烷中加入 $Al(C_2H_5)_3$ 反应，在通入丙烯聚合时为非均相，这种非均相催化剂对丙烯聚合具有高活性，对丁二烯聚合也有活性。但所得聚合物的立构规整性随 $TiCl_3$ 的晶型而变化。$TiCl_3$ 有 α、β、γ、δ 四种晶型。对于丙烯聚合，若采用 α、γ 或 δ 型 $TiCl_3$ 与 $Al(C_2H_5)_3$ 组合，所得聚丙烯的立构规整度为 80%～90%；若用 β 型 $TiCl_3$ 与 $Al(C_2H_5)_3$ 组合，则所得聚丙烯的立构规整度只有 40%～50%。对于丁二烯聚合，若采用 α、γ、δ 型 $TiCl_3$，所得聚丁二烯的反式含量为 85%～90%；而采用 β 型 $TiCl_3$，则所得聚丁二烯的顺式含量为 50%。

由此可见，典型的齐格勒和典型的纳塔催化剂的性质是不同的，但组分类型十分相似，后来发展为一大类催化剂的统称为齐格勒-纳塔催化剂，其种类繁多、组分多变、应用广泛。

齐格勒-纳塔催化剂一般由主催化剂和助催化剂组成。

a. 主催化剂　主催化剂是第ⅣB～ⅧB 族过渡金属（Mt）化合物。用于 α-烯烃配位聚合的主催化剂主要有 Ti、V、Mo、W、C 等过渡金属的卤化物 MtX_n（X＝Cl、Br、I）及氧卤化物 $MtOX_n$（X＝Cl、Br、I）、乙酰丙酮基化合物 $Mt(acac)_n$、环戊二烯基氯化物 Cp_2TiCl_2 等，其中最常用的是 $TiCl_3$（α、γ、δ 晶型）；$MoCl_5$ 和 WCl_6 专用于环烯烃的开环聚合；Co、Ni、Ru、Rh 等的卤化物或羧酸盐组分主要用于二烯烃的配位聚合。

b. 助催化剂　助催化剂是第ⅠA～ⅢA 族金属烷基化合物。主要有 AlR_3、LiR、MgR_2、ZnR_2 等，式中 R 为 CH_3～$C_{11}H_{23}$ 的烷基或环烷基。其中有机铝化合物如 $Al(C_2H_5)_3$、$Al(C_2H_5)_2Cl$、倍半乙基铝［$Al(C_2H_5)_2Cl \cdot Al(C_2H_5)Cl_2$］、$Al(i\text{-}C_4H_9)_3$ 等应用的最多。

齐格勒-纳塔催化剂可以有很多种，只要改变其中的一种组分，就可以得到适用于某一特定单体的专门催化剂，但这种组合需要通过实验来确定。通常，当主催化剂选定为 $TiCl_3$ 后，从制备方便、价格和聚合物质量考虑，多选用 $Al(C_2H_5)_2Cl$ 作为助催化剂。此外，$Al(C_2H_5)_2Cl$ 与 $TiCl_3$ 的比例，简称 Al/Ti 比，对配位聚合反应的转化率和立构规整度都有影响。大量的实践证明，当 Al/Ti 比为 1.5～2.5 时，聚合速率适中，且可得到较高立构规整度的聚丙烯。

c. 第三组分　单纯的两组分齐格勒-纳塔催化剂被称为第一代催化剂，其活性低，定向能力也不高。到了 60 年代，为了提高齐格勒-纳塔催化剂的定向能力和聚合速率，加入含 N、P、O、S 等带孤对电子的化合物如六甲基磷酰胺｛$[(CH_3)_2N]_3P=O$｝、丁醚［$(C_4H_9)_2O$］及叔胺［$N(C_4H_9)_3$］等作为第三组分（给电子体），加入第三组分的催化剂称为第二代催化剂，加入第三组分虽使聚合速率有所下降，但可以改变催化剂的引发活性，提高产物立构规整度和相对分子质量。第三代催化剂是除添加第三组分外，将 $TiCl_4$ 负载在 $MgCl_2$、Mg(OH)Cl 等载体上，使催化剂活性和产物等规度达到更高。这种高效催化剂在乙烯、丙烯聚合中应用更为普遍。但丁二烯聚合及其他二烯聚合和乙丙橡胶的生产中，高效催化剂用得不多。

d. 使用齐格勒-纳塔（Ziegler-Natta）催化剂时的注意事项　齐格勒-纳塔催化剂的主催化剂是卤化钛，其性质非常活泼，在空气中吸湿后发烟、自燃，并可发生水解、醇解反应；助催化剂是烷基金属化合物，危险性最大，如三乙基铝接触空气就会自燃，遇水则会发生强烈反应而爆炸。因此，齐格勒-纳塔催化剂在贮存和运输过程中必须在无氧且干燥的 N_2 保护下进行，在生产过程中，原料和设备一定要除尽杂质，尤其是氧和水分，聚合完成后，工业上常用醇解法除去残留的催化剂。

在配制齐格勒-纳塔催化剂时，加料的顺序、陈化方式及温度对催化剂的活性也有明显影响。通常催化剂用量很少，特别是高效催化剂，用量更少，配制时一定要按规定的方法和配方要求进行操作，以保证其活性。

② π-烯丙基型催化剂　π-烯丙基型催化剂是 π-烯丙基直接和过渡金属，如 Ti、V、Cr、U、Co 及 Ni 等相连的一类催化剂。这类催化剂的共同特点是制备容易、比较稳定，尤其是如果采用合适的配位体引发，活性会显著提高。但此类催化剂仅限用于共轭二烯烃聚合，不能使 α-烯烃聚合。

在 π-烯丙基型催化剂中人们研究最多的是 π-烯丙基镍型，利用其引发丁二烯的聚合，得到的聚丁二烯的结构随配位体的性质不同而改变，如含 CF_3COO^- 的催化剂主要得到顺式 1,4-结构产物，而含碘催化剂得到反式 1,4-结构为主的产物。

③ 烷基锂催化剂　烷基锂催化剂如 RLi 中只含一种金属，一般为均相体系。它可引发共轭二烯烃和部分极性单体聚合，聚合物的微观结构主要取决于溶剂的极性。

④ 茂金属催化剂　茂金属催化剂是环戊二烯基（简称茂，Cp）、ⅣB 过渡金属（如锆 Zr、钛 Ti 和铪 Hf）及非茂配体（如氯、甲基、苯基等）三部分组成的有机金属络合物的简称。最早的茂金属催化剂出现在 20 世纪 50 年代，只能用于乙烯的聚合，且活性较低，未能引起人们的关注。直到 1980 年，Kaminsky 用茂金属化合物二氯二锆茂（CP_2ZrCl_2）作主催化剂，甲基铝氧烷（MAO）作助催化剂，可使乙烯、丙烯聚合，且引发活性很高，标志着新型高活性茂金属催化剂的广泛研究与发展。

茂金属催化剂的引发机理与齐格勒-纳塔催化剂相似，也是烯烃分子与过渡金属配位，在增长链端与金属之间插入而使高分子链不断增长。茂金属催化剂的主要特点是均相体系；高活性，几乎 100％的金属原子均可形成活性中心；立构规整能力强，可得到较纯的全同立构或间同立构的聚丙烯；可制得高相对分子质量、分布窄、共聚物组成均一的聚合产物；几乎可聚合所有的乙烯基单体，甚至可使烷烃聚合。

（3）配位聚合反应机理

配位聚合反应机理，至今为止人们提出了很多解释，但还没有统一的理论，其中有两种理论获得大多数人的赞同，即单金属活性中心机理和双金属活性中心机理。这里只介绍单金属活性中心机理。

单金属活性中心机理是荷兰物理化学家 Cossee 于 1960 年首先提出的，该机理认为对于 $TiCl_3(\alpha,\gamma,\delta)$-$AlR_3$ 引发体系，只含有过渡金属 Ti 一种活性种，活性中心是带有一个空位的以过渡金属 Ti 为中心的正八面体。这个理论经 Arlman 补充完善后，得到公认。丙烯的配位聚合反应过程如下：

① 活性中心的形成　依照单金属活性中心的理论，活性中心的形成过程是 AlR_3 在带有五个—Cl 配位体的 Ti^{+3} 空位处与配位，在 Ti 上的 $Cl_{(5)}$ 与 AlR_3 的 R 发生烷基卤素交换反应，结果使 Ti 发生烷基化，并再生出一个空位。形成的活性种是一个 Ti 上带有一个 R 基、一个空位和四个氯的五配位正八面体，AlR_3 只是起到使 Ti 烷基化的作用。

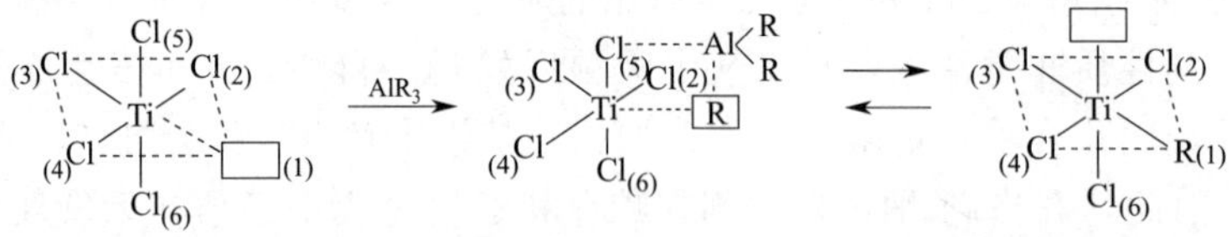

② 链引发与链增长　丙烯单体定向吸附在 $TiCl_3$ 表面，在空位处与 Ti 发生配位，形成四元环过渡状态，然后，R 基和单体发生重排，结果使单体在 Ti—C 键间插入增长。

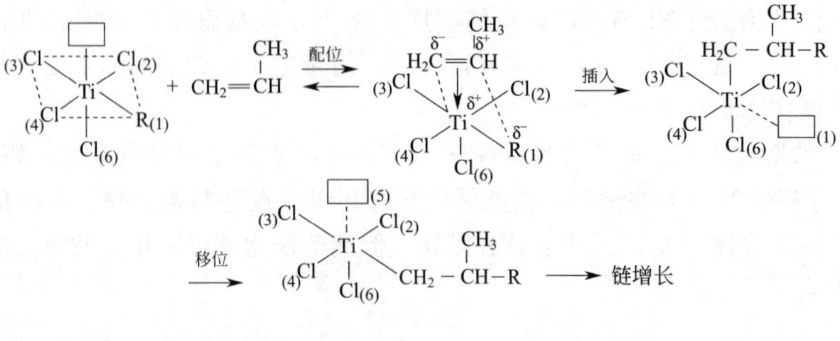

③ 链终止　配位聚合与阴离子聚合反应相似，也很难发生终止反应，只能人为地加入终止剂，链终止主要有以下三种方式（[Cat]R 表示配位聚合的活性中心）。

a. 向单体转移终止

$$\mathrm{Ti{:}CH_2{-}\overset{H}{\underset{CH_3}{C}}{\sim\sim}R} + \mathrm{CH_2{:}\underset{CH_3}{CH}} \longrightarrow \mathrm{Ti{-}CH_2{-}\underset{CH_3}{CH_2}} + \mathrm{CH_2{=}\underset{CH_3}{C}{-}CH_2{-}\underset{CH_3}{CH}{\sim\sim}R}$$

b. 向助催化剂 AlR_3 转移终止

$$\mathrm{Ti{:}\,CH_2{-}\underset{CH_3}{CH}{\sim\sim}R} + \mathrm{R{:}AlR_2} \longrightarrow \mathrm{Ti{-}R} + \mathrm{AlR_2{-}CH_2{-}\underset{CH_3}{CH}{\sim\sim}R}$$

c. 向氢气转移终止

$$\mathrm{Ti{:}CH_2{-}CH{\sim\sim}R} + \mathrm{H{:}H} \longrightarrow \mathrm{CH_3{-}\underset{CH_3}{CH}{\sim\sim}R} + \mathrm{Ti{-}H} \longrightarrow \mathrm{Ti{-}CH_2{-}CH{-}CH_3}$$

这三种转移反应中，向氢气转移是最有效的链终止方式。工业上，常用 H_2 作为聚合产物的相对分子质量调节剂。

（4）配位聚合反应影响因素

配位聚合的机理比较复杂，影响因素也比较多，这里仅以采用齐格勒-纳塔催化剂引发丙烯聚合为例，讨论催化剂、聚合温度及杂质对聚合速率、产物相对分子质量及等规度的影响。

① 催化剂的影响　齐格勒-纳塔催化剂对聚合反应的影响除了体现在选择不同的主、助催化剂外，其两者的配比关系及是否加入第三组分等均会对聚合反应产生很大的影响。

a. 主催化剂的影响　若以 $Al(C_2H_5)_2Cl$ 或 $Al(C_2H_5)_3$ 为助催化剂，各种主催化剂对丙烯配位聚合的影响见表 3-3。

表 3-3　主催化剂对丙烯聚合产物等规度（*IIP*）的影响

主催化剂	助催化剂	*IIP*/%
$TiCl_3(\gamma)$	$Al(C_2H_5)_2Cl$	92～93
$TiCl_3$(α 或 δ)		90
$TiCl_3(\beta)$		87
$TiCl_3$(α 或 δ)	$Al(C_2H_5)_3$	85
$TiCl_3(\gamma)$		77
VCl_3		73
$TiCl_3(\beta)$		40～50
$TiCl_4$		30～60
VCl_4		48
$TiBr_4$		42
$CrCl_3$		36
$VOCl_3$		32

综合上表可见，不同的过渡金属组分，其定向能力不同。综合比较，$TiCl_3$（α、γ、δ）作为主催化剂得到的聚丙烯等规度较高。

b. 助催化剂的影响　若以 $TiCl_3$（α、γ 或 δ）为主催化剂，各种助催化剂对丙烯配位聚合的影响见表 3-4。

表 3-4 不同助催化剂对丙烯聚合产物等规度（*IIP*）的影响

助催化剂	相对聚合速率	*IIP*/%
$Al(C_2H_5)_3$	100	83
$Al(C_2H_5)_2F$	30	83
$Al(C_2H_5)_2Cl$	33	93
$Al(C_2H_5)_2Br$	33	95
$Al(C_2H_5)_2I$	9	98
$Al(C_2H_5)_2OC_6H_5$	0	—
$Al(C_2H_5)_2NC_5H_{10}$	0	—

综合上表可见，采用相同的主催化剂 $TiCl_3$，聚丙烯的等规度将随着助催化剂中卤素的种类不同而发生变化，定向能力顺序是 $Al(C_2H_5)_2I>Al(C_2H_5)_2Br>Al(C_2H_5)_2Cl$，看似应选择助催化剂 $Al(C_2H_5)_2I$ 或 $Al(C_2H_5)_2Br$，但由于它们的价格较贵，且聚合速率也很低，因此，综合考虑，生产上多数选择 $Al(C_2H_5)_2Cl$。

c. 主、助催化剂配比的影响　配位聚合反应速率及产物的立构规整度不仅取决于催化剂两组分的组成与搭配，还与主催化剂与助催化剂的配比（Al/Ti）有关，适宜的 Al/Ti 比要综合其对聚合速率、产物相对分子质量及等规度的影响来选择。Al/Ti 比对转化率和立构规整的影响见表 3-5。

表 3-5 Al/Ti 比（物质的量之比）对转化率和立构规整的影响

单　体	最高转化率下的 Al/Ti 比	等规度最高时的 Al/Ti 比
乙　烯	>2.5～3	—
丙　烯	1.5～2.5	3
1-丁烯	2	2
4-甲基-1-戊烯	1.2～2.0	1
苯乙烯	2～3	3
丁二烯	1.0～1.25	1.0～1.25(反式 1,4)
异戊二烯	1.2	1

综合考虑表 3-3～表 3-5 的数据，丙烯的配位聚合采用 $TiCl_3$（α、γ 或 δ）为主催化剂，Al $(C_2H_5)_2Cl$ 为助催化剂，Al/Ti 比取 1.5～2.5，能够以适中的聚合速率获得较高立构规整度的聚丙烯。

d. 第三组分的影响　如前所述，在齐格勒-纳塔催化剂中加入含 N、P、O 给电子体的物质作为第三组分，虽然聚合速率有所下降，但可以改变催化剂引发活性提高产物立构规整度和相对分子质量。见表 3-6。

表 3-6 第三组分对引发活性和 IIP 的影响

主催化剂	助催化剂	第三组分		聚合速率/[μmol/(L·S)]	*IIP*/%	[η]
		给电子体(B:)	B∶Al 比(物质的量之比)			
$TiCl_3(\alpha)$	$Al(C_2H_5)_2Cl$	—	—	1.51	≥90	2.45
	$Al(C_2H_5)Cl_2$	—	—	0	—	—
	$Al(C_2H_5)Cl_2$	$N(C_4H_9)_2$	0.7	0.93	95	3.06
	$Al(C_2H_5)Cl_2$	$[(CH_3)_2N]PO$	0.7	0.74	95	3.62
	$Al(C_2H_5)Cl_2$	$(C_4H_9)_3P$	0.7	0.73	97	3.11
	$Al(C_2H_5)Cl_2$	$(C_4H_9)_2O$	0.7	0.39	94	2.96
	$Al(C_2H_5)Cl_2$	$(C_4H_9)S$	0.7	0.15	97	3.16

注：[η] 为高聚物的特性黏度，与高聚物相对分子质量的大小有关。

② 聚合反应温度的影响　聚合反应温度对聚合速率、产物相对分子质量和等规度都有很大的影响。对于聚丙烯聚合，一般规律是，当聚合温度低于 70℃时，聚合速率和等规度均随温度的升高而增大；当聚合温度超过 70℃时，由于温度升高会降低催化剂形成配合物的稳定性，导致聚合速率和等规度都下降，同时，温度升高有利于链转移反应发生，使聚合产物的相对分子质量也下降。

③ 杂质的影响　齐格勒-纳塔催化剂的活性很高，聚合体系中微量的 O_2、CO、H_2、H_2O、 CH≡CH 等都将会使催化剂失去活性，因此，在生产上，对聚合级的原料（单体、溶剂及助剂等）纯度的要求特别高，要严格控制杂质的含量。

任务二　聚丙烯生产工艺

【任务介绍】

依据本体法、气相法生产聚丙烯的生产原理特征，分析生产聚丙烯需要哪些原料，各自的作用及规格，能依据生产原理绘制工艺流程框图。

【相关知识】

一、聚丙烯生产工艺方法

丙烯的聚合遵循配位聚合机理，生产上因催化剂的活性很容易被水破坏，只能实施本体聚合或溶液聚合，目前，实际生产中多采用本体聚合。

1. 本体聚合

本体聚合是指只有单体加引发剂（有时也不加）或光、热、辐射的作用下实施聚合反应的一种方法。体系的基本组成为单体和引发剂。在工业实际生产中，有时为改进产品的性能或成型加工的需要，也加入润滑剂、稳定剂等助剂。

本体聚合根据单体在聚合时的状态不同，可分为气相本体聚合、液相本体聚合。目前，本体聚合主要用于合成树脂的生产，工业上典型的产品有聚乙烯、聚丙烯、聚氯乙烯、聚苯乙烯及聚甲基丙烯酸甲酯等。

本体聚合的主要特点是聚合反应中无其他介质，工艺过程比较简单，产品杂质少、纯度高，可实现连续化生产，生产能力大；但由于反应的聚合热较大，容易引起局部过热，致使产品产生气泡、变色，甚至引起爆聚。因此，生产中要考虑如何将聚合热移除，工业上常用的解决措施是对单体进行分阶段聚合，即先在聚合釜中进行预聚合，控制转化率在 10%～40%，然后在模具中进行薄层聚合或减慢聚合速率，同时加强冷却。其次还必须考虑聚合产物的出料问题，如果控制不好，不仅会影响产品质量，还会造成生产事故，可根据产品特性，采用浇铸脱模制板材、熔融体挤出造粒，粉料出料等方式。

2. 聚丙烯的生产工艺

自 1954 年应用齐格勒-纳塔催化剂进行丙烯聚合，得到了高分子量、高结晶的聚丙烯以来，聚丙烯的聚合工艺和催化剂得到飞快的发展。聚合工艺由常规催化剂的浆液法和溶剂法，发展到在液态丙烯中聚合的液相本体法及在气态丙烯中聚合的气相法。目前，聚丙烯的生产工艺主要有四种，即溶液法、溶剂浆液法（简称浆液法）、本体法和气相法。

聚丙烯之所以能在各种聚烯烃材料中成为发展最快的一种，关键在于催化剂技术的飞速发展，丙烯聚合催化剂的进步促使聚丙烯生产工艺不断简化、合理，从而节能、降耗，不仅大大降低了生产成本，而且提高了产品质量和性能。聚丙烯的生产工艺经历了低活性、中等规度的第一代（溶液法、浆液法），高活性、可省脱灰工序的第二代（浆液法、本体法），以及超高活性、无脱灰及脱无规物的第三代（气相法为主）三个阶段，详见表 3-7。

表 3-7 PP 生产工艺的进步

工艺发展阶段	第一代	第二代	第三代
特点	脱灰，脱无规物	脱无规物	不脱灰，不脱无规物
单体/(T/T)	1.050～1.150	1.015	1.010
能耗/(kcal/T)	2.5×10^6～4.5×10^6	1.6×10^6	1.3×10^6

近年来，传统的浆液法工艺在聚丙烯生产中的比例明显下降，本体法工艺仍然保持优势，气相法工艺则迅速增长。气相法以其工艺流程简单、单线生产能力大、投资小而备受青睐，这也是未来聚丙烯工艺的发展趋势；除了一些特种用途外，淤浆工艺的装置正在被淘汰。

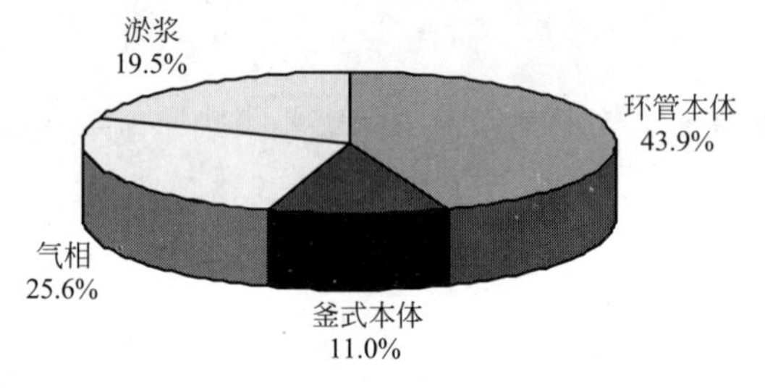

图 3-5 全球聚丙烯各工艺的比例

目前世界上比较先进的聚丙烯生产工艺主要是本体-气相组合工艺和气相法工艺。典型代表是巴塞尔（Basell）聚烯烃公司 Spheripol 本体-气相工艺、日本三井化学公司 Hypol 本体-气相工艺、联碳公司 Unipol 气相流化床工艺、BASF 公司 Novolen 气相工艺、BP 公司 Innovene 气相工艺等。

目前，全球 80%以上的聚丙烯生产采用了先进的生产工艺，近几年聚丙烯采用各工艺的比例如图 3-5 所示。

二、聚丙烯生产聚合反应设备

由于聚丙烯生产工艺的不同，生产上采用不同类型的反应器。典型聚丙烯生产工艺常用的聚合反应器见表 3-8。这里只介绍立式、卧式搅拌釜反应器及气相流化床，环管反应器将在聚乙烯生产工艺中加以介绍。

表 3-8 聚丙烯典型工艺技术及反应器

典型工艺技术	工艺方法	聚合反应设备(均聚物)	聚合反应设备(抗冲共聚物)
Basell 公司的 Spheripol 工艺	本体-气相法	串联双环管反应器	气相流化床
三井化学公司的 Hypol 工艺	本体-气相法	立式液相搅拌釜＋气相流化床	气相流化床
UCC 公司的 Unipol 工艺	气相法	气相流化床	气相流化床
BASF 公司 Novolen 工艺	气相法	立式气相搅拌釜	立式气相搅拌釜
BP 公司 Innovene 工艺	气相法	卧式气相搅拌釜	卧式气相搅拌釜

1. 立式气相搅拌床反应器

Novolen 工艺采用的是立式气相搅拌釜，如图 3-6 所示，采用双螺带式搅拌器。该反应器能够使催化剂在气相聚合的单体中分布均匀，尽可能使每个聚合物颗粒保持一定的钛/铝给电子体的比例，以此解决气相聚合中气固两相之间物料不易均匀分布的问题。聚合反应器的散热方式是靠丙烯气的循环。液态丙烯用泵打入反应器，通过丙烯的汽化吸收一部分聚合反应热，未反应的气态丙烯用水冷凝后使其液化，再用泵打回反应器使用。但由于该工艺采用搅拌混合形式，物料在聚合釜中的停留时间难以控制均匀，使产品相对分子质量变宽，产品中钛离子、氯离子和灰分增高，催化剂活性较低，用量相对较大，聚合物中残留的挥发性成分严重影响产品质量，因而得到的聚丙烯产品可能需要经过脱臭处理。

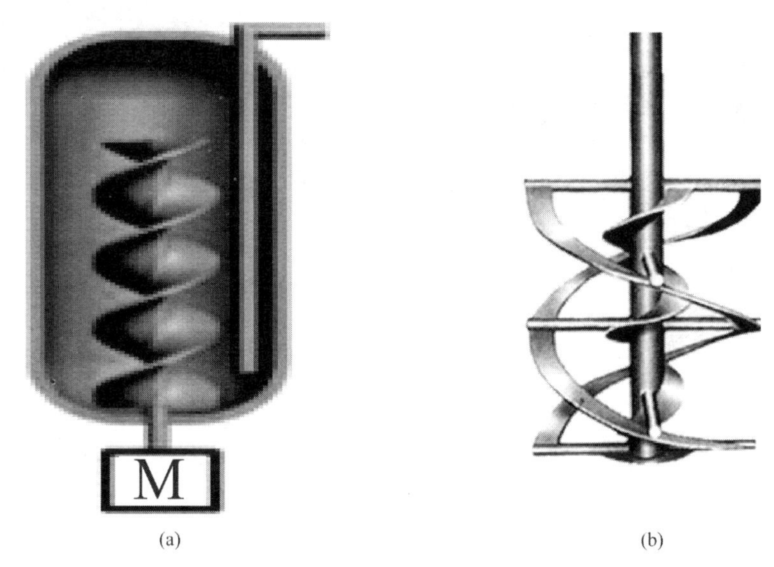

(a)　　(b)

图 3-6　立式气相搅拌床反应器

2. 立式液相搅拌釜

日本三井油化公司的 Hypol 工艺中釜式本体聚合工艺采用的是立式液相搅拌釜，如图 3-7 所示。反应器安装夹套冷却系统移出反应热，内装桨式搅拌器。

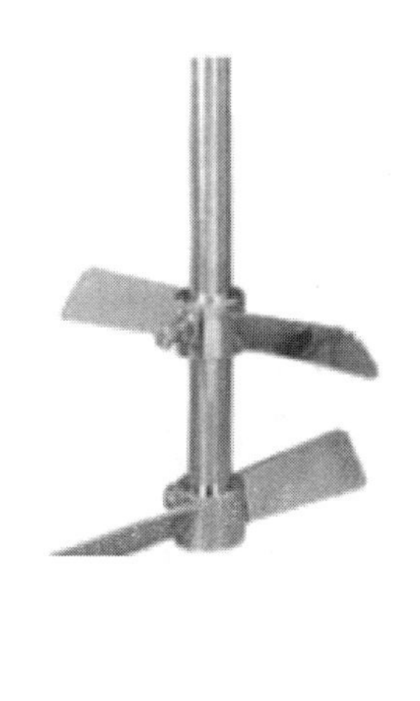

(a)　　(b)

图 3-7　立式液相搅拌釜

3. 卧式气相搅拌床反应器

卧式气相搅拌床反应器是一个圆柱状卧式容器，近似活塞流反应器，如图 3-8 所示。上方有穹顶，内有各类型喷嘴输送急冷液、循环气、主催化剂和助催化剂。反应器内多采用 T 形平叶片搅拌。

4. 气相流化床反应器

(a)

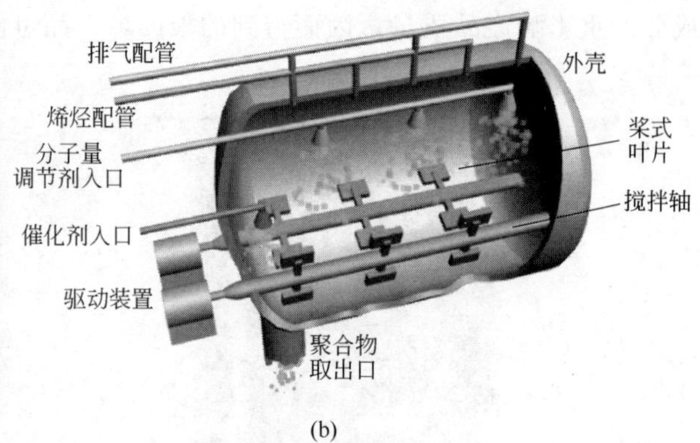

(b)

图 3-8　卧式气相搅拌床反应器

流化床反应器多用于气-固反应过程，如图 3-9 所示。当原料气通过反应器催化剂床层时，催化剂颗粒受气流作用而悬浮起来呈翻滚沸腾状，原料气在处于流态化的催化剂表面进行化学反应，此时的催化剂床层即为流化床，也叫沸腾床。

流化床反应器分反应段和扩大段，反应段是提供气-固反应的场所，有利于气、固充分接触。扩大段目的是降低气速，减少聚合物粒子的夹带，防止气体把聚丙烯颗粒带入后续流程的压缩机、冷却器等设备。反应气体通过流化床循环，并通过外部的热交换器冷却，移出聚合放出的热量。

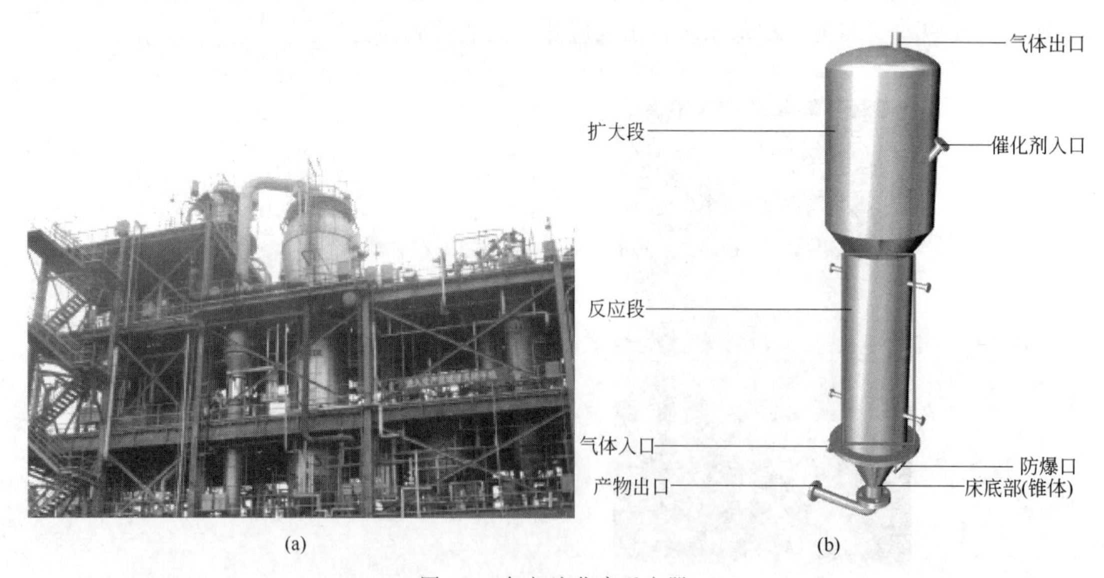

图 3-9　气相流化床反应器

三、聚丙烯生产工艺路线特点

目前世界上主要的聚丙烯生产工艺技术都采用本体法、气相法或本体法和气相法的组合法工艺生产均聚物和无规共聚物，再串联气相反应器系统（一个或两个）生产抗冲共聚物。这里仅介绍 Hypol 工艺及 Hypol 工艺。

1. 釜式本体-气相工艺

本体聚合工艺不采用烃类稀释剂，而是把丙烯既作为聚合单体又作为稀释溶剂来使用，在 50～80 ℃、2.5～3.5MPa 条件下进行聚合反应。聚合反应结束后，只要将浆液减压闪蒸即可脱除单体，又可脱除稀释剂，简单又方便。早期的本体聚合工艺所采用的常规催化剂，使得脱灰和脱无规物的工序与传统的淤浆工艺相似。后来高产率、高立构定向性催化剂的采用，使得传统的本体工艺省去了脱灰和脱无规物工序。

具有代表性的是日本三井油化公司（MPC）的 Hypol 工艺将釜式本体聚合工艺和气相工艺相结合，均聚物和无规共聚物在釜式液相本体反应器中进行，抗冲共聚物的生产是在均聚后在气相流化床反应器中进行。

该工艺采用最先进的高效、高立构定向性催化剂 TK-II，是一种无溶剂、无脱灰工艺，省去了无规物及催化剂残渣的脱除。产品质量高、灰分低、氯含量小，均聚物具有良好等规度和刚性，抗冲共聚产品具有良好的抗冲强度、刚性和外观。

聚合物的收率可达 20,000～100,000kg/kg 负载催化剂，产品的等规度可达 98%～99%。聚合物具有窄的和可控的粒度分布，不仅可稳定装置的运转，且作为粒料更易运输。

2. 釜式气相工艺

Novolen 工艺是 BASF 公司最初开发成功的，是气相搅拌床工艺的典型代表。可生产范围广泛的各种聚丙烯产品，产品熔融指数范围为 0.1～100g/10min，等规度达 90%～99%，拉伸强度可以到 2400MPa。其工艺特点是：

① 反应器型式　采用立式搅拌床反应器，内装双螺带式搅拌器，产品不需要脱灰、不需要脱无规物、不需要脱氯过程。可生产丙烯均聚物、无规共聚物，三元共聚物和分散橡胶颗粒高达 50%的抗冲共聚物以及高刚性产品。

② 聚合反应温度控制　采用丙烯蒸发冷凝技术移出反应热。液体丙烯在反应器上部和底部喷入反应器用于控制反应温度，循环气体从反应器下部分注入反应器。

③ 高产率的聚合循环，传热能力强。

④ 反应器上部气体进入旋风分离器将聚合反应细小颗粒脱出返回反应器，气体再经过过滤器后进行冷却冷凝。

⑤ 可生产均聚物和无规共聚物。

四、合成树脂的后处理过程

经聚合后分离得到的粉末状高聚物，含有一定的水分和未脱除的少量溶剂，必须经过干燥脱除，才能得到干燥的合成树脂。聚合产物的出料可以采用两种方式，即粉状合成树脂和粒状合成树脂，其工艺过程如图 3-10 所示。

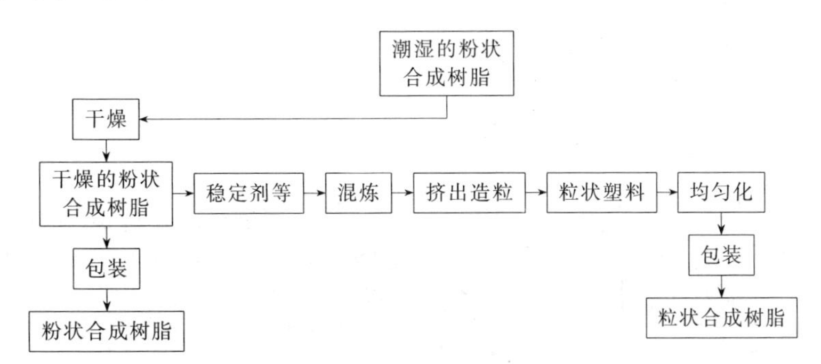

图 3-10　树脂的后处理工艺示意图

任务三　聚丙烯生产主要岗位任务

【任务介绍】

依据聚丙烯生产工艺过程，能正确分析影响丙烯聚合的主要因素，进而理解并掌握主要岗位的工作任务及操作要点。

【相关知识】

生产上，丙烯聚合的主要岗位有丙烯精制、氢气压缩、氮气压缩、TEA、硅烷、过氧化物、添加剂（固体、熔融、液体）、催化剂、聚合反应、脱气吹扫、膜回收、粉料输送和粉料仓、挤出造粒、颗粒水分离和颗粒干燥、抽真空和废液、仪表风压缩、粒料输送和掺混、包装和码垛、载气压缩及公用工程等。

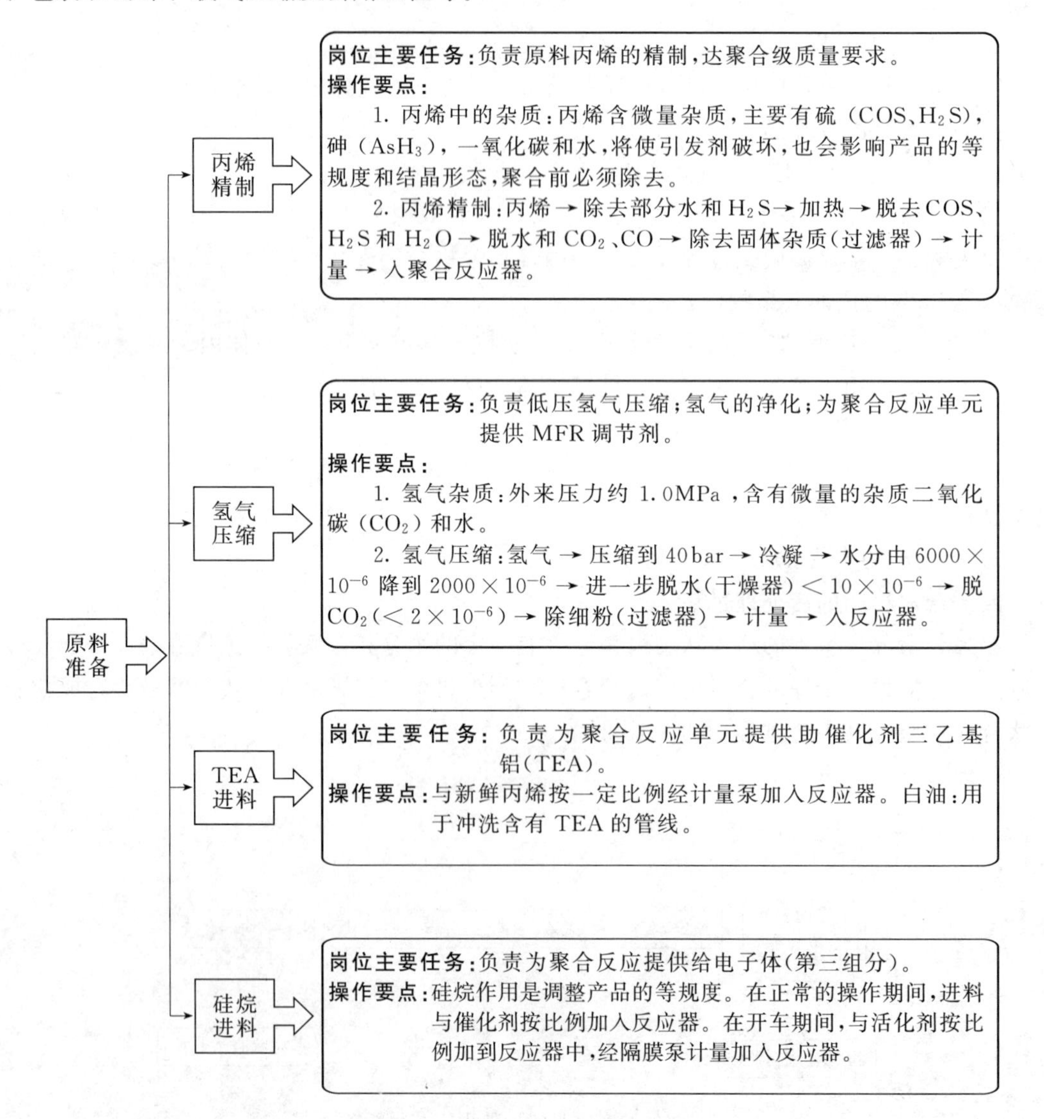

催化剂配制

岗位主要任务：加入新鲜丙烯制成悬浮液，负责为聚合反应提供主引发剂。

操作要点：

1. 将新鲜丙烯与催化剂混合成浆液状，搅拌使浆液处于均匀悬浮状态。
2. 在催化剂配制罐中稀释至浓度达要求。
3. 将丙烯/引发剂浆液以较高的速度注入反应器中。

聚合反应

反应器进料

岗位主要任务：负责各种原料按产品配方加入反应器。

操作要点：新鲜丙烯、主催化剂、助催化剂(三乙基铝)、第三组分(硅烷)和氢气由流量控制器按比例控制进入反应器。

反应条件控制

岗位主要任务：负责将反应温度、压力及液位自动控制在恒定的条件下进行。

操作要点：根据聚合产物要求由DCS控制控制反应温度、压力。

1. 压力：由新鲜丙烯量来调整控制。
2. 温度：调整循环丙烯量来控制。
3. 液位：由聚丙烯产品粉料的喷出量来控制。

反应器操作

岗位主要任务：负责反应器热量的移出及气体和粉尘的分离。

操作要点：

1. 热量移出：聚合反应热通过液态丙烯的汽化、冷却取出。
2. 气体和粉末分离：经液体喷射、旋风分离器、袋式过滤器将聚丙烯粉末除去，防止进入冷凝器。
3. 不凝气压缩：丙烯、丙烷、H_2 等不凝性气体经压缩机压缩后进循环气系统。

产品质量控制

岗位主要任务：负责在优化的条件下生产稳定的高质量产品。

操作要点：

1. 相对分子质量：由 H_2 的加入量来控制，测定熔体流动速率(MFR)。
2. 等规度(立构规整度)：由第三组分(给电子体)硅烷的加入量来控制。

后处理过程

添加剂加入

岗位主要任务：负责向挤出机加入过氧化物、添加剂。

操作要点：

1. 过氧化物：用来控制挤出过程的聚合物的流变性能。
2. 添加剂：通常经混合均匀后加入挤出机中。按产品配方选择添加剂的类型及控制加入量。

挤出造粒

岗位主要任务：负责粉料的挤出造粒、粒水分离、粒料输送。

操作要点：聚丙烯粉料经熔融后与添加剂混合再脱气和造粒，采用双螺杆挤出机和造粒机完成。

粒料均匀化

岗位主要任务：负责完成粒料从掺混仓到包装仓的输送。

操作要点：粒料掺混：颗粒的均匀化，使产品颗粒和MFR分布更均匀。控制掺混时间。

产品包装

岗位主要任务：负责将均化后的颗粒产品送到包装仓，经包装机包装后出厂销售。

操作要点：产品 → 电子称量 → 包装 → 出厂

任务四　聚丙烯装置生产工艺流程

依据聚丙烯生产岗位的主要工作任务，识读两套工艺的聚丙烯装置的生产工艺流程图，能准确描述物料走向，能描述聚丙乙烯生产工艺流程。

【相关知识】

一、釜式本体-气相工艺

釜式本体-气相工艺主要包括丙烯精制、催化剂配制、聚合、干燥、造粒等工序。如图3-11所示。

1. 原料精制

原料丙烯和乙烯当中的杂质较高对聚合催化剂具有很大毒性，因此必须在送聚合前对原料进行精制，脱除水分、炔烃、CO、CO_2等杂质。

乙烯气体自界区外通过管道进入装置，再通过调节阀直接加入各反应器。在生产无规共聚物时，所有的反应器都要加乙烯，而在生产嵌段共聚物时，只向第三反应器（D-204）加乙烯。

氢气自界区外通过管道进入装置，再通过调节阀直接加入各反应器。生产嵌段共聚物时。只在第一和第二反应器加入氢气。

2. 催化剂配制

本工艺采用三种型号的催化剂，其中TK-催化剂为主催化剂，其余两种，即AT催化剂和OF催化剂，为助催化剂。通入用于稀释和清洗催化剂的已烷。

3. 液相聚合（第一反应器）

聚合系统通过三段反应系统进行。各反应器的典型操作条件见表3-9。

表3-9　各反应器典型操作条件

反　应　器	第一反应器	第二反应器	第三反应器
聚合类型	液相本体	气相	气相
压力/MPa	2.9～3.8	1.7～1.9	1.0～1.5
温度/℃	70	82	70～82
产品	均聚物、无规共聚物	均聚物、无规共聚物	均聚物、嵌段共聚物

精制后的丙烯和配制好的催化剂进入第一反应器（D-201），在第一反应器中，丙烯在3.0～4.0MPa的聚合压力和70～75℃下，进行液相本体聚合，所产生的热量凭借汽化-冷凝-回流系统移去。此外反应器还安装有夹套冷却系统来撤除反应热。而聚合温度由上述两种冷却系统控制。从第一反应器排出的浆液进入粉末洗涤塔（M-211），在这里浆液与新鲜丙烯接触以除去包含在浆液中走短路的催化剂和细粉，浆液从M-211进入第二反应器（D-203）。

4. 气相聚合（第二、第三反应器）

加到第二反应器（D-203）的液体在1.7MPa、80℃下会发生汽化，聚合反应热在某种程度上通过汽化潜热撤除。

聚合物流态化气体通过第二反应器循环气体鼓风机自反应器底部吹入，气体的流速通过调节鼓风机的转速加以控制，以便使进入流化床的流化线速度维持在22～30cm/s，22cm/s用于生产均聚物及嵌段共聚物牌号，30cm/s用于生产无规共聚物牌号。该循环气由冷却器及间接冷却水系统冷却，以此来控制聚合反应的温度。

部分循环气自循环系统引出，进入丙烯洗涤塔（T-201）以除去循环气中夹带的细粉，同时调节D-203的压力。洗涤后的气相丙烯经过冷凝，冷凝下来的液体丙烯通过丙烯凝液罐D-208、丙烯循环泵返回到丙烯洗涤塔，T-201底部的含粉丙烯通过丙烯循环泵返回到第一反应器（D-201）及粉末洗涤塔（M-211）。第二反应器中的聚合物粉料由程序控制系统周期性地排出，并由粉料输送鼓风机送往第三反应器。第三反应器循环气的一部分作为输送气进行循环。

第三反应器的热量由第三反应器循环气冷却器撤除。循环气体的流速通过调节第三反应器循环气鼓风机的转速加以控制，以便维持流化床的气流速度为40～60cm/s（40cm/s用于均聚物及无规共聚物牌号的生产，60cm/s用于嵌段共聚物牌号的生产）。

一定量的丙烯和乙烯分别加入第三反应器进行嵌段共聚反应。生产均聚物和无规共聚物时，丙烯均聚或丙烯和乙烯无规共聚是在所有反应器（包括第三反应器在内）中进行的。

为了防止聚合反应的失控，在超温、超压、停电、停水、停丙烯等意外事故发生时，必须注入CO阻聚剂以终止反应。CO阻聚剂与联锁系统相连并自动注入。

5. 粉料分离

第三反应器的聚合结束后，聚合的产品通过料位控制阀连续排出，通过压差送往粉末贮罐（D-206）。粉料经旋转阀排入粉料加热器（M-301）。

6. 产品干燥

D-206中的产品粉料借助于重力的作用排入粉料加热器（M-301），M-301为圆盘式干燥器。进入M-301中的粉料被夹套及圆盘的减压蒸汽加热到高于100℃。粉料的干燥伴随着加热进行，同时也使粉料中所含的少量己烷汽化。在汽蒸罐（M-302）中汽蒸，以进一步干燥。M-302的作用是使粉料与蒸汽接触使粉料中所含的催化剂失活以及除去粉料中所含的微量己烷。

7. 造料

按照各产品牌号的配方，将一定量的稳定剂加入聚丙烯粉料中，然后在挤压机进行混合、熔融及捏合，再在水下切粒机中将其切成粒料。

从汽蒸罐（M-302）连续排出的干燥粉料，由粉料输送鼓风机送至粉料贮仓（TK-501）。为防止聚合物氧化降解，采用氮气进行气流输送。氮气和粉料一起被直接送入TK-501，经计量后直接进到挤压机中，聚丙烯粉料和稳定剂在挤压机（Z-501）里混合、熔融并捏合最后经齿轮泵增压后经过滤网板过滤，再通过模板挤入水下切料装置。在此，挤出的聚合物被切成颗粒，然后随颗粒冷却水送往颗粒筛（Z-506）。

为保护颗粒干燥器（M-501），颗粒筛（Z-506）中装有格栅以除去一些颗粒熔块。通过格栅的颗粒在多孔筛板上脱水后送往M-501。M-501的旋转桨叶推动粒料和残余的水贴着立式多孔筛板，沿着筛板的内表面上升，水被甩出筛板。从M-501顶部排出的粒料被送往颗粒振动筛，经颗粒缓冲罐及旋转阀后，通过颗粒输送鼓风机送到颗粒料仓。

8. 包装

粒料料仓共四个，每个料仓可以装250t粒料（一天的产量称一批）。正常情况下一个料仓进，一个料仓掺和，一个料仓出料，还有一个作为备用料仓。为使每批料均化，粒料被送往包

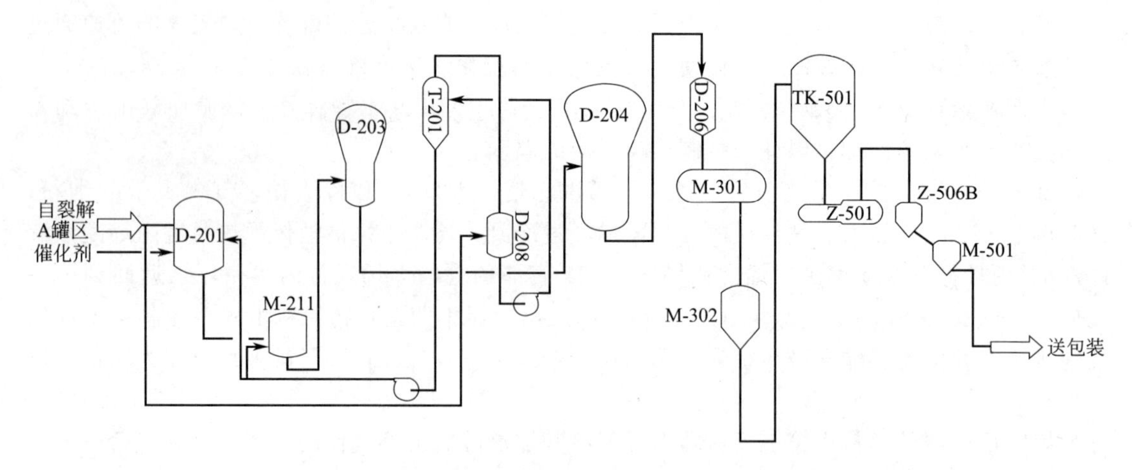

图 3-11　聚丙烯装置液相气相法生产工艺流程图

D-201—第一反应器；D-203—第二反应器；D-204—第三反应器；D-206—粉末储罐；M-301—粉末干燥器；M-211—细粉分离器；D-208—丙烯凝液罐；T-201—丙烯洗涤塔；Z-506B—颗粒筛；M-501—颗粒干燥器；M-302—汽蒸罐；TK-501—粉末料仓；Z-501—造粒机

装料仓之前，必须进行气动循环掺和约半小时，然后由颗粒输送鼓风机把粒料送往包装料仓。

二、釜式气相工艺

聚丙烯装置釜式气相聚合生产工艺流程图如图 3-12 所示。

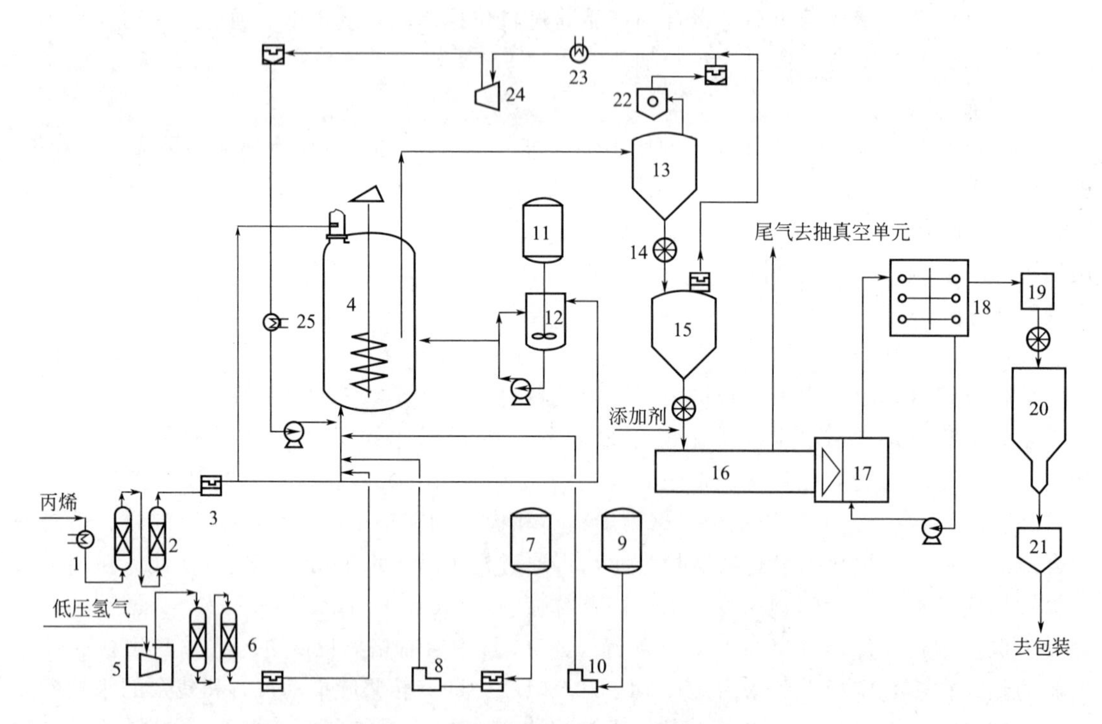

图 3-12　聚丙烯气相法生产工艺流程图

1—预热器；2—原料处理器；3—过滤器；4—聚合釜；5—压缩机；6—干燥器；7—硅烷贮罐；8—隔膜泵；9—三乙基铝贮罐；10—计量泵；11—催化剂贮罐；12—配制罐；13—粉料贮罐；14—旋转进料器；15—粉料料仓；16—螺杆挤出机；17—造粒机；18—旋转干燥器；19—分选器；20—掺混仓；21—颗粒仓；22—旋风分离器；23—冷却器；24—压缩机；25—冷凝器

丙烯经处理器精制后，通过过滤器除去从处理器和干燥器填充物破碎引起的细粉，在3.5MPa下送到聚合反应器。

精制后的低压氢气经压缩机入口缓冲罐缓冲后压缩到4.0MPa，冷凝分离出氢气中水分，经干燥器（再生分子筛）脱除水、氢气处理器（再生分子筛）脱除CO_2，再经过滤器除去细粉后引入聚合反应器。

主催化剂通过卸料罐入配制罐，通过流量计加入一定量新鲜丙烯混合成一定浓度的浆液状。罐中设有搅拌器，保持浆液处于均匀悬浮状态。用高压氮气将配制罐中催化剂浆液压入催化剂计量罐。通过三通配料阀将催化剂浆液送入反应器。助催化剂三乙基铝（TEA）与新鲜丙烯按一定比例送入反应器。TEA易燃烧，用白油液封，防止积累到发烟浓度引起自燃。第三组分硅烷（环己基甲基二甲氧基硅烷）与催化剂按比例加入反应器。

聚合反应是在气相反应器系统中进行，停留时间约为1h，随着聚合反应的进行，床层里的粉料颗粒直径从20μm增大至600μm左右。粉料靠一台螺带式搅拌器搅拌，形成一充分混合的反应床层。新鲜丙烯生成聚丙烯的转化率为75%～85%。聚合反应过程产生的热量通过液态丙烯的汽化、冷却取出。聚合过程产生的气体不断地经过反应器拱顶从反应器顶部排出夹带粉末。气体和粉末需要经过三个阶段分离。首先，脱除大颗粒。先用丙烯液体物料喷向循环气，使颗粒随着小液滴落回反应器，同时喷射的液体部分汽化，使气体冷却。其次，气体进入旋风分离器脱除小颗粒。旋风分离器收集的粉料可能含有活性催化剂，通过喷射器返回反应器。采用液态循环丙烯作为推进剂。最后，气体中的微量聚合物粉末在袋式过滤器中过滤下来，用来防止PP粉末进入冷凝器。

粉料在反应器的压力下从反应器输送到粉料卸料罐，通过旋转进料器进入粉料吹扫罐。未转化的丙烯气体通过旋风分离器、过滤器，输送到压缩机入口的冷却器，经压缩及脉冲式过滤器过滤后，返回反应器。

粉料吹扫罐中的粉料经过旋转进料器输送到粉料料仓。料仓中物料靠重力通过旋转进料器进入到一个粉料称重装置然后进入挤出机，挤出机包括双螺杆挤出段和水下造粒机。在挤出机里，聚合物粉料与添加剂通过反转的双螺杆的挤压被均匀化、压缩和熔化，经换网器从油加热的模板孔中挤出。当熔融聚合物流离开模板孔时，立即用水急冷并用旋转切刀切粒。分别在预分筛中除去带飘带的颗粒和结块，在旋转干燥器除去大部分水，经离心干燥器脱除残留的水。颗粒由干燥器底部输送至顶部，与干燥风逆向接触。用空气做载体进行颗粒输送到掺混仓、包装仓。粒料从包装仓靠重力落入包装系统。

任务五　聚丙烯装置仿真操作训练

【任务介绍】

利用北京东方仿真公司提供的聚丙烯装置（浆液法）仿真软件进行装置冷态开车、正常操作及事故处理操作的训练。

聚丙烯聚合工段总貌图如图3-13所示。

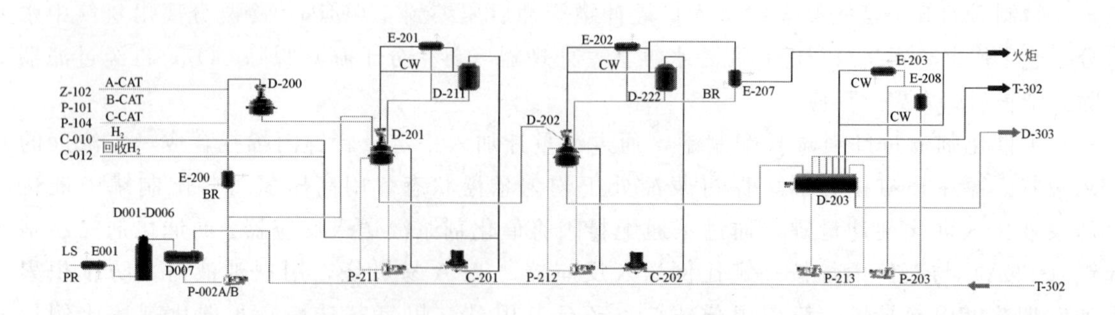

图 3-13 聚丙烯聚合工段总貌图

【综合评价】

序号	训练项目	操作内容
1	冷态开车	1. 种子粉料加入 D-203。 2. 丙烯置换。 3. D-201、D-202、D-203 置换。 4. D-200、D-201、D-202 升压。 5. 向 D-200、D-201、D-202、D-203 加液态丙烯。 6. 向 D-201 加入 H_2，循环至 D-201、D-202、D-203 中。 7. 向系统加催化剂
2	正常运行	控制压力、丙烯流量、液位、温度在设定值范围内，维持正常操作
3	正常停车	1. 停催化剂进料。 2. 维持三釜的平稳操作。 3. D-201，D-202 排料。 4. 放空
4	事故处理	1. 低压密封油中断。 2. 浆液管线不下料。 3. 聚合反应异常。 4. D-201 搅拌停。 5. 高压密封油中断

【自我评价】

一、名词解释

1. 配位聚合　2. 本体聚合　3. 等规度　　4. 熔融指数

二、填空题

1. 丙烯聚合遵循的聚合机理是（　　）。

2. 丙烯聚合的生产工艺主要有（　　）、（　　）、（　　）、（　　）四类型。

3. 丙烯聚合常用的反应器有（　　）、（　　）、（　　）和（　　）。

4. 聚丙烯产品牌号中主要表明（　　）、（　　）及（　　）等性能参数及应用。

5. 丙烯聚合采用的催化剂是（　　），其中主催化剂是（　　），助催化剂是（　　），（　　）为第三组分。

6. 丙烯聚合所用的分子量调节剂是（　　）。

7. 为防止丙烯聚合反应失控，当生产中发生意外时，必须注入（　　）来终止反应。

8. 流化床反应器多用于（　　）反应过程。

9. Novolen 工艺生产聚丙烯采用的是（　　）反应器，搅拌器是（　　）形式。

10. Hypol 工艺生产聚丙烯是将（　　）工艺和（　　）工艺相结合，可生产（　　）、（　　）及（　）不同性能的聚丙烯产品。

三、选择题

1. 产品的熔融指数是衡量聚丙烯（　　）。

A. 在高速冲击状态下的韧性或对断裂的抵抗能力　B. 分子结构规整性的指标

C. 在熔融状态下流动性能好坏的指标　D. 耐热性能的重要指标

2. 把丙烯既作为聚合单体又作为稀释溶剂来使用的是（　　）聚合工艺。

A. 溶剂法　B. 气相本体法　C. 淤浆法　D. 液相本体法

3. 下列选项中，可以反映出聚丙烯等塑料的平均的相对分子质量是（　　）。

A. 拉伸强度　B. 挠曲模量

C. 等规度　D. 熔融指数

4. 掺和的目的是使（　　）。

A. 产品质量均匀稳定　B. 不同质量的产品分离

C. 产品外观颗粒一致　D. 颗粒表面光滑

5. 聚合物的熔融指数是由（　　）来控制的。

A. 氢气的物质的量　B. 氢气与单体的物质的量比

C. 乙烯的物质的量　D. 丙烯的物质的量

6. 三乙基铝从钢瓶输送到贮罐是通过（　　）。

A. 氮气压送　B. 泵送　C. 重力　D. 自流

7. 在聚丙烯装置聚合反应中，能使钛系主催化剂中毒的是（　　）。

A. 一氧化碳　B. 氢气　C. 氮气　D. 己烷

8. 聚丙烯树脂中挥发分含量高时，制品易出现（　　）。

A. 凹坑　B. 鱼眼　C. 污点　D. 气泡

9. 防止聚丙烯薄膜制成的扁袋黏着难以打开，应加入（　　）。

A. 爽滑剂　B. 卤素吸收剂　C. 成核剂　D. 抗氧剂

10. 丙烯聚合中硅烷的作用是调整产品的（　　）。

A. 粒径大小　B. 等规度　C. 颜色　D. 弹性模量

四、简答题

1. 齐格勒-纳塔催化剂的主要组成是什么？简述齐格勒-纳塔催化剂两主要组分对 α-烯烃、共轭二烯烃配位聚合在组分选择上有何区别。

2. Novolen 工艺中生产聚丙烯采用的反应器类型及特点是什么？

3. Novolen 工艺生产聚丙烯聚合反应温度、压力和液位是怎样控制的？

4. Hypol 工艺生产聚丙烯采用的反应器类型及特点是什么？

学习情境四

聚乙烯生产

知识目标：

掌握乙烯聚合的反应原理；掌握乙烯聚合引发剂的选择原则；掌握生产聚乙烯的主要原料及作用；掌握低密度、高密度聚乙烯装置的生产工艺流程及生产特点；掌握聚乙烯生产主要岗位设置及各岗位的工作任务。

能力目标：

能正确分析聚乙烯生产岗位的工作任务；能识读聚乙烯生产工艺流程图。

聚乙烯（Polyethylene，缩写 PE）是由乙烯单体经自由基或配位聚合反应而获得的一种热塑性树脂，随着石油化工的生产，聚乙烯生产得到迅速发展，目前产量及用量在热塑性树脂中占第一位。聚乙烯生产原料及产品如图 4-1 所示。

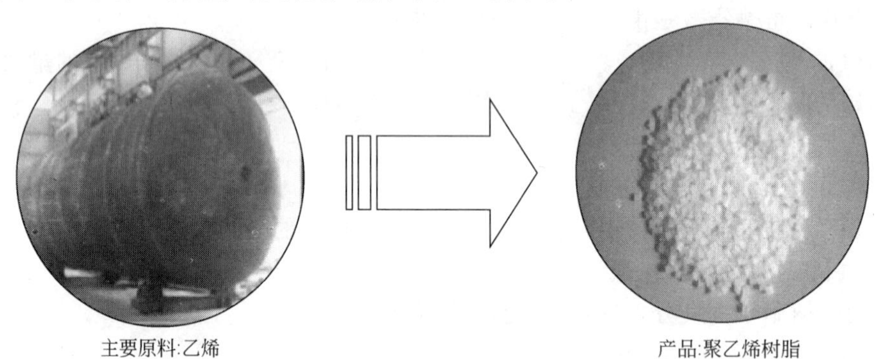

主要原料:乙烯　　产品:聚乙烯树脂

图 4-1　聚乙烯原料及产品示意图

一、聚乙烯制品展示

以聚乙烯树脂为原料，加入各种添加剂，按产品用途不同采用相应的加工方法，可以得到各种用途的聚乙烯塑料制品。聚乙烯制品如图 4-2 所示。

(a) 塑料瓶

(b) 安全帽

(c) 塑料管

(d) 超高相对分子质量聚乙烯滑轮

图 4-2　聚乙烯产品展示

二、聚乙烯的性能指标及用途

1. 聚乙烯的物性结构

按照聚乙烯的结构性能不同，聚乙烯主要分为低密度聚乙烯（LDPE）、高密度聚乙烯（HDPE）、线性低密度聚乙烯（LLDPE）三大类。

（1）低密度聚乙烯

在高温高压下，以微量氧或有机过氧化物为引发剂引发乙烯进行自由基聚合，由于产物支化度高，具有较低的结晶度和较低的密度（0.91～0.93），故称为低密度聚乙烯。质轻，柔性，耐低温性能、耐冲击性较好。LDPE广泛用于生产薄膜、管材（软）、电缆绝缘层和护套、人造革等。

（2）高密度聚乙烯

采用常温、低压法，用Ziegler-Natta催化剂引发乙烯配位聚合，由于聚合条件温和不易发生向大分子的链转移反应，产物基本无支链，具有较高的结晶度和较高的密度（0.94～0.96），称为高密度聚乙烯。与低密度聚乙烯相比，高密度聚乙烯具有更高的强度、硬度、耐溶剂性和上限使用温度，因此应用范围更广。主要用于注塑和中空成型制品，如瓶、家用器皿、玩具、桶、箱子、板材、管材等。

（3）线性低密度聚乙烯

线性低密度聚乙烯是一种乙烯与α-烯烃的共聚物，分子呈线性结构，主链为直链并带有短支链。与具有长支链的LDPE不同，线性低密度聚乙烯比较接近于HDPE，密度与LDPE相同，分子排列结构却与HDPE相近。一般LLDPE树脂中，含有5%～20%的α-烯烃（如1-丁烯、1-己烯、1-辛烯等共聚单体）。这些烯烃能形成有规则的侧链，这种结构上的特点决定了LLDPE的性能处于HDPE之上。

三种PE分子结构示意图见图4-3。

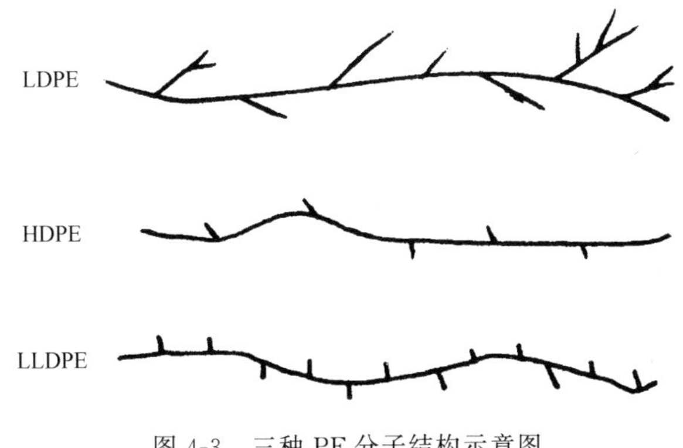

图4-3 三种PE分子结构示意图

LLDPE和HDPE主链为线性结构，在主链上有较短的支链，LLDPE的支链长度一般大于HDPE的支链。LDPE支链很长，几乎与主链长度相等，且支链频度较低（相对分子质量约为1×10^5时有2～6个支链）。LDPE结晶度较低，结晶度一般为45%～50%。LLDPE的支链频度较高，主链上每1000个碳原子有10～35个支链，LLDPE的结晶度一般为50%～55%。

2. 聚乙烯的产品性能

HDPE树脂是乳白色半透明的蜡状固体颗粒，密度最大。由于主链上支链少而短，结晶度高，因此力学性能和耐热性能均高于LDPE，在不受力情况下，最高使用温度为100℃，最低使用温度为−100～−70℃。化学性质与LDPE相似，具有良好的稳定性，但抗溶剂性能及耐酸性均比LDPE好。尤其是抗透气性好，适合于制作防潮、防水蒸气散失的包装用品。

3. 聚乙烯主要质量指标

聚乙烯不同产品主要质量指标，见表4-1。

表4-1 聚乙烯不同产品主要质量指标

PE产品	LDPE	LLDPE	HDPE
相对密度	0.91～0.935	0.918～0.935	0.941～0.965
相对分子质量/$\times10^4$	10～50	5～20	
拉伸强度/MPaG	6.9～13.79	20.68～27.58	24.13～31.03
伸长率/%	300～600	600～700	100～1000
肖氏硬度	41～45	44～48	60～70
最高使用温度/℃	80～95	90～105	110～130
耐环境应力开裂	好	很好	好
结晶度	50	两者之间	80～90

4. 聚乙烯的主要用途

中、低压聚乙烯（高密度聚乙烯）强度较高，适宜做中空制品，如牛奶瓶、去污剂瓶及注射成型制品；高压聚乙烯（低密度聚乙烯）一半以上用于薄膜制品，其次是管材、注射成型制品、电线包裹层等；超高压聚乙烯由于超高分子聚乙烯优异的综合性能，可作为工程塑料使用。聚乙烯树脂可采用吹塑、挤出、注射等加工方法制造有关制品，并易于通过共聚、共混、填充、增强等工艺措施进行改性。

聚乙烯树脂在出厂前，会在产品说明书中标明产品的牌号，通常注明其熔体流动速率(MFR)、拉伸强度、弹性模量等性能参数及应用。选用时一定要查阅产品说明书，了解牌号的级别、性质及用途，根据制品要求去选择。例如某种乙烯均聚物，做通用吹塑制品，可选择MFR 0.03、拉伸屈服应力27MPa、拉伸断裂应变500%、弯曲模量800MPa的产品。

聚乙烯树脂的主要用途见表4-2。

表4-2 聚乙烯树脂的主要用途

应用领域	应用实例
吹塑制品	聚乙烯树脂具有良好的刚度及冲击强度，易加工，可制作用于装食品油、酒类、汽油及化学试剂等液体的包装
薄膜制品	聚乙烯树脂具有良好的挤压性、拉伸强度，可制作一般用途薄膜、垃圾袋及商用包装袋、重包装膜、撕裂膜、背心袋等
注塑制品	聚乙烯树脂具有良好刚度及压紧强度，可制作板条箱，再生料箱，安全帽等
挤出制品	聚乙烯共聚物可以制造水管、工业和采矿用的受压管、电线及电缆保护套料等
丝类制品	聚乙烯树脂也可用于压制单丝，制作工业滤网、丝线和打包带等

任务一 聚乙烯生产原理

依据单体乙烯的结构特征，从理论上分析判断合成低密度及高密度聚乙烯所遵循的聚合

机理，生产上如何选择合适的引发剂，可采用什么方法控制聚合反应速率及产物的相对分子质量。

【相关知识】

乙烯的聚合反应可以按自由基或配位聚合反应机理进行。聚合反应式可表示如下：

$$nH_2C{=}CH_2 \longrightarrow \left[CH_2{-}CH_2 \right]_n$$

一、单体的性质及来源

乙烯是最简单的烯烃，常温常压下是无色略带甜味的可燃性气体。乙烯几乎不溶于水，化学性质活泼，与空气混合能形成爆炸性混合物，是石油化工的一种基本原料。

工业上，乙烯主要来源于液化天然气、液化石油气、石脑油、轻柴油、重油等。乙烯从它们经裂解产生的裂解气中分出；也可以由焦炉煤气分出；还可以由乙醇催化脱水制得。

二、低密度聚乙烯的生产原理

乙烯在高温高压下按自由基聚合反应机理进行聚合。由于反应温度高，容易发生向大分子的链转移反应，产物为带有较多长支链和短支链的线型大分子。由于支链较多，造成高压法聚乙烯的产物的结晶度低，密度较小，故高压聚乙烯又称为低密度聚乙烯（LDPE）。

三、高密度聚乙烯的生产原理

乙烯在常温低压下按配位聚合反应机理进行聚合。得到的产物由于主链上支链少而短，结晶度高，故低压聚乙烯又称为高密度聚乙烯（HDPE）。在聚合时可采用不同的催化剂得到不同产品，聚合机理也稍有所不同。实际生产中，当要改变催化剂类型时，不需要清洗和特殊的操作，只需将原催化剂倒空就可装载新型的催化剂。

（1）铬催化剂聚合机理

① 链引发反应　在单体分子和催化剂活性位置之间形成第一个 Cr-C 化学键。

② 链增长反应　通过插入一个新的单体进入已经存在的 Cr-C 键。与一个新的单体结合后，发生重排，最初的 Cr-C 键和烯烃双键被打开，同时一个新的 Cr-C 键和 C-C 单键产生。

③ 转移反应　控制树脂的平均相对分子质量需要释放达到了要求相对分子质量的聚合链。然后在活性位置上重新开始一个新的聚合物分子增长，形成长支链。

④ 链终止反应　阻止活性中心进行更进一步的聚合，使活性中心死亡。

（2）齐格勒-纳塔催化剂聚合机理

① 催化剂活化反应　Al-Ti 盐与有机铝（TEAL，R-M）合成，形成活性中心。

② 链引发反应　一个乙烯分子插入活性中心，形成一个聚乙烯链的开始。

③ 增长反应　给电子体乙烯分子与缺电子活性中心作用，在金属和引发链中插入烯烃。

④ 链终止反应　加入链终止剂氢，氢原子插入活性中心，链的末端形成一个甲基（$-CH_3$）而使链终止。

⑤ 单体和共聚单体都能与活性中心反应。当共聚单体插入后，形成短支链。

乙烯除了发生均聚反应外，还可以与其他单体发生共聚反应。乙烯聚合的共聚单体可以是 1-己烯或 1-丁烯，加入量依据产品的不同牌号而定。对于共聚产品，由于共聚单体的插入导致短支链的形式，增加了整个树脂的无定形含量，从而降低了密度。控制聚合物密度的主要参数是共聚单体含量。

四、共聚合反应机理

由两种或两种以上单体共同参加的聚合反应称共聚合反应，得到的聚合产物大分子链中含有两种或两种以上单体单元，这种聚合产物称为共聚物。目前，理论研究比较透彻的是二元共聚反应，三元共聚只限于实际应用。共聚合仅用于连锁聚合中，如自由基型共聚合、离子型共聚合等，但是实际应用中，自由基型共聚合较多。

1. 共聚物的类型

对于二元共聚合反应，按照两种结构单元在大分子链中的排列方式不同，可把共聚物分为四种类型。这里用 M_1表第一种单体单元，M_2代表第二种单体单元。

（1）无规共聚物

其结构为：$\sim\sim\sim M_1 M_2 M_2 M_1 M_2 M_1 M_1 M_2 M_2 M_2 \sim\sim\sim$

即两种单体单元 M_1 M_2在共聚物大分子链中无规则排列，且 M_1和 M_2的连续单元数较少，从 1 到几十不等。自由基共聚得到的多为此类聚合产物，这类高聚物在命名时，常以单体名称间加“－”，后缀加“共聚物”，如聚甲基丙烯酸甲酯-苯乙烯共聚物。

（2）交替共聚物

其结构为：$\sim\sim\sim M_1 M_2 M_1 M_2 M_1 M_2 M_1 M_2\ M_1 M_2 \sim\sim\sim$

即两种单体单元 M_1 M_2在共聚物大分子链中有规则地交替排列。实际上，可看成是无规共聚物的一种特例，命名时为了区分于无规共聚物，后面加“交替”，如聚苯乙烯-顺丁烯二酸酐交替共聚物。

（3）嵌段共聚物

其结构为：$\sim\sim\sim M_1 M_1 M_1 \sim\sim\sim M_1 M_1 M_1\ M_1\ M_2 M_2 M_2 M_2 \sim\sim\sim M_2 M_2 M_2 \sim\sim\sim$

即两种单体单元 M_1 M_2在共聚物大分子链中成段排列，且每一种链段中单体单元数为几百到几千。嵌段共聚物中各链段间仅通过少量化学键连接，因此各链段基本仍保持原有的性能，类似于不同聚合物之间的共混物。根据两种链段在大分子链中出现的情况，又分为 AB 型、ABA 型和（AB）$_n$型。如聚丁二烯-苯乙烯（AB 型）嵌段共聚物、聚苯乙烯-丁二烯-苯乙烯（ABA 型）嵌段共聚物等。

（4）接枝共聚物

其结构为：

```
                     M2 M2~~~~M2 M2              M2 M2~~~~M2 M2
                     |                           |
~~~~M1 M1 M1~~~~M1 M1 M1~~~~M1 M1 M1~~~~M1 M1 M1~~~~
          |
M2 M2~~~~M2
```

即大分子主链由单元 M_1组成，支链由单元 M_2组成。这类共聚物命名时，以主链名称加“接枝”再加支链名称，后缀共聚物，如聚丁二烯接枝苯乙烯共聚物（高抗冲聚苯乙烯 HIPS）。

国际命名中，常在共聚单体间插入英文缩写，-co-、-alt-、-b-、-g-分别代表无规、交替、嵌段和接枝。上面几个典型共聚物可命名为聚甲基丙烯酸甲酯-co-苯乙烯、聚苯乙烯-alt-顺丁烯二酸酐、聚丁二烯-b-苯乙烯、聚丁二烯-g-苯乙烯。

2. 共聚物的应用

对于共聚合反应的探索，无论在实际应用上还是在理论研究上，都具有重要意义。

（1）增加高聚物品种

通过共聚合反应扩大了单体的使用范围，合成许多新型聚合物，显著增加聚合物品种。如顺丁烯二酸酐（马来酸酐）和 1，2-二苯基乙烯，都不能发生均聚反应，却能和其他单体进行共聚合。这样，通过共聚合能从有限的单体中，依据实际需要及共聚的可能性，经过不同的组合与配比，得到种类繁多、性能各异的共聚物，以满足不同的使用要求。如丁苯橡胶、丁腈橡胶、乙丙橡胶、丙烯酸酯类共聚物、ABS 树脂、含氟共聚物塑料等等，都是由自由基共聚合反应合成的。

（2）改进高聚物的性能

通过共聚合反应可改变均聚物的组成与结构，吸取均聚物的长处，改进诸多性能，如机械性能、热性能、电性能、溶解性能、染色性能、表面性能和老化性能等，从而获得综合性能优异的高聚物。性能改变的程度与第二、第三单体的种类、数量以及单体单元的排布方式有关。如均聚苯乙烯性脆、抗冲击强度和抗溶剂性能都很差，实际使用受到很大限制，若将苯乙烯与丁二烯进行二元共聚，可得到高抗冲聚苯乙烯，与丙烯腈、丁二烯进行三元共聚，可得到综合性能好、广泛应用的 ABS 工程塑料。

（3）扩展理论研究范围

在均聚反应中，主要研究的是聚合机理、聚合反应速率、聚合产物的相对分子质量及分布。而在共聚反应中，除了研究上述问题外，还可测定单体、自由基及离子的相对活性，了解单体活性和结构的关系，从而控制共聚物组成和结构，预测合成新型聚合物的可能性，进一步完善了高分子化学理论体系。表 4-3 中列出了典型共聚物改性的例子。

表 4-3 典型共聚物及其性能

主单体	第二单体	改进的性能和主要性能
乙烯	乙酸乙烯酯	增加柔性，软塑料，可作聚氯乙烯共混料
乙烯	丙烯	破坏结晶性，增加柔性和弹性，乙丙橡胶
异丁烯	异戊二烯	引入双键供交联用，丁基橡胶
丁二烯	苯乙烯	增加强度，耐磨耗，通用丁苯橡胶
丁二烯	丙烯腈	增加耐油性，丁腈橡胶
苯乙烯	丙烯腈	提高抗冲强度，增韧塑料
氯乙烯	乙酸乙烯酯	增加塑性和溶解性能，塑料和涂料
四氟乙烯	全氟丙烯	破坏结构规整性，增加柔性，特种橡胶
甲基丙烯酸甲酯	苯乙烯	改善流动性和加工性能，模塑料
丙烯腈	丙烯酸甲酯衣康酸	改善柔软性和染色性能，合成纤维

任务二 聚乙烯生产工艺

【任务介绍】

依据聚乙烯生产原理特征，分析生产聚乙烯需要哪些原料，各自的作用及规格，能依据生产原理绘制工艺流程框图。

一、聚乙烯生产工艺方法

按照聚乙烯生产压力高低可以分为高压法聚乙烯、中压法聚乙烯和低压法聚乙烯三种方法。聚乙烯的三种生产方法虽然各有长短，但至今仍然并存。按照密度不同分为低密度聚乙烯（LDPE）、高密度聚乙烯（HDPE）和线型低密度聚乙烯（LLDPE）。LDPE 是用高压管式法和釜式法生产的，LLDPE 和 HDPE 可用气相法、溶液法和浆液环管法工艺生产，而采用齐格勒催化剂的釜式淤浆法只适合生产 HDPE 树脂。

1. 低密度聚乙烯（LDPE）

低密度聚乙烯是用高压工艺生产的，反应器压力为110～350MPa，温度为130～350℃，聚合时间非常短，一般为15s到2min之间。乙烯聚合的反应热非常高，大约为3.35kJ/g（94.1kJ/mol）。与之相比，苯乙烯的聚合热只有0.657kJ/g（68.6kJ/mol）。如果聚合反应产生的热量不被移出，每1%的乙烯转变为聚合物，温升就可达12～13℃。如果反应混合物温度超过350℃，乙烯就会发生爆炸分解。由于反应器壁传热面积小，又比较厚，因而只有一小部分反应热可以通过反应器壁移出。实际上，撤热主要是通过循环过量的冷单体实现的，反应系统基本上在绝热条件下操作。

高压聚合反应器有两种类型：一种是长/径比为4：1～18：1的带搅拌器的高压釜式反应器，容量可达$3m^3$，另一种是长/径比大于12000：1的管式反应器，其内径为2.5～8.2cm，长0.5～2km，除聚合反应器外，釜式法和管式法的工艺步骤相似。釜式法生产的LDPE长支链支化程度较高，由于长支链影响聚合物的相对分子质量分布和改善流变性能（如溶液黏度、黏弹性能），因此长支链支化程度高使得树脂易于加工，常用作挤压涂层和高强度的工业用重包装膜。管式法生产的树脂则有更多的短链支化，光学性能好，适宜作透明的包装薄膜。

2. 线型低密度聚乙烯（LLDPE）和高密度聚乙烯（HDPE）

LLDPE和HDPE都具有线型结构，两种聚乙烯都可以用气相法和溶液法生产，有些装置可以交替生产HDPE和LLDPE，这类装置国外称为可转换型装置，国内称为全密度聚乙烯装置。更多的HDPE树脂是用淤浆法装置生产的。由于低密度的树脂容易溶解在浆液中，因此淤浆法一般不适宜生产LLDPE。

（1）气相工艺

在气相工艺中，乙烯气体在流化床反应（如Unipol工艺和BP工艺）或搅拌床反应器（如巴塞尔工艺）中直接聚合生成固体聚合物。

（2）淤浆法工艺

在淤浆法工艺中，乙烯聚合形成悬浮在烃类稀释剂中的聚合物粒子。淤浆法工艺有4种反应器类型，即搅拌床反应器、两段反应的搅拌床工艺、用异丁烷稀释剂的连续流动的环管反应器及用更重的稀释剂的连续流动的环管反应器。

（3）溶液法工艺

在溶液法工艺中，乙烯在溶剂中聚合，聚合物溶解在反应溶剂（一般为环己烷或脂肪烃）中。溶液法工艺有3种反应器类型，即中压（10.3MPa）反应器、低压（2.76MPa）冷却型反应器和低压绝热反应器。

二、聚乙烯生产聚合反应设备

与聚丙烯工艺相似，不同的聚乙烯工艺，采用的聚合反应器类型也不同。常用的釜式反应器和气相流化床反应器与聚丙烯工艺中原理相同，这里不再赘述，只介绍环管式反应器。

环管式反应器，如图4-4所示，也称循环反应器。聚合反应是在溶剂的浆液中进行的，单体在溶剂中溶解，催化剂和其他反应单体以液相进入反应器。在溶剂中单体与催化剂接触，发生聚合反应生成聚合物粉末。反应放出大量的热量，这些热量通过溶剂传给反应器夹套层的冷却水。

环管反应器是基于淤浆环管原理，在聚丙烯生产中也有所应用。这种反应器由两个垂直管段和两个弧形管段构成椭圆形封闭回路，管段之间用法兰连接。直径较小，但比较长，管子末端彼此相连，形成一个较长的环管，通过轴流泵连续循环，轴流泵作为反应器的一部分别安装在反应器的弯曲处，用来搅动反应器，是流体流动的推动器，反应器的温度由夹套里的循环水控制。

环管反应器传热系数大；单位体积传热面积大，单位体积产率高，单程转化率高，流速快，可使聚合物浆液搅拌均匀、催化剂体系均匀、聚合质量分布均一，而且不容易发生黏壁；环管反应器适合放热化学反应，反应条件容易控制；产品转换快，反应器内物料较短；结构简单、材质要求低，可用低温碳钢。

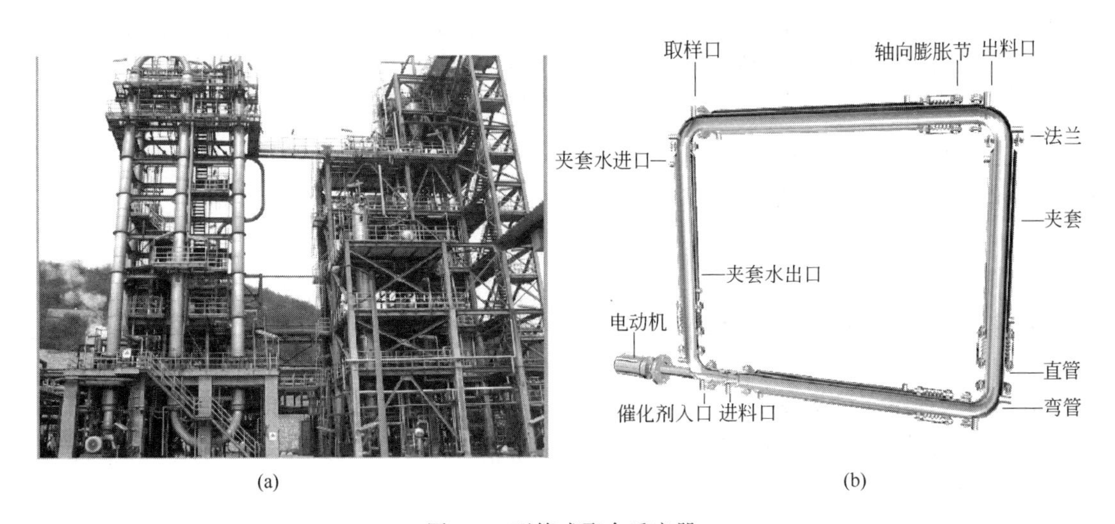

(a) (b)

图 4-4 环管式聚合反应器

三、聚乙烯生产工艺路线特点

1. 流化床反应器工艺

乙烯在气态下聚合，一般采用流化床反应器。催化剂有铬系和钛系两种，由贮罐定量加入到床层内，用高速乙烯循环以维持床层流态化，并排除聚合反应热。生成的聚乙烯从反应器底部出料。美国联合碳化物公司（UCC）聚乙烯装置采用的 Unipol 专利技术，具有以下几个特点。

（1）工艺流程短，投资少，生产安全

聚乙烯装置，大多数设备为常规设备，是用碳钢制造的，一次性投资小。操作条件缓和（反应温度 80～115℃，反应压力为 2.4MPaG），由于聚合部分没有预聚合，不使用溶剂、不脱灰、不除低聚物，使流程缩短。在安全方面比溶剂法和淤浆法更令人放心。

（2）工艺成熟、技术先进

UCC 聚乙烯工艺仅使用一个流化床反应器就可以生产出上百种产品，这些产品密度范围宽，熔融指数范围宽，应用领域广。工艺生产历史悠久，工业化程度高，生产经验丰富。该工艺生产灵活性大，用三类催化剂（M、S 和 F）可以生产各种密度、熔融指数和相对分子质量分布的产品，操作弹性为 50%～115%标准设计能力范围内操作。

（3）反应温度控制要求高

该工艺对原料纯度要求严格，反应温度控制范围小，反应器容易结块，操作难度大，这就要求操作人员素质高，技术过硬，应变能力强。

（4）自动化控制水平先进

聚乙烯装置采用先进的计算机控制系统，可以精确控制树脂质量、调整产率、自动进行产品牌号切换及指导计算等。

2. 环管式反应器工艺

（1）溶剂的选择

实现溶液聚合的最关键因素是溶剂的选择，这直接影响聚合速率、产物相对分子质量、产物结构、聚合反应、溶剂回收及经济成本等。低压淤浆法生产高密度聚乙烯采用有机溶剂异丁烷作为实施聚合反应的溶剂。

（2）催化剂的使用

高密度聚乙烯装置可以通过采用两种催化剂来改变产品的牌号，即铬催化剂和齐格勒-纳塔催化剂。采用铬催化剂需要活化、干燥及精制，同时需要在氮气的保护下使用。

（3）反应器形式

采用立式环管反应器，设备较少、投资成本低、细粉少、颗粒形态好，原料要求高。

（4）聚合反应温度控制

反应过程中放出的热量利用夹套冷却水系统带走。

（5）环管式反应器工艺路线

原料以气相形式进入环管反应器，在一定反应条件及催化剂的作用下，进行自由基聚合反应生成聚乙烯，以轴流泵为环管反应器中淤浆循环的推动力。浆料中的溶剂异丁烷通过固体提浓及溶剂回收工序循环回反应器，通过粉料脱气工序将粉料中的微量溶剂脱除，干燥的粉料利用气体输送方式输送至造粒单元。

四、合成树脂的后处理过程

与聚丙烯相似，经聚合后得到聚乙烯树脂是粉末状高聚物，含有一定的水分和未脱除的少量溶剂，必须经过干燥脱除，才能得到干燥的合成树脂。

任务三　聚乙烯生产主要岗位任务

【任务介绍】

依据聚乙烯生产工艺过程，能正确分析影响乙烯聚合的主要因素，进而理解并掌握主要岗位的工作任务及操作要点。

【相关知识】

以环管法为例，聚乙烯的主要生产岗位有原料供应、原料精制、催化剂活化、催化剂给料、聚合反应、粉料脱气与输送、溶剂回收、挤出造粒、粒料输送以及公用工程及辅助设施等。

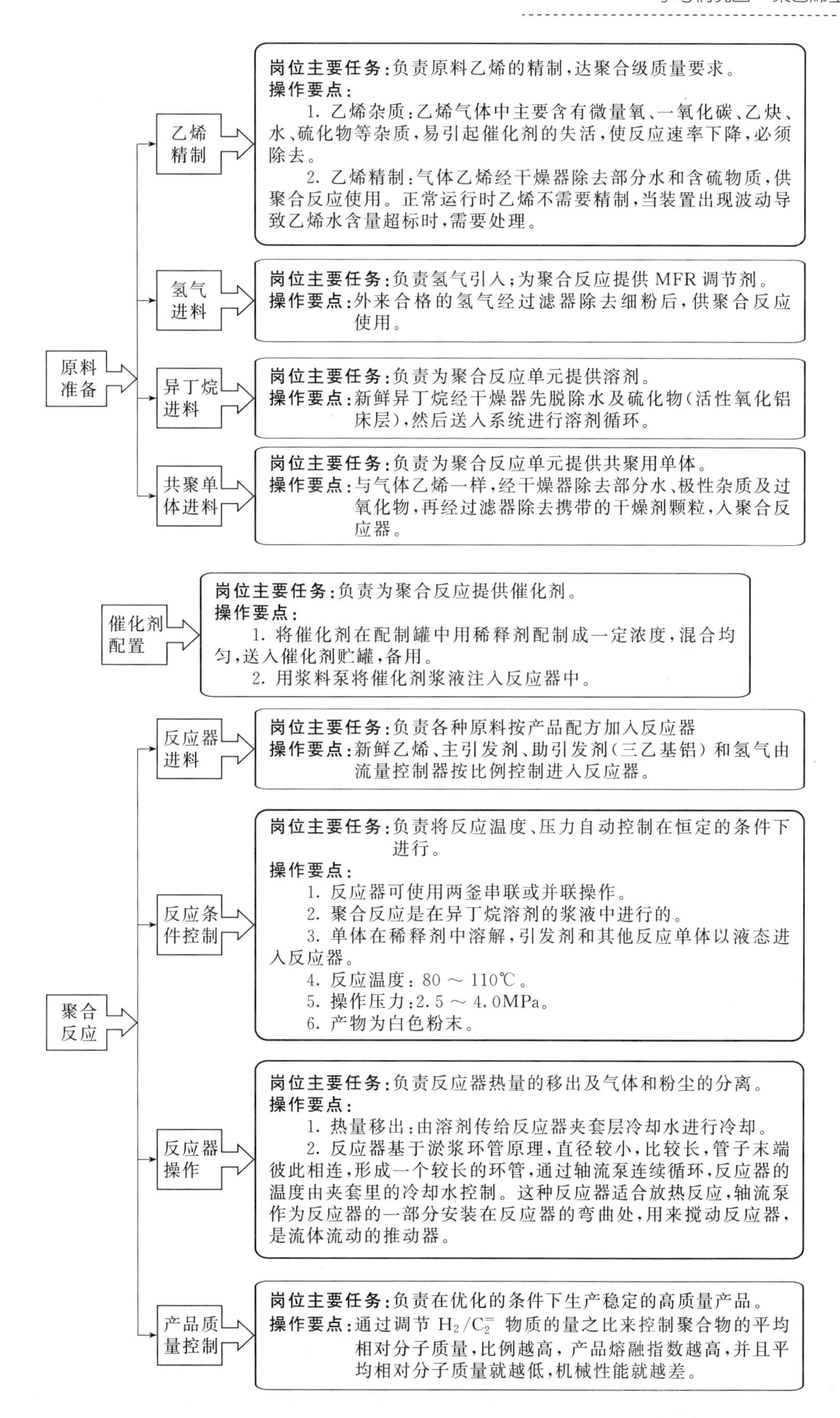
原料准备
乙烯精制
岗位主要任务：负责原料乙烯的精制，达聚合级质量要求。
操作要点：
1. 乙烯杂质：乙烯气体中主要含有微量氧、一氧化碳、乙炔、水、硫化物等杂质，易引起催化剂的失活，使反应速率下降，必须除去。
2. 乙烯精制：气体乙烯经干燥器除去部分水和含硫物质，供聚合反应使用。正常运行时乙烯不需要精制，当装置出现波动导致乙烯水含量超标时，需要处理。
氢气进料
岗位主要任务：负责氢气引入；为聚合反应提供MFR调节剂。
操作要点：外来合格的氢气经过滤器除去细粉后，供聚合反应使用。
异丁烷进料
岗位主要任务：负责为聚合反应单元提供溶剂。
操作要点：新鲜异丁烷经干燥器先脱除水及硫化物（活性氧化铝床层），然后送入系统进行溶剂循环。
共聚单体进料
岗位主要任务：负责为聚合反应单元提供共聚用单体。
操作要点：与气体乙烯一样，经干燥器除去部分水、极性杂质及过氧化物，再经过滤器除去携带的干燥剂颗粒，入聚合反应器。
催化剂配置
岗位主要任务：负责为聚合反应提供催化剂。
操作要点：
1. 将催化剂在配制罐中用稀释剂配制成一定浓度，混合均匀，送入催化剂贮罐，备用。
2. 用浆料泵将催化剂浆液注入反应器中。
聚合反应
反应器进料
岗位主要任务：负责各种原料按产品配方加入反应器
操作要点：新鲜乙烯、主引发剂、助引发剂（三乙基铝）和氢气由流量控制器按比例控制进入反应器。
反应条件控制
岗位主要任务：负责将反应温度、压力自动控制在恒定的条件下进行。
操作要点：
1. 反应器可使用两釜串联或并联操作。
2. 聚合反应是在异丁烷溶剂的浆液中进行的。
3. 单体在稀释剂中溶解，引发剂和其他反应单体以液态进入反应器。
4. 反应温度：80～110℃。
5. 操作压力：2.5～4.0MPa。
6. 产物为白色粉末。
反应器操作
岗位主要任务：负责反应器热量的移出及气体和粉尘的分离。
操作要点：
1. 热量移出：由溶剂传给反应器夹套层冷却水进行冷却。
2. 反应器基于淤浆环管原理，直径较小，比较长，管子末端彼此相连，形成一个较长的环管，通过轴流泵连续循环，反应器的温度由夹套里的冷却水控制。这种反应器适合放热反应，轴流泵作为反应器的一部分安装在反应器的弯曲处，用来搅动反应器，是流体流动的推动器。
产品质量控制
岗位主要任务：负责在优化的条件下生产稳定的高质量产品。
操作要点：通过调节 $H_2/C_2^=$ 物质的量之比来控制聚合物的平均相对分子质量，比例越高，产品熔融指数越高，并且平均相对分子质量就越低，机械性能就越差。

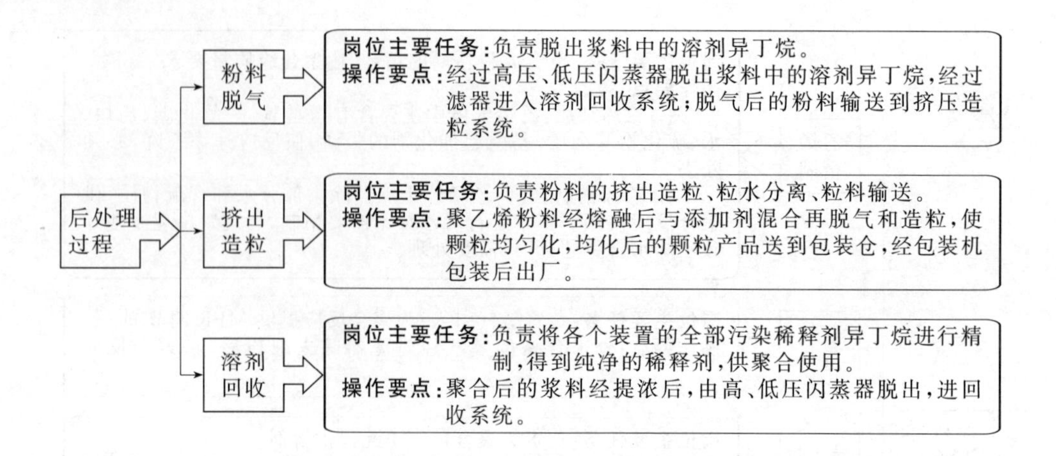

任务四　聚乙烯装置生产工艺流程

依据聚乙烯生产岗位的主要工作任务，识读聚乙烯装置的生产工艺流程图，能准确描述物料走向，能描述聚乙烯生产工艺流程。

【相关知识】

一、气相流化床聚乙烯生产工艺流程

气相流化床聚乙烯装置生产流程图，如图 4-5 所示。

低压气相流化采用的 UCC 生产聚乙烯专利技术为美国联合碳化物公司（UCC）技术，只有一个气相流化床反应器，使用 Cr 系和 Ti 系三种类型的催化剂（M、F、S），可以生产乙烯均聚产品、乙烯/丁烯共聚产品和乙烯/己烯共聚产品，覆盖高、中、低全密度聚乙烯产品。

气相流化床聚乙烯工艺反应压力为 2.4MPaG，反应温度为 80～115℃，单程转化率为 2%～3%。可以生产密度为 0.917～0.963g/cm^3、熔融指数为 0.1～125g/10min 的多种牌号的均聚、共聚产品。

生产工艺过程由原料供给和净化、乙烯净化、反应系统、树脂脱气、造粒系统、包装系统六个工序组成。

1. 原料供给和净化

① 共聚单体　来自界区外或丁烯-1 的共聚单体，温度为 30℃，压力为 520kPaG，进入脱气塔进料泵增压到 2860kPaG，然后送到干燥器脱除水分，最后送到反应系统，经脱除处理后，各杂质含量分别为 $CO<0.1\times10^{-6}$、$O_2<0.1\times10^{-6}$、$H_2O<0.1\times10^{-6}$。

② 氮气　从界区外输送到装置的 N_2 压力为 0.6～0.8MPaG，温度为环境温度，分为两部分，一部分直接送到各单元，主要用于反吹、氮封、置换、压料等。另一部分用于工艺过程，经预热器进入脱氧器脱除微量氧，再进入干燥器脱水到 0.1×10^{-6} 以下。

③ 氢气　从界区来的氢气，压力为 5000kPaG，经过氢气脱氧预热器，进入氢气脱氧器脱除氧，再经过干燥器干燥后送到反应系统。

④ 助催化剂烷基铝（T2） 外购的罐装 T2 进入进料罐缓冲后，T2 由双隔膜计量泵加压到 3140kPaG 后送入反应系统作为辅助催化剂使用，T2 系统所有的排放气体都进入密封罐，罐中装有适量的白矿物油溶解 T2，当 T2 在矿物油中浓度达到 5%时，则必须排放到废液处理罐，然后送到焚烧场处理。

2. 乙烯净化

① 脱乙炔 来自界区的乙烯经加热器加热，稳定温度在 30℃，进入脱乙炔反应器，与 H_2混合，除去乙炔。

② 脱 CO 离开脱乙炔床的乙烯加热到 100℃，进入脱 CO 反应器除去 CO。

③ 脱 O_2 从脱 CO 反应器出来的乙烯，直接进入脱氧反应器除去微量氧，使用还原态金属铜催化剂，操作温度为 100℃。

④ 脱 H_2O 脱除微量氧后的乙烯降低温度到 40℃，进入乙烯干燥器，用 13X 分子筛将乙烯中的水、甲醇、羰基物等杂质脱除到 0.1×10^{-6}（体积）以下后送到反应系统。

3. 反应系统

净化的乙烯、氮气、氢气从循环气压缩机上游加入反应循环系统。精制后的和回收的共聚单体从循环气压缩机的下游加入反应循环系统。反应温度为 80～115℃，反应压力约为 2.4MPaG，反应所使用的催化剂是由催化剂加料器连续定量地用高压氮气加到反应器。

反应循环系统由反应器、循环气冷却器和循环气压缩机组成，乙烯均聚或乙烯与共聚单体的共聚反应在流化床反应器中进行。聚合反应都是放热反应，反应热靠未反应的反应气体带出反应器，并在循环冷却器中除去。未反应的反应气夹带的树脂颗粒在反应器顶部扩大段分离，从反应器顶部流出的反应循环气与新鲜的乙烯、H_2、N_2混合后一起进入循环气压缩机。循环气及新加入的共聚单体、T2 混合后从反应器底部进入反应，构成反应循环。循环气在循环冷却器走管程，用冷却水冷却。

4. 树脂脱气

原料树脂和反应气体间歇、周期地从反应器排到产品罐，树脂和气体在产品罐中分离，气体返回到反应器上部，树脂靠重力流进产品吹出罐，再由高压输送气以密相形式输送到产品净化仓（脱气仓），净化仓是立式固定床，为上、下两部分，上段主要用于除掉树脂中所含有的烃，下段用于水解树脂中残余的烷基铝。

离开脱气仓的树脂通过一个具有机械切块和加料功能的旋转加料器后，落入颗粒振动筛，除去大尺寸树脂和块料之后，树脂靠重力作用，进入造粒系统。

5. 造粒系统

聚乙烯树脂经过计量进入混炼机进行混炼和熔融，合格并混炼好的物料被送入熔融泵，被增压后的物料得到了更好的塑化后，通过过滤网再送到切粒机造粒。切粒机为水下切粒。切粒水系统为一个闭路循环系统，可以控制水温，同时也能靠水箱的溢流除去水中树脂细粉。模头出来的熔融树脂遇水凝固并被切成粒状。颗粒树脂和水一起送到除块器和旋式颗粒干燥器中除去大尺寸的树脂并分出水，干燥后的树脂送到分级筛分筛，除去不合格颗粒，合格的粒料送到产品料斗输送到掺混仓或过渡仓进行处理。合格产品送入产品料仓。

6. 包装系统

颗料产品的包装码垛系统为全自动形式，采用两条包装线，每条线分别由包装机、计量称、重量检测器、金属检测器、自动码垛机等组成。去包装线包装，码垛然后贮存或出厂。

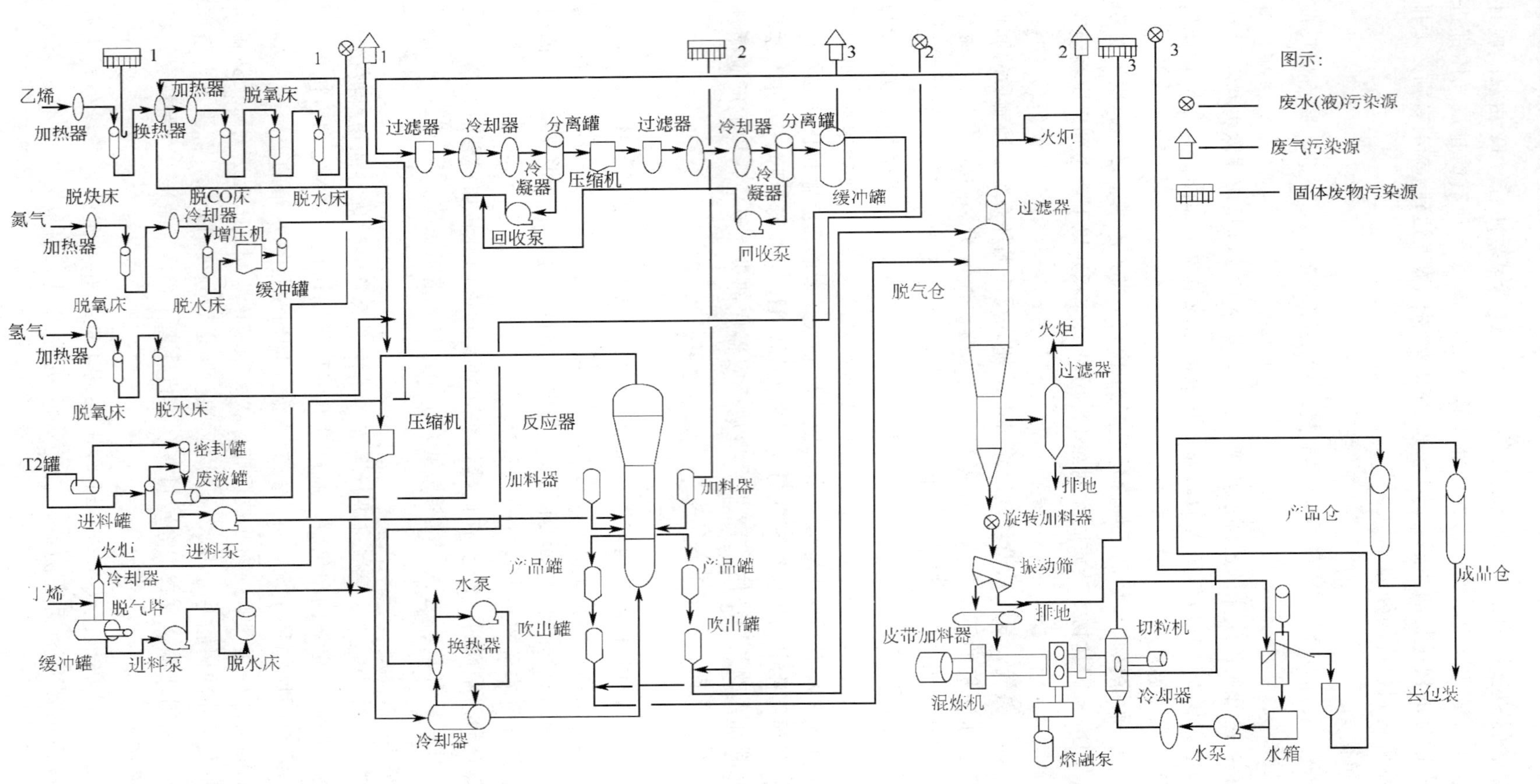

图 4-5 气相流化床聚乙烯装置生产流程图

二、环管式高密度聚乙烯装置生产工艺流程

环管式高密度聚乙烯装置生产流程图，如图 4-6 所示。

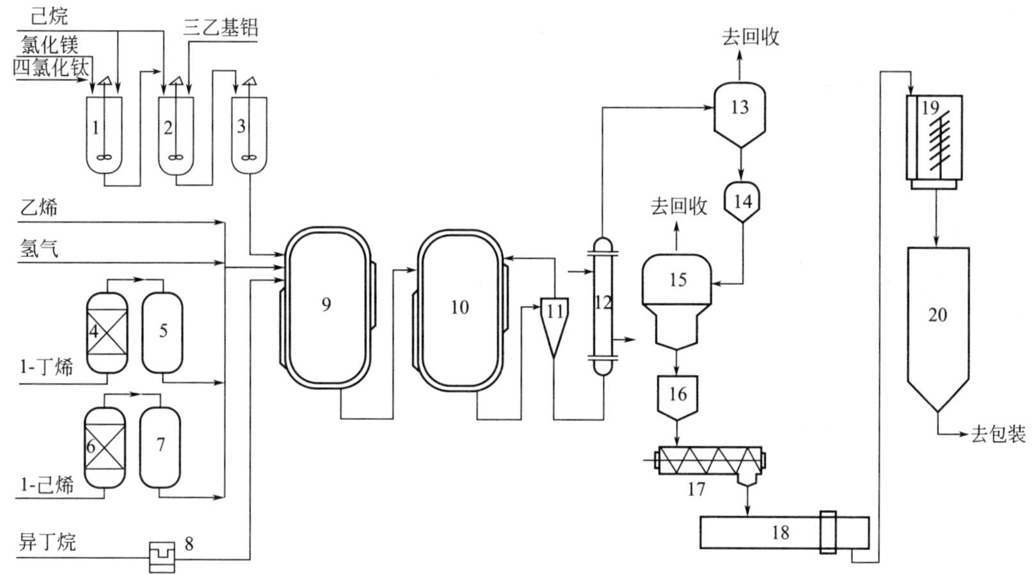

图 4-6　高密度聚乙烯装置生产工艺流程图

1～3—催化剂贮罐；4，6—干燥器；5，7—缓冲罐；8—过滤器；9，10—环管式反应器；11—旋液分离器；12—热交换器；13—高压闪蒸器；14—缓冲罐；15—低压闪蒸器；16—粉料仓；17—挤出机；18—颗粒水箱；19—干燥器；20—掺混仓

乙烯经过乙烯干燥器，脱除乙烯中的水及极性杂质，送往环管反应器，供聚合反应使用。合格的氢气送往环管反应器，供聚合反应使用。异丁烷经过异丁烷处理器，脱除水及极性杂质，经过过滤器除去携带的干燥剂颗粒后，往缓冲罐，送往环管反应器，供聚合反应使用。1-丁烯通过丁烯处理器，脱除水及极性杂质，经过滤器去除可能携带的干燥剂颗粒，送往缓冲罐，再由进料泵增压后注入环管反应器。1-己烯通过己烯处理器，脱除水及极性杂质，经过滤器除去可能携带的干燥剂颗粒，送往缓冲罐，再由进料泵增压后注入环管反应器。

齐格勒催化剂经催化剂配制罐后，输送到催化剂贮罐，用异丁烷稀释配置成一定浓度的催化剂，由催化剂加料泵注入反应器。

精制后的乙烯、共聚单体丁烯、己烯以及催化剂以液相形式进入环管反应器异丁烷溶剂中，在 80～110℃、2.8～4.0MPa 下生成聚乙烯粉末。浆料通过第二反应器出料线进入旋液分离器，将浆料提浓，提浓后的溶剂在顶部经循环回反应器，提浓后的浆料通过底部的出口阀进入淤浆加热器，加热成过热粉料，送往高压闪蒸器进行脱气。

脱气后的粉料经高压闪蒸缓冲罐，进入低压闪蒸罐进一步脱气，气体在顶部经过顶部过滤器进入溶剂回收系统。粉料进一步脱气，脱气后的粉料在底部，输送到挤压造粒系统。气体在顶部经过顶部过滤器进入溶剂回收系统。

在造粒区内聚合物粉料中加入必要的添加剂同时被熔化、均化，形成便于处理和运输的合适粒料。聚合来的粉料由下旋转阀直接进入粉料仓，通过仓下的旋转阀输送粉料。粉料在进料螺杆中与添加剂混合。从挤出机进料螺杆的聚合物粉料和添加剂经过挤出机进料料斗进入挤出机熔化、挤压和造粒。经水冷却、定型，离心干燥、筛分，粒料离开挤出系统后，经风机风送至均化料仓均化，再经风机送至成品仓包装。用于粒料输送系统的风机也可用于粒料的掺混和均化。

任务五　主要岗位的开、停车操作及事故处理

【任务介绍】

通过学习主要生产岗位相关单元设备的调节参数及调节方法，能正确分析岗位操作原则。

【相关知识】

一、高密度聚乙烯生产装置主要岗位生产操作

序号	训练项目	操作内容
1	催化剂单元	1. 作用:完成催化剂的配制及活化,提供给聚合单元。 2. 开车操作:用压缩空气吹扫,氮气置换;打开阀门,确定系统正常运行;保持液位,启动搅拌。 3. 正常操作:维持温度、时间及搅拌。 4. 停车操作:催化剂活化系统停车。 5. 系统连锁
2	聚合单元	1. 作用:完成低压高密度聚乙烯的聚合反应,得聚合物浆料。 2. 开车操作:确认仪表联锁、设备和安全设施处于正常状态;检查反应器轴流泵密封、冷却水系统等。反应器试漏、置换;充装溶剂;升温、升压;注入单体及催化剂。 3. 正常操作:维持轴流泵、淤浆泵、循环水泵、催化剂进料泵等的正常操作与切换;冷换设备的投用与切换。 4. 停车操作:停催化剂注入;停共聚单体进料;注入 CO;停单体进料;倒空反应器并置换;停粉料脱气;停溶剂回收。 5. 系统连锁
3	造粒单元	1. 作用:完成聚乙烯颗粒的挤出及输送,得到合格产品。 2. 开车操作:确认系统置换、气密试验完成;检查循环冷却水、精制水;投用粉粒输送系统。 3. 正常操作:配制不同牌号所用添加剂;完成粒料掺混。 4. 停车操作:自动停车;停止进料;停止主动机;停止切粒机。 5. 系统连锁

二、气相流化床聚乙烯生产装置主要岗位工艺操作

序号	训练项目	操作内容
1	前期准备工作	1. 检查循环系统,确保整个系统回路畅通。 2. 用氮气给反应器升压。稳压对系统做气密检查,检查完毕通过消音器将系统泄压至 0kPaG
2	种子床装填	1. 吹扫:启动氮气线吹扫种子床输送线(此时注意,放风口不要有人)。吹扫结束后停氮气,将种子床输送管线与反应器相连接。 2. 启动旋转加料器和种子床输送风机向反应器输送足够的种子床树脂(测量静床高度应为 9.5m 左右)。通过顶部人孔测量床高。输送完毕停止输送风机,拆除种子床管线。 3. 种子床脱氧、脱水、钝化操作
3	原料进入,组分调整,建立反应	1. 打开 $C_2^=$、$C_4^=$、H_2、T2 加料管线截止阀门。 2. 组分调整,在反应器压力升到 0.7MPaG 时首先往反应器以最大量注入 H_2,20～30min 后打通共聚单体流程,以最大量(2200～2300kg/h)注入反应器,15min 后加入乙烯,适当调整乙烯的流量。 3. 反应器总压达到 1.3MPaG 时,插入催化剂注入管,建立携带段 N_2 流量。1.6MPaG 时开始向反应器注入 T2,当反应器压力达到 1.8～2.0MPaG 时,开始以 100rpm 的转速单根管注入催化剂,并且适当地调整加料量,建议投催化剂的时间不要太晚,避免反应器压力超高,不得不放空卸压
4	控制反应	1. 一旦反应启动后,所有床层内的乙烯反吹调整正常。 2. 在等待反应发生时,乙烯分压在不断上升,有可能要通过放空维持反应器压力 2.35MPaG;当反应开始时,会消耗乙烯,要增加乙烯流量维持乙烯分压。 3. 如果反应器在 1h 之内没发生反应,应开始适当放空,以排掉反应器中催化剂毒物。2h 之后仍没有发生反应,则停止催化剂及 T2 的注入,系统放空,置换重新调组分。 4. 反应后,维持乙烯分压、$H_2/C_2^=$ 及 $C_4^=/C_2^=$ 的比率,同时通过适当调节,保持反应器温度、压力稳定。 5. 反应各条件达到之后,且反应平衡,则逐步提高产率,每次提高催化剂加料转速 5rpm/min,直到16～18t/h

续表

序号	训练项目	操作内容
5	造料启动	当产品净化仓料位达到30%时,造料系统开车
6	停车操作	1. 停止催化剂加料,并抽出注入管。(停催化剂前1~2h,停T2保持反应条件,直至反应完全终止。) 2. 停排放气回收系统。 3. 当产率降至3t/h时,向反应器内注入终止剂CO。(1~2次小型终止。) 4. 关闭原料进料管线上的手阀。 5. 降低注射套管的反吹量。 6. 反应器泄压到0.6MPaG,停压缩机K-4003;卸压至0.3MPaG,停润滑、密封油系统。 7. 用 N_2 置换可燃气体至合格(体积分数<0.1%)。 8. 床层冷却到常温。 9. 反应器卸压到常压,确保系统内无异常

【自我评价】

一、名词解释

共聚合反应

二、填空题

1. 二元共聚合按照结构单元在大分子链中的排列方式不同，可把共聚物分为（　　）、（　　）、（　　）和（　　）四种类型。

2. 聚乙烯的生产工艺按照压力可分为（　　）、（　　）和（　　）三种。

3. 高压法生产聚乙烯遵循的聚合机理是（　　），引发剂为（　　），产品为（　　）。

4. 低压法生产聚乙烯遵循的聚合机理是（　　），催化剂为（　　），产品为（　　）。

5. 淤浆法生产聚乙烯所用的原料主要有（　　）和（　　），采用（　　）作溶剂，可采用（　　）和（　　）作为共聚单体。

6. 聚乙烯产品牌号中主要表明的是（　　）、（　　）和（　　）等性能参数与应用。

7. 淤浆法生产聚乙烯所用的反应器是（　　），采用（　　）系统移出反应热。

8. 环管反应器用（　　）来搅动反应器，安装在反应器的（　　）处，是流体流动的（　　）。

三、选择题

1. 高密度聚乙烯生产常用的聚合设备是（　　）。

A. 管式　　B. 塔式　　C. 釜式　　D. 夹套式

2. 乙烯聚合所用的分子量调节剂是（　　）。

A. 氧气　　B. 水气　　C. 氢气　　D. 氮气

3. 高密度聚乙烯的聚合遵循的聚合机理是（　　）。

A. 阳离子　　B. 阴离子　　C. 自由基　　D. 配位

4. 淤浆法生产高密度聚乙烯采用的溶剂是（　　）。

A. 苯　　B. 异丁烷　　C. 甲苯　　D. 正己烷

5. 环管反应器中，以（　　）为淤浆循环的推动力。

A. 离心泵　　B. 往复泵　　C. 框式搅拌器　　D. 轴流泵

6. 乙烯高压聚合遵循的聚合机理是（　　）。

A. 阳离子聚合　　B. 阴离子聚合　　C. 自由基聚合　　D. 配位聚合

7. 乙烯高压聚合采用的催化剂是（　　）。

A. 偶氮类　B. 有机过氧化物　C. 无机过氧化物　D. 氧化-还原体系

8. 高密度聚乙烯的主要性能是（　）。

A. 质量轻　B. 弹性好　C. 强度高　D. 透气性好

9. 高密度聚乙烯的生产时原料以（　）形式进入环管反应器。

A. 固相　B. 液相　C. 气相　D. 气液混合

10. 高密度聚乙烯的生产采用的是（　）。

A. 高压法　B. 低压法　C. 中压法　D. 以上三种均可

四、简答题

1. 聚合时，原料乙烯为什么必须精制？主要杂质有哪些？

2. 淤浆法生产聚乙烯采用的反应器类型及特点是什么？

3. 聚乙烯生产工艺中氢气的作用是什么？

学习情境五

聚苯乙烯生产

知识目标：

掌握苯乙烯聚合的反应原理；掌握苯乙烯聚合引发剂的选择原则；掌握生产聚苯乙烯的主要原料及作用；掌握聚苯乙烯装置的生产工艺流程及生产特点；掌握聚苯乙烯生产主要岗位设置及各岗位的工作任务。

能力目标：

能正确分析聚苯乙烯生产岗位的工作任务；能识读聚苯乙烯生产工艺流程图。

聚苯乙烯（Polystyrene，缩写 PS）是由苯乙烯单体经自由基聚合而获得的高聚物，由于它具有较好的刚性、透明性、耐水性及耐腐蚀性、优异的电绝缘性，且价格低廉，易成型加工，广泛应用于各个领域中。聚苯乙烯生产原料及产品见图 5-1。

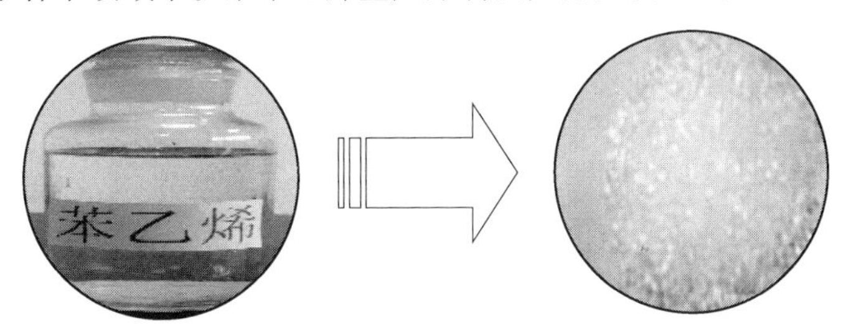

主要原料:液态苯乙烯　　　　产品:聚苯乙烯树脂

图 5-1　聚苯乙烯原料及产品示意图

一、聚苯乙烯制品展示

以聚苯乙烯树脂为原料，加入各种添加剂，按产品用途不同采用相应的成型加工方法，可以得到各种用途的聚苯乙烯塑料制品。聚苯乙烯制品见图 5-2。

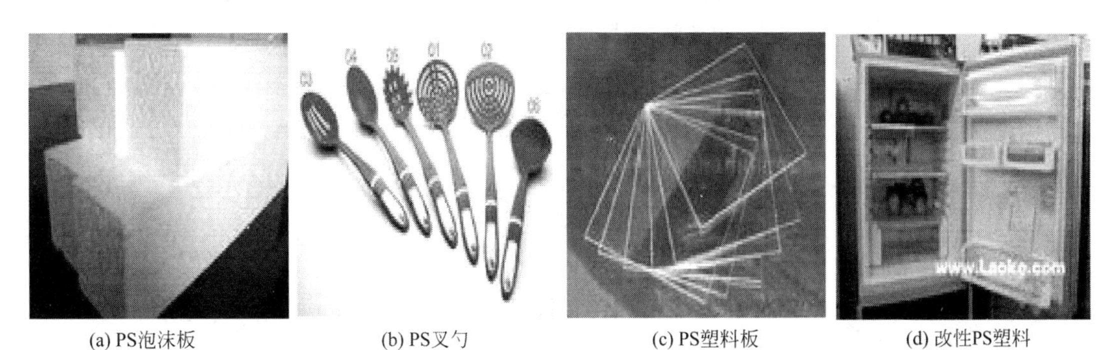

(a) PS泡沫板　　(b) PS叉勺　　(c) PS塑料板　　(d) 改性PS塑料

图 5-2　聚苯乙烯产品展示

二、聚苯乙烯的性能指标及用途

1. 聚苯乙烯产品性能

聚苯乙烯是苯乙烯系树脂的主要品种之一，属通用型聚苯乙烯（PS、GPPS）。其系列品种还有发泡聚苯乙烯（EPS）、高抗冲性聚苯乙烯（HIPS）、丙烯腈-丁二烯-苯乙烯共聚物（ABS）及聚苯乙烯型离子交换树脂等。通用型聚苯乙烯是质地坚硬、性脆、透明的热塑性塑料，具有良好光泽，无毒、无臭，易着色，具有一定的机械强度和使用温度、优良的电性能，且能用注射、挤出等多种方法进行成型加工。但不耐冲击，性脆易裂。

2. 聚苯乙烯产品质量指标

某企业聚苯乙烯产品主要质量指标见表 5-1。

表 5-1 聚苯乙烯产品主要质量指标

分析项目		指标		
		优级品	一级品	合格品
颗粒外观(活染粒子)/(个/kg)	≤	7	15	
软化点(维卡)/℃	≥	85		
熔体流动速率/g/10min		2.7～3.8		2.5～4.0
抗伸屈服应力/MPa	≥	18	16	14
断裂伸长率/%	≥	42		
悬臂梁冲击强度/J/m		60	55	
洛氏硬度(R 标尺)		90		
残留苯乙烯单体/(mg/kg)	≤	850		

3. 聚苯乙烯的用途

通用型聚苯乙烯具有透明、价廉、刚性、绝缘和卫生性好等优点，故在家用电器、电子电气工业和通用器材工业等领域具有广泛用途。

高抗冲聚苯乙烯拓宽了通用型聚苯乙烯的应用范围，用在很多领域中。聚苯乙烯树脂的主要用途见表 5-2。

表 5-2 聚苯乙烯树脂的主要用途

聚苯乙烯品种	应用实例
通用型(PS、GPPS)	通用型聚苯乙烯可用于制造一次性包装品、仪表外壳、灯罩、仪器零件、透明模型、电讯零件、高频绝缘衬垫、嵌件、支架以及冷冻绝热材料等。此外还可制作日用品，如纽扣、梳子、牙刷以及玩具等
发泡型(EPS)	可发性聚苯乙烯是在普通聚苯乙烯中浸渍低沸点的物理发泡剂制成，加工过程中受热发泡，专门用来制作泡沫塑料制品
高抗冲型(HIPS)	高抗冲聚苯乙烯是在聚苯乙烯中添加聚丁基橡胶颗粒而制得的一种产品，提高了聚苯乙烯的抗冲击强度。广泛用作包装材料，如家用电器、仪表、汽车零件以及医疗设备的包装
共聚物(ABS)	ABS 树脂是丙烯腈-丁二烯-苯乙烯三元共聚物，具有优良的耐冲击韧性和综合性能，是重要的工程塑料之一。广泛用于制作电话机、洗衣机、复印机和厨房用品等壳体材料，齿轮、轴承、管材、管件等机械配件，方向盘、仪表盘、挡泥板等汽车配件
聚苯乙烯离子交换树脂	离子交换树脂是分子中含有活性功能基而能与其他物质进行离子交换的树脂，主要用于纯水制备、药物提纯、稀有金属和贵重金属的提纯等

任务一 聚苯乙烯生产原理

依据单体苯乙烯的结构特征，从理论上分析判断合成聚苯乙烯所遵循的聚合机理，生产

上如何选择合适的引发方式，可采用什么方法控制聚合反应速率及产物的相对分子质量。

【相关知识】

苯乙烯的均聚及共聚合反应，可按自由基聚合反应机理进行。聚合反应式如下：

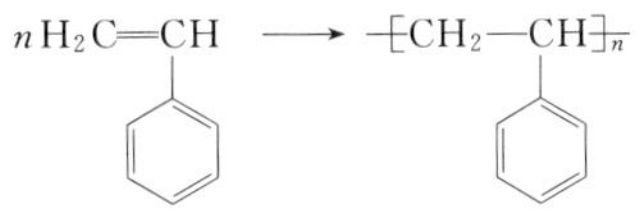

$$nH_2C{=}CH(C_6H_5) \longrightarrow {+}CH_2{-}CH(C_6H_5){+}_n$$

一、单体的性质及来源

苯乙烯是一种无色、透明、具有芳香气味的液体，易燃烧爆炸，化学性质活泼，易发生氧化、加成、聚合等反应，是高分子合成的重要原料，可制成许多品种的合成树脂与合成橡胶。

工业上，苯乙烯可由苯与乙烯发生烷基化（烃化）反应生成乙苯，乙苯再在高温下催化脱氢制得高纯度的苯乙烯。

二、聚苯乙烯的生产原理

苯乙烯单体引发聚合是典型的热引发方式，原料加热足够就会发生聚合反应，但反应过程中会而放出的大量热量导致更快速的聚合反应。因此，生产中控制聚合温度极为重要。

任务二　聚苯乙烯生产工艺

【任务介绍】

依据聚苯乙烯生产原理特征，分析本体聚合生产苯聚乙烯需要哪些原料，各自的作用及规格。能依据生产原理绘制工艺流程框图。

【相关知识】

一、聚苯乙烯生产工艺方法

聚苯乙烯可以采用本体聚合法和悬浮聚合法进行生产。工业上，利用本体法生产聚苯乙烯大多不用引发剂，采用热引发，只要将原料加热足够就会发生链引发反应，进而进行聚合反应。这里，仅介绍在少量溶剂（乙苯）存在下连续本体聚合法生产聚苯乙烯的工艺过程。

二、聚苯乙烯生产聚合反应设备

本体法生产聚苯乙烯分为预聚合和后聚合两段进行，预聚合采用釜式反应器，后聚合采用塔式反应器或釜式反应器（立式、卧式）。

1. 预聚合釜式反应器

采用锚式搅拌器，其结构简单，制造方便，传热效果好，可减少“挂壁”现象，一般用于高黏度体系的搅拌。锚式搅拌器示意图见图 5-3。

2. 后聚合塔式反应器

塔式反应器如图 5-4 所示。与釜式聚合反应器相比，塔式聚合反应器是一种长径比较大的垂直圆形或方形直筒，构造比较简单，塔内可以是挡板式或固体填充式，根据塔内结构的不同而具有不同的特点。在塔式反应器中，物料的流动接近平推流，返混较小。同时，根据加料速度的快慢，物料在塔内的停留时间可有较大变化，塔内物料温度可沿塔高分段控制。

聚苯乙烯塔式反应器内有多层搅拌桨以及冷却管和加热管，搅拌可使传热效能提高，径向温差减小。在生产中多使用几个塔进行串联操作。

3. 后聚合立式反应器

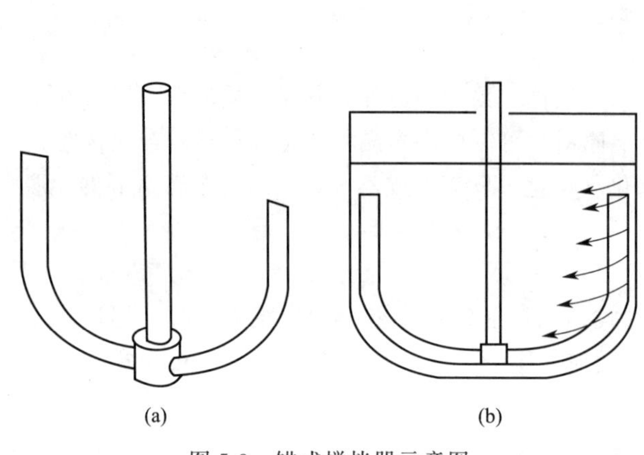

图 5-3 锚式搅拌器示意图

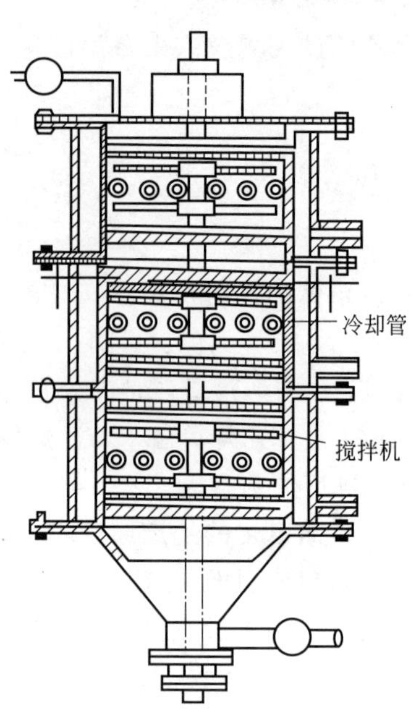

图 5-4 塔式反应器示意图

本体法生产聚苯乙烯的后聚合反应器也可采用几个（通常 3～4 个）立式反应器，通过控制不同反应器的温度，达到分段控制、逐级反应的目的。这里只介绍后聚合塔式反应器的生产工艺。

三、聚苯乙烯生产工艺路线特点

工业上，多采用连续法利用本体聚合生产聚苯乙烯，通常可分为两类。一类是分段聚合，逐步排除反应热，最终达到聚合反应完全；另一类是聚合反应到一定程度，转化率约达40%时，分离未反应的单体循环使用。两种工艺相比，分段聚合工艺过程较简单，合成聚合物相对分子质量分布范围较宽，目前国内外大都采用分段聚合。

苯乙烯分段聚合的工艺流程有三种，即塔式反应流程、少量溶剂存在下的生产流程及压力釜串联流程。这里仅介绍少量溶剂存在下的生产工艺。

1. 分段聚合

聚合过程由预聚合和后聚合两部分构成。预聚合反应以热引发苯乙烯进行连续本体聚合，预聚合反应器采用负压操作，依靠物料中的乙苯、苯乙烯的蒸发后通过反应器冷凝器热交换的方式，用冷水带走反应热来撤走热量；后聚合采用正压操作，通过冷、热油的调节来控制反应温度，达到一定转化率后的聚合反应物在高温和真空条件下进行脱挥。

2. 聚合反应温度控制

釜式反应器利用夹套传热及反应器压力的控制维持反应温度；塔式反应器内包括几个独立的热传导区，用来控制不同的聚合反应温度，决定最后产品聚合度及相对分子质量。

四、合成树脂的后处理过程

经本体聚合在聚合塔底得到熔融状态的聚合物，用螺杆挤出机挤出成细条状，经冷却水冷却成固态，经切粒机切成一定大小的颗粒，经计量包装得到产品聚苯乙烯树脂。

任务三　聚苯乙烯生产主要岗位任务

【任务介绍】

依据聚苯乙烯生产工艺过程，能正确分析影响聚苯乙烯聚合的主要因素，进而理解并掌握主要岗位的工作任务及操作要点。

【相关知识】

采用本体法可生产通用型聚苯乙烯（GPPS）及高抗冲聚苯乙烯（HIPS）。工业上，一般是将不饱和橡胶（大多数是顺丁胶和丁苯胶）溶解到苯乙烯溶液中进行聚合来制备高抗冲聚苯乙烯的。生产上，通常设置两条生产线，分别完成GPPS和HIPS的生产。主要岗位有原料精制、预聚合、后聚合、单体回收、挤出切粒、包装等。

原料精制

岗位主要任务：负责原料苯乙烯的精制，达聚合级质量要求。

操作要点：

1. 苯乙烯中的杂质：苯乙烯性质活泼，很容易发生自聚反应。为增加贮存的稳定性，在贮存、运输过程中，需要加入少量的间苯二酚或叔丁基间苯二酚等阻聚剂以防止其发生自聚，但在聚合前，必须精制达到聚合级的要求，否则将会影响聚合反应速率和产物相对分子质量。通常用10%氢氧化钠水溶液洗涤，分离溶有酚类阻聚剂碱液后，用水洗至中性，经干燥处理后可用于聚合。

2. 乙苯：少量，溶剂（稀释剂），降低反应混合物的黏度，移出反应热，可再生使用。

3. 硬脂酸锌：润滑剂，用于改善产品加工性能，使聚合物有较好的成形特性。

聚合反应

预聚合操作

岗位主要任务：负责各种原料按产品配方加入预聚釜，经过预聚合得到固体含量约为47%，并向聚合系统输送聚合物溶液。

操作要点：

第一预聚釜：苯乙烯、乙苯由流量控制器按比例控制进入反应器，控制反应温度130℃左右，固体含量约为25%～30%，进入第二预聚釜。

第二预聚釜：控制反应温度135℃左右，固体含量为45%～50%，进入后聚合系统。

由反应器压力的控制来维持预聚合温度。

后聚合操作

岗位主要任务：负责将固体含量为45%～50%的预聚物溶液经过后聚合得到固体含量为70%～75%的聚合物溶液。

操作要点：第一反应塔：含有三个独立的热传导区。

第二反应塔：含有两个独立的热传导区。

聚合温度区域可控制，每一温度区由一个热油循环泵及热交换器所组成，以移除或提高系统的热量；冷却由封闭式循环水系统来提供。

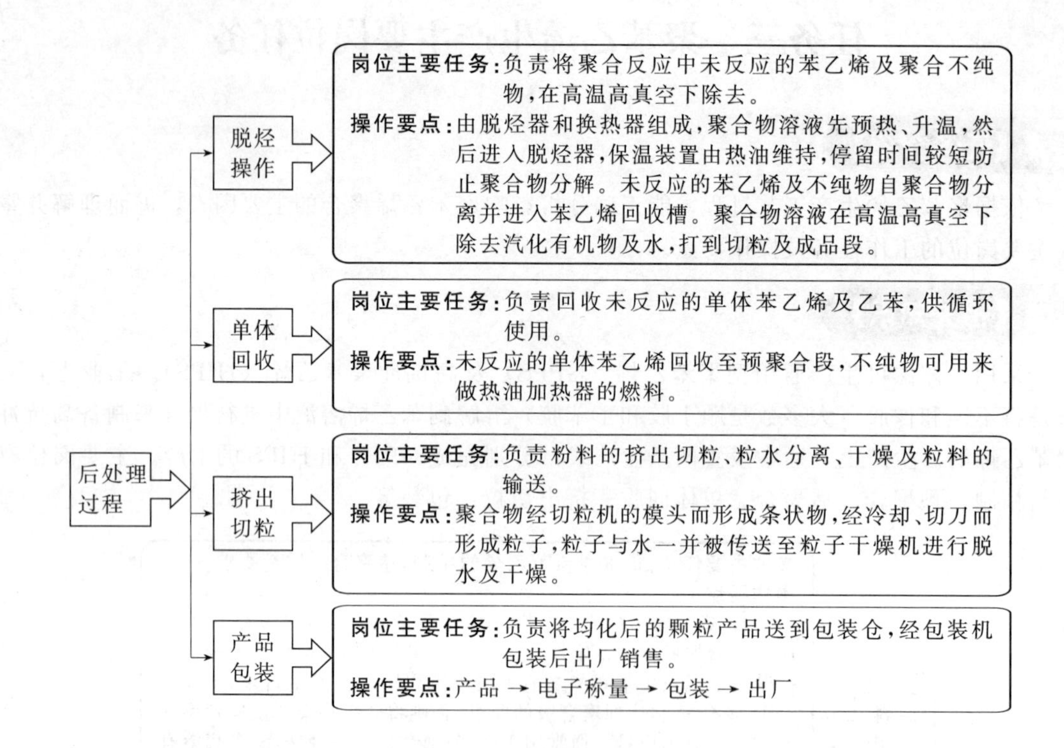

任务四　聚苯乙烯装置生产工艺流程

【任务介绍】

依据聚苯乙烯生产岗位的主要工作任务，识读聚苯乙烯装置的生产工艺流程图，能准确描述物料走向。

【相关知识】

聚苯乙烯装置生产工艺流程图如图 5-5 所示。

精制后苯乙烯和过滤后的乙苯以一定比例混合后，经热交换器预热到一定温度进入第一预聚釜，利用蒸汽冷却和控制反应器压力来维持一定反应温度，反应达到规定的含固量后进入第二预聚釜，同样的方法维持反应温度，经过一定时间提高含固量达规定值，物料从塔底进入第一反应塔，得到的聚合物从第一反应塔顶部出至第二反应塔顶部向下进入，两塔内均充满液体并有热传导蛇管，热传导油在蛇管内流动而聚合物在蛇管外逆向流动。第一反应塔包括 3 个独立的热传导区，第二反应塔包括 2 个独立的热传导区，因此共有 5 个不同的聚合温度区域可控制。正确的温度控制会决定最后产品聚合度及相对分子质量。每一温度区由一个热油循环泵及热交换器组成以移除或增加热量；冷却则由封闭式循环水系统来提供。

聚合物溶液先预热之后进入脱烃器，聚合溶液在管内流动热油在管外流动。未反应的苯乙烯及不纯物自聚合物分离并进入苯乙烯回收槽。

脱烃后融熔的聚合物加入润滑剂混合之后，进入水中切粒机的模头挤出束条，束条在水

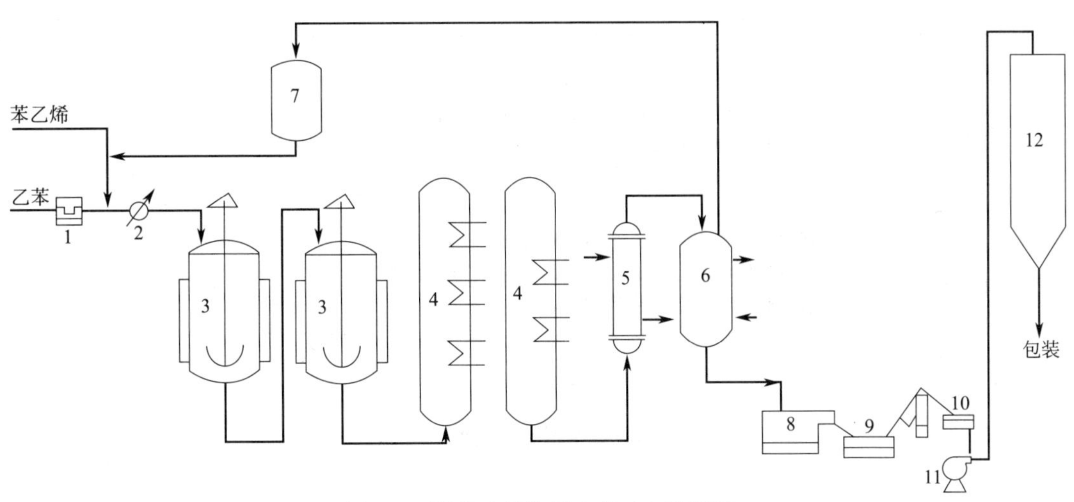

图 5-5　聚苯乙烯装置生产工艺流程图

1—过滤器；2—预热器；3—预聚釜；4—反应塔；5—热交换器；6. 脱烃器；7—苯乙烯回收罐；8—挤出机；9—冷却器；10—切粒机；11—鼓风机；12—料仓

中由刀床及旋转切刀进行切粒，得到聚苯乙烯颗粒。含水的聚苯乙烯颗粒送至干燥机来进行脱水及干燥，经振动滤网分离出大或过细的颗粒，合格的聚苯乙烯颗粒送去进行成品包装。

任务五　主要岗位的开、停车操作及事故处理

【任务介绍】

通过学习主要生产岗位相关单元设备的调节参数及调节方法，能正确分析岗位操作原则。

【相关知识】

序号	训练项目	操作内容
1	热油系统	1. 作用：加热聚合反应器、脱烃预热器、脱烃器。 2. 开车操作：确保热油系统在流动且尽可能地干燥(除去水分)。 3. 正常操作：维持系统内的温度与压力。 4. 停车操作：若系统是排泄，应打开最高排泄阀并排油到热油排放槽。 5. 系统连锁
2	乙苯贮存及进料	1. 作用：聚合反应的溶剂，贮存在氮封桶槽中。 2. 开车操作：打开所有乙苯贮槽到反应器的闸阀，选择合适的流量计控制乙苯的流量。 3. 正常操作：设定流量计到乙苯要求添加量，在预聚釜间转换。 4. 停车操作：在乙苯已添加到规定量之后，关闭最后闸阀。 5. 系统连锁：无连锁
3	预聚合反应器	1. 作用：用于控制保温装置温度、聚合物温度、反应器压力、搅拌速度及产物聚合度。 2. 开车操作：准备热油；保温装置温控；热油循环；设定真空压力控制器；升温；打开反应器搅拌器并设定速度；温控到温度后串联至压力控制器。 3. 正常操作：聚合物取样来控制聚合度；出料。 4. 停车操作：分别进行第一、第二预聚合釜的清空；停止保温装置的油循环。 5. 系统连锁

续表

序号	训练项目	操作内容
4	聚合反应器	1. 作用：进一步地聚合到要求聚合度的固化物。 2. 开车操作：热传导油的循环；聚合物的增加；矿物油的增加。 3. 正常操作：监看各区熔融温度及压力。 4. 停车操作：聚合度达要求；停热传导油循环及冷却水循环。 5. 系统连锁
5	苯乙烯回收	1. 作用：回收残存苯乙烯、低聚物及脱烃段的不纯物。 2. 开车操作：热传导油的循环；聚合物的增加；矿物油的增加。 3. 正常操作：监看苯乙烯回流管蒸气顶部温度、压力；回流管温度；管液位。 4. 停车操作：中断真空；停止苯乙烯回收泵；关闭苯乙烯回流管线。 5. 系统连锁

【自我评价】

一、名词解释

高抗冲聚苯乙烯

二、填空题

1. 苯乙烯聚合遵循的聚合机理是（　　）。

2. 苯乙烯聚合的生产可选择（　　）、（　　）、（　　）、（　　）实施方法，工业上常用的是（　　）法。

3. 本体法生产聚苯乙烯的主要原料是（　　）、（　　）、（　　）和（　　）。

4. 高抗冲型聚苯乙烯常采用（　　）作为改性剂。

5. 聚苯乙烯采用的聚合反应设备主要是（　　）和（　　），用（　　）形式的搅拌器。

6. 聚苯乙烯塔式反应器中用（　　）作为加热介质。

7. 聚苯乙烯生产中能够回收的介质是（　　）和（　　）。

三、选择题

1. 苯乙烯聚合遵循的机理是（　　）。

A. 自由基聚合　B. 阳离子聚合　C. 阴离子聚合　D. 配位聚合

2. 生产聚苯乙烯主要采用的工业实施方法是（　　）。

A. 悬浮聚合　B. 本体聚合　C. 溶液聚合　D. 乳液聚合

3. 聚苯乙烯产品最大的特点是（　　）。

A. 脆性大　B. 不透明　C. 难染色　D. 绝缘性差

4. 苯乙烯的聚合常采用的引发体系是（　　）。

A. 光　B. 引发剂　C. 热　D. 辐射

5. ABS 树脂是（　　）三元共聚物。

A. 甲基丙烯酸甲酯-苯乙烯-丁二烯　B. 丙烯腈-异丁烯-苯乙烯

C. 丙烯腈-丁二烯-苯乙烯　D. 丙烯腈-丁二烯-乙烯

6. 聚苯乙烯生产中加入少量的乙苯，其作用是作为（　　）。

A. 单体　B. 引发剂　C. 溶剂　D. 添加剂

7. 聚苯乙烯生产中加入少量的硬脂酸锌，其作用是作为（　　）。

A. 增塑剂　B. 引发剂　C. 溶剂　D. 润滑剂

8. 聚苯乙烯生产中预聚合釜式反应器采用的搅拌器是（　　）。

A. 双螺带式　　B. 三叶后掠式　　C. 锚式　　D. 桨式

9. 聚苯乙烯第一反应塔中含有（　　）独立的热传导区。

A. 两个　　B. 三个　　C. 四个　　D. 五个

10. 苯乙烯聚合的诱导期随苯乙烯纯度增高和温度上升而（　　）。

A. 增长　　B. 缩短　　C. 不一定　　D. 无影响

四、简答题

1. 简述本体法生产聚苯乙烯采用的反应器类型及特点。

2. 本体法生产聚苯乙烯生产工艺中主要原料有哪些，各自作用是什么？

3. 本体法生产聚苯乙烯预聚合的主要控制参数有哪些？

学习情境六

顺丁橡胶生产

知识目标：

掌握1，3-丁二烯聚合的反应原理；掌握1，3-丁二烯聚合引发剂的选择原则；掌握生产顺丁橡胶的主要原料及作用；掌握顺丁橡胶装置的生产工艺流程及生产特点；掌握顺丁橡胶生产主要岗位设置及各岗位的工作任务。

能力目标：

能正确分析顺丁橡胶生产岗位的工作任务；能识读顺丁橡胶生产工艺流程图。

顺丁橡胶（cis-polybutadiene，缩写BR）是由1,3-丁二烯单体经配位聚合而获得的高顺式聚合物，全称是顺式1,4-聚丁二烯橡胶，是目前世界上产量仅次于丁苯橡胶而居为第2位的一种通用橡胶。顺丁橡胶生产原料及产品如图6-1所示。

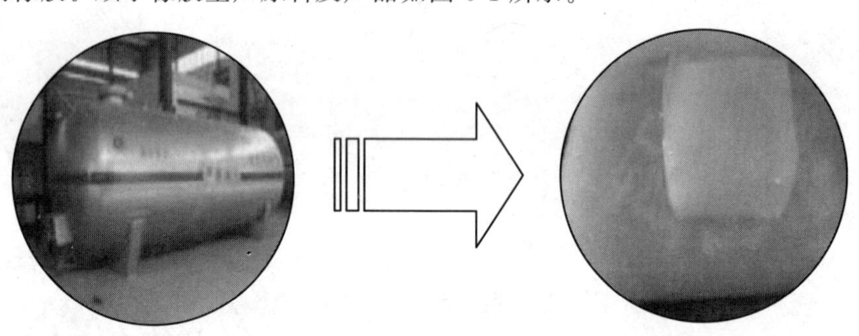

(a) 主要原料: 1,3-丁二烯　　(b) 产品:顺丁橡胶

图6-1　顺丁橡胶原料及产品示意图

一、顺丁橡胶制品展示

以顺丁橡胶为原料，加入各种配合剂，按产品用途不同采用相应的加工方法，可以得到各种用途的顺丁橡胶制品。顺丁橡胶制品如图6-2所示。

(a) 轮胎

(b) 胶带

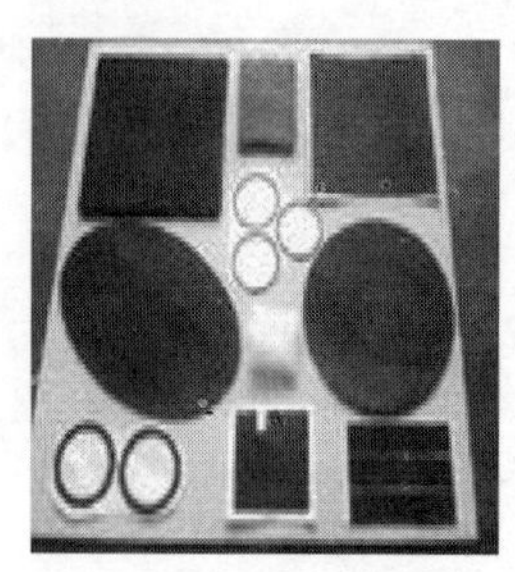

(c) 垫片

图6-2　顺丁橡胶产品展示

二、顺丁橡胶的性能指标及用途

1. 顺丁橡胶产品性能

纯的顺丁橡胶是白色或乳黄色的块状物。经加工后的顺丁橡胶制品玻璃化温度低（－105℃），是所有通用橡胶中耐低温性能最好的一种。顺丁橡胶同天然橡胶和丁苯橡胶相比，耐磨性能优异；滞后损失和生热少；填充性好，利于降低成本；与其他橡胶的相容性好。缺点是拉伸强度和抗撕裂强度较低，用于胎面胶不耐刺、易刮伤；抗湿滑性较差，易打滑；加工性能较差。

2. 顺丁橡胶产品质量指标

某企业顺丁橡胶产品主要质量指标，见表 6-1。

表 6-1　顺丁橡胶产品主要质量指标

项目	单位		质量指标		
			优级品	一级品	合格品
挥发分	%		⩽0.5	⩽0.80	⩽1.1
生胶门尼黏度	ML[①] 100℃ 1＋4[②]		45±4	45±4	45±7
混炼胶门尼黏度	ML100℃		⩽65	⩽67	⩽70
300% 定伸应力	MPa	25 分	7.8～11.3	7.5～11.5	7.5～11.5
		35 分	8.5～11.5	8.2～11.7	8.2～11.7
		50 分	8.2～11.2	7.9～11.4	7.9～11.4
拉伸强度	MPa	35 分	⩾15.0	⩾14.5	⩾14.0
伸长率	%	35 分	⩾385	⩾365	⩾365

① M 表示门尼，L 表示用大转子。

② 1 表示预热 1min，4 表示试验 4min。

3. 顺丁橡胶的用途

顺丁橡胶具有高弹性，被广泛应用于制造轮胎、胶鞋、胶布、传动带、胶管及其他各种橡胶工业制品。

任务一　顺丁橡胶生产原理

【任务介绍】

依据单体 1,3-丁二烯的结构特征，从理论上分析判断合成顺丁橡胶所遵循的聚合机理，生产上如何选择合适的引发剂，可采用什么方法控制聚合反应速率及产物的相对分子质量。

【相关知识】

1,3-丁二烯的聚合反应，按配位聚合反应机理进行。聚合反应式如下：

$$n\,H_2C{=}CH{-}CH{=}CH_2 \longrightarrow \left[CH_2{-}CH{=}CH{-}CH_2 \right]_n \text{（顺式：两个 H 位于 C=C 同侧）}$$

一、单体的性质及来源

1,3-丁二烯是一种无色稍带有香味的气体，易液化，有麻醉性，特别刺激黏膜。稍溶于水，溶于乙醇、甲醇，易溶于丙酮、乙醚、氯仿等。性质活泼，易发生聚合反应，是制造合成橡胶（如丁苯橡胶、顺丁橡胶）的重要原料。

工业上，1,3-丁二烯主要由丁烯氧化脱氢或轻油裂解制乙烯的副产物 C_4 馏分中抽提而得。

二、顺丁橡胶的生产原理

1. 聚合反应机理

顺丁橡胶的聚合遵循配位聚合机理，在齐格勒-纳塔催化剂的作用下，可得到高顺式的聚合产物。反应机理如下：

① 链引发反应　单体丁二烯在催化剂作用下活化，形成活性中心，引发单体进行聚合。

② 链增长反应　带有单体的活性中心很活泼，能与更多的单体分子很快发生连锁反应，在极短的时间内形成了带有成千上万单体链节的活性长链高分子。

③ 链终止反应　链增长到一定长度后，由于某种因素的影响，活性中心从增长的链上脱落或发生链转移，使原来的长链停止增长，变为无活性的聚丁二烯分子。

2. 引发体系

目前，工业上引发体系主要是采用钛系、钴系、镍系及稀土体系四种，用于丁二烯聚合后的产物结构与性能相差较大，见表 6-2。

表 6-2　典型催化剂所得聚丁二烯的结构与性能比较

引发体系	体系构成	微观结构含量/%			T_g/℃	凝胶含量/%	$\overline{M}_w$/$\times10^4$	HI	支化	灰分/%	冷流性	辊筒加工性能		
		顺式-1,4	反式-1,4	1,2								包辊性	成片性	自黏性
钛系	四氯化钛-三烷基铝-碘	94	3	3	−105	1～2	39	窄	少	0.17～0.2	中～大	差	可	良
钴系	二氯化钴-一氯二烷基铝	98	1	1	−105	1	37	较窄	较少	0.15	很小	可	中	良
镍系	三烷基铝-环烷酸镍-三氟化硼乙醚络合物	97	1	2	−105	1	38	较窄	较少	0.10	很小	可	可	良
稀土系	三价稀土-烷基卤化铝-三烷基铝	97	57.5	7.5	−93	1	28～35	很窄	很少	<0.1	中～很大	劣	中	差

钛系催化剂是顺丁橡胶工业化生产使用最早的催化剂，其优点是产品凝胶含量较低，充油和充炭黑量较多，但价格高，产品相对分子质量分布窄，加工性能不好。

钴系催化剂是一种多功能催化剂。一般情况下，可合成高顺式 1,4-聚丁二烯，如果不用含卤素的 AlR_3 作助催化剂，则可制得 1,2-聚丁二烯，如果加入给电子试剂，又能合成高反式 1,4-聚丁二烯。缺点是易产生凝胶，产品加工性能不太好。

镍系催化剂的优点是顺式 1,4 含量可高达 98%，引发体系活性高，性能稳定，用量少，单程转化率高，聚合速率易于控制，所生成聚合物凝胶含量少、支链少，相对分子质量分布宽，加工性能非常好。典型的镍系催化剂中的主催化剂是环烷酸镍[$Ni(OOCR)_2$]，助催化剂是三异丁基铝[$Al(i\text{-}C_4H_9)_3$]，第三组分是三氟化硼乙醚络合物[$BF_3OC_2H_5$]。

稀土系是一种新型催化剂，具有相对分子质量分布较宽，挂胶少，冷流件较小及催化剂资源丰富等特点。

目前，工业上常用的是镍系催化剂。

任务二　顺丁橡胶生产工艺

【任务介绍】

依据溶液法生产顺丁橡胶的生产原理特征，分析生产顺丁橡胶需要哪些原料，各自的作用及规格。能依据生产原理绘制工艺流程框图。

【相关知识】

一、顺丁橡胶生产工艺方法

顺丁橡胶的聚合遵循配位聚合机理，在齐格勒-纳塔催化剂的作用下，可得到高顺式的聚合产物。工业上常采用溶液聚合法生产顺丁橡胶。

溶液聚合是指将单体和催化剂溶解于适当溶剂中进行聚合反应的一种方法。体系的基本组成为单体、引发剂和溶剂，也可加入适当的助剂。

溶液聚合根据聚合物与溶剂的互溶情况，可将其分为均相聚合和非均相聚合（沉淀聚合）两类。工业上，溶液聚合多用于聚合物溶液直接使用的场合（涂料、胶粘剂）及合成橡胶的生产。典型的产品有聚丙烯腈、聚醋酸乙烯酯、聚丙烯、顺丁橡胶、异戊橡胶及乙丙橡胶等。

溶液聚合的主要特点是溶剂作为传热介质的存在，使聚合反应热容易移出，聚合温度容易控制；体系中聚合物浓度较低，不易进行活性链向大分子链的转移而生成支化或交联产物；反应后的产物可以直接使用。但由于单体被溶剂稀释而浓度小，聚合速度慢，转化率低，易发生向溶剂转移而使聚合产物相对分子质量不高，此外，溶剂回收使回收工艺繁琐。

二、顺丁橡胶生产聚合反应设备

1. 聚合釜

采用立式搅拌床反应器，内装双螺带式搅拌器，产品不需要脱灰、不需要脱无规物；夹套中通冷冻盐水以带走聚合反应热和搅拌热。

2. 凝聚釜

是凝聚过程的主要设备，聚合胶液的凝聚在釜中进行。凝聚釜必须设置搅拌装置，搅拌的主要作用是使胶粒在热水中不断运动，以迅速蒸去溶剂、单体并不致使胶粒结块。搅拌轴上有三个叶轮，除机械搅拌外，还有蒸汽搅拌，在釜底有两个带缩口的管子，通入一定压力蒸汽鼓泡，鼓击胶粒在釜内翻滚。

三、顺丁橡胶生产工艺路线特点

1. 聚合反应温度控制

顺丁橡胶生产中聚合反应温度主要是采用调节预热器温度、增减丁/溶剂进料量及聚合釜夹套加热或冷却三种方法来控制的。

2. 挂胶现象

挂胶现象是溶液聚合法生产合成橡胶时普遍存在的问题。发生挂胶将造成凝胶沉积于管壁、釜壁及其他死角，严重时堵塞管道，它不仅影响聚合反应热移出及产品质量，甚至影响生产的正常进行。产生挂胶的原因很多，如溶剂类型、催化剂浓度、聚合温度、原材料纯度、聚合釜结构、搅拌器型式等。工业生产上，为减轻挂胶，可采用以下措施：

① 以苯、甲苯和庚烷混合液代替溶解能力较差的抽余油。

② 提高催化剂活性，减少其用量。

③ 稳定操作，防止温度起伏过大。

④ 脱除三氟化硼乙醚络合物中的水分。

⑤ 将单体、溶剂和催化剂在进入聚合釜前预混，使催化剂分散均匀。

⑥ 采用不锈钢或搪玻璃反应器，增加聚合釜内壁的光滑度。

3. 催化剂的陈化方式

催化剂在进入到聚合釜前，需要用溶剂稀释到一定的浓度，然后按一定方式进行陈化。陈化的目的在于催化剂在所需控制的条件下有利于生成定向聚合活性中心的反应充分进行，不利于生成活性中心的副反应尽量抑制。在催化剂各组分投入量确定的情况下，陈化方式对催化剂的活性有很大影响。

生产中，采用过的方式主要有三元陈化、双二元陈化和稀硼单加三种方式。

① 三元陈化　将 Ni、B、Al 三组分分别配制成溶液，再按一定次序加入聚合釜。

② 双二元陈化　将 Al 组分分成一半，分别与 Ni 、B 组分混合陈化，再按一定次序加入聚合釜。

③ 稀硼单加　将 Ni 、Al 组分先混合陈化加入聚合釜，而 B 组分配制成溶液后直接加入聚合釜。

目前，世界各国工业生产的镍系顺丁橡胶，大多用苯、甲苯或甲苯-庚烷为溶剂，认为 Ni-B-Al 这一加料顺序较好。而中国采用资源比较丰富的抽余油为溶剂，经研究认为 Ni-B-Al 三元陈化方式催化剂的活性不如稀硼单加，因此，我国多采用的陈化方式是稀硼单加。

四、合成橡胶的后处理过程

合成橡胶聚合终止后的胶液必须经凝聚、脱水、干燥等处理过程，才能得到成品顺丁橡胶。其生产过程如图 6-3 所示。

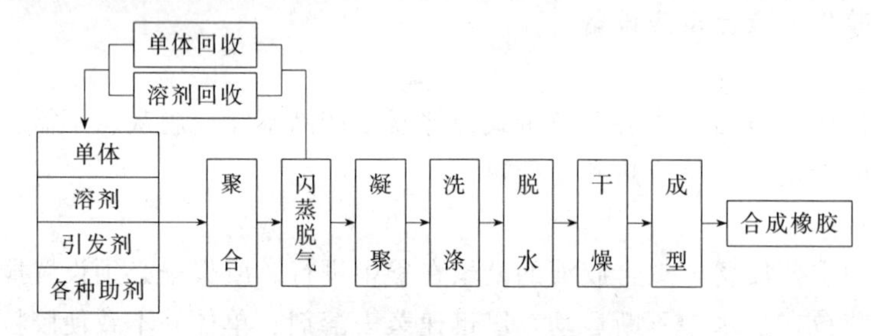

图 6-3　合成橡胶的生产过程示意图

1. 胶液凝聚

合成橡胶生产中，由于聚合工艺和产品的种类不同，所采用的凝聚方法也有所不同。常用的方法有水析法、盐析法、蒸发法、冷冻法。采用溶液聚合法合成的橡胶品种，如顺丁橡胶、异戊橡胶、乙丙橡胶等，生产中多采用水析凝聚法。

在聚合胶液中，含有大量的溶剂和部分未聚合的单体以及少量未反应的催化剂。胶液被喷入沸腾的水中，胶液中的溶剂和单体均受热而迅速挥发（沸点均低于 100℃），并与水汽一起被蒸出，橡胶则会呈固体状态在水中悬浮析出。由于胶液颗粒表面结成一层有孔的胶膜，随悬浮胶液颗粒与沸水继续接触，颗粒内部的溶剂和单体逐渐被蒸发出来，最后成为橡胶颗粒。同时，胶粒所含催化剂不断被水冲洗到水中。

凝聚时，须考虑喷胶时颗粒的大小、胶液中橡胶含量、相对分子质量的大小、胶液在釜中停留时间、凝聚温度、水胶比、搅拌、分散剂等因素，确定其工艺条件，以便达到凝聚的要求。

2. 干燥

用水析凝聚法分离得到的顺丁橡胶含有大量的水分，必须进行脱水干燥。经聚凝后胶粒先经过振动筛将大部分水除掉，含水50%～60%胶粒进入挤压脱水机，依靠机械力的作用，使胶粒含水量达10%左右，再送入膨胀干燥机，使胶粒的含水量降至0.5%以下。

3. 单体、溶剂的回收

聚合中未反应的单体和溶剂须进行回收，一般在精馏塔内进行。由凝聚釜蒸出的溶剂和未反应的单体经冷凝、油水分离器分离出水后分别进入溶剂干燥塔、溶剂脱重组分塔及丁二烯蒸出塔，回收的丁二烯、溶剂经精制回原料系统循环使用，高沸物作废物处理或作锅炉燃料。

任务三　顺丁橡胶生产主要岗位任务

依据顺丁橡胶生产工艺过程，能正确分析影响顺丁橡胶聚合的主要因素，进而理解并掌握主要岗位的工作任务及操作要点。

【相关知识】

顺丁橡胶产品质量控制指标主要有挥发分、门尼黏度、拉伸强度、断裂伸长率等。其中，门尼黏度是最关键的。门尼黏度是指在一定温度和压力下，胶样对门尼黏度计的转子转动所产生的剪切阻力，是一个综合质量指标。其值的大小是由平均相对分子质量及分布和凝胶含量三个因素决定的。因为胶的门尼黏度与聚合产物的相对分子质量及分布密切相关，它是反映橡胶加工性能的一项重要指标。通常，门尼黏度升高，力学性能变好，加工性能变差，顺丁橡胶的门尼值一般控制在45～55之间。在生产中，可通过调节陈化温度、相对分子质量调节剂、催化剂的加入量等方法来控制门尼黏度。

生产上，顺丁橡胶的主要岗位有原料精制、催化剂配制、聚合、分离、后处理、回收等。

丁二烯精制

岗位主要任务：负责原料丁二烯的精制，使其达聚合级质量要求。

操作要点：原料丁二烯中水、乙腈、二聚物等存在将使引发剂破坏，其他烯烃和炔烃也会影响产品的等规度和结晶形态。生产上，采用萃取精馏的方法分离粗丁二烯及含炔烃的精丁二烯，并将分离后的丁二烯及精丁二烯一起进行水洗、脱水、精馏，得到纯度大于98%的聚合级丁二烯，送往聚合装置。

萃取剂：乙腈。

粗丁二烯萃取塔：塔顶为异丁烯；塔底为含丁二烯的乙腈溶液，靠压差作用压入粗丁二烯解吸塔。

粗丁二烯解吸塔：塔顶为粗丁二烯；塔底为乙腈溶液，循环使用。

炔烃萃取塔：塔顶为合格丁二烯；塔底为含炔烃的乙腈溶剂靠压差压入炔烃解吸塔，进行碳四馏分与乙腈的分离。

炔烃解吸塔：塔顶为含炔烃的废碳四；塔底为乙腈溶液，循环使用。

催化剂配制

岗位主要任务：负责聚合反应所用的镍、铝、硼三种催化剂和防老剂的计量与配制。

操作要点：催化剂的计量准确与否将直接影响到聚合反应及生胶质量的好坏。催化剂各组分要在引发剂配制罐中稀释至浓度达要求。

1. 环烷酸镍配制：先用碳六油配制成浓镍溶液，静止一定时间后取样分析浓度，再用碳六油配制成稀镍溶液，分析结果至合格。

2. 防老剂配制：用碳六油配制防老剂至浓度合格。

3. 三异丁基铝配制：用碳六油配制三异丁基铝至浓度合格。

将配制好的催化剂由高位罐放入各计量罐。

聚合反应

聚合釜进料

岗位主要任务：负责各种原料按产品配方加入聚合釜。

操作要点：碳六油大部分先经三通温控阀去丁油预冷器或丁油预热器，然后在静态混合器中与精制丁二烯混合配成丁油溶液。镍、铝催引发剂先混合，然后经混合器与丁油混合，从聚合首釜底部进入；硼引发剂与少量碳六油在静态混合器混合后在首釜底与丁油混合进入；一部分碳六油去聚合釜作管线和釜顶充油用。

反应条件控制

岗位主要任务：负责控制丁二烯浓度、反应釜温度、反应釜压力、引发剂加入量、单程转化率，确保不发生爆聚、坨釜现象。

操作要点：

1. 丁二烯浓度：浓度太低，溶剂量过大，使设备利用率降低及溶剂回收负荷过大；浓度太高，聚合速率加快，转化率增大，胶液黏度显著上升，造成搅拌、散热和胶液输送困难。一般，生产中丁二烯浓度为10%～15%。

2. 首釜温度：用丁油进料温度调节，将直接影响聚合反应的转化率、产品质量和终止釜门尼合格率。

3. 反应釜和末釜温度：用充油量来调节。

4. 单程转化率：指参与反应的丁二烯与进料丁二烯的百分比。转化率的高低直接关系到橡胶生产的产量和经济效益，生产上，控制单程转化率$\nless$70%。

5. 凝胶含量：凝胶指单体丁二烯在聚合过程中由于引发剂浓度、温度等条件的改变而发生支化反应，形成交联的网状结构的产物。它是产生挂胶现象的主要原因，并且严重影响生胶的质量。在转化率满足要求的前提下，尽量降低反应温度及引发剂用量。

聚合釜出料

岗位主要任务：负责将聚合反应生成的聚丁二烯胶液输送到凝聚釜。

操作要点：丁二烯在聚合首釜中催化剂作用、一定的温度和压力下发生聚合反应，生成了高顺式丁二烯胶液。胶液自首釜顶出口出来由第二釜底进入继续进行反应，这样经过多个串联釜的反应之后，在末釜出口处加入防老剂，经静态混合器和胶液过滤器后进入胶液罐，供混胶和凝聚用。

产品质量控制

岗位主要任务：负责在优化的条件下生产稳定的高质量产品。

操作要点：控制终止釜的门尼黏度。

调整丁二烯加水量、引发剂用量及配比、反应温度等，是调节生产的重要手段。

溶剂回收

岗位主要任务：负责将新来的加氢溶剂油及将凝聚工序送来的循环溶剂油，按其组分的相对挥发度的不同，精制成不含杂质的碳六油作为聚合用溶剂；分离出的碳四送往精制装置进一步精制。

操作要点：平稳控制各塔的操作参数、物料平衡，达到操作稳定、质量合格。

1. 脱水塔操作：控制塔顶压力、塔底温度、塔底液位、进料量、回流量、采出量达合格。

2. 回收塔操作：控制塔釜液面、塔顶质量达合格。

3. 提浓塔操作：是分离碳六、碳四二组分的普通的精馏塔，在操作中维持塔压的平稳，控制好塔底温度和回流量。

4. 碱洗、水洗塔操作：除去溶剂油含有微量的氧化物和过氧化物等杂质，控制碱洗水洗系统压力变化，检查水洗下水情况，保持水流量的稳定。

后处理过程

岗位主要任务：负责将聚合得到的胶液经过凝聚、脱水、干燥等处理过程，得到成品顺丁橡胶胶块。

操作要点：胶液 → 凝集釜 → 振动筛 → 挤压脱水机 → 膨化干燥机 → 提升机 → 压块机 → 自动秤 → 包装机 → 入库

任务四　顺丁橡胶装置生产工艺流程

【任务介绍】

依据顺丁橡胶生产岗位的主要工作任务，识读顺丁橡胶装置的生产工艺流程图，能准确描述物料走向。

【相关知识】

顺丁橡胶装置生产工艺流程图如图 6-4 所示。

碳六油经流控阀、三通温控阀进入丁油预冷器或丁油预热器，在静态混合器中与精制后的丁二烯混合配成丁油溶液。部分碳六油经稀释油流控阀在静态混合器与硼剂混合后，在首釜底与丁油混合。另一部分碳六油去聚合釜作管线和釜顶充油用。镍、铝催化剂混合后，在丁油-铝镍混合器处与丁油混合，一起进入聚合首釜底部。生产中通过充油流控阀利用充油量调节各釜温度。

聚合首釜中丁二烯在催化剂作用下，于一定的温度、压力下发生聚合反应，生成的胶液自首釜顶出由第二釜底进，经过串联的 3～4 个釜进行反应，最终生成聚丁二烯胶液，在末釜出口处加入防老剂，经静态混合器和胶液过滤器后进入胶液罐，降压闪蒸为气相和胶液。胶液进入胶液罐，气相含未反应的丁二烯、碳六油等，由胶液罐顶部排出经吸收器送往溶剂回收罐区。合格的胶液经喷胶泵喷入凝聚釜，在凝聚釜中借助循环热水、蒸汽和搅拌的作用与溶剂及丁二烯分离，成为悬浮胶粒分散于釜内热水中。凝聚后脱除的溶剂和大量水送溶剂回收工序回收。

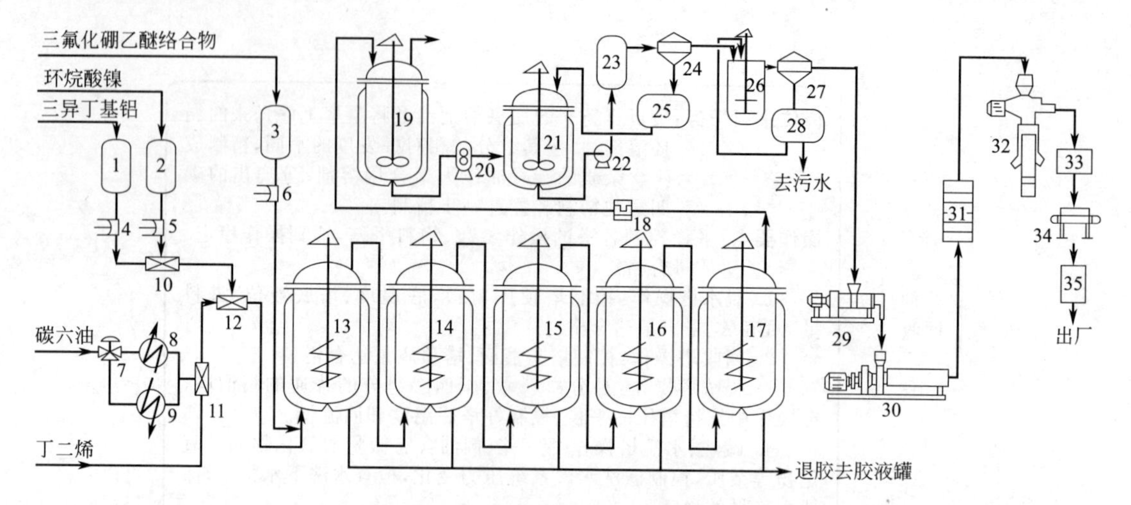

图 6-4 顺丁橡胶装置生产工艺流程图

1—三异丁基铝贮罐；2—环烷酸镍贮罐；3—三氟化硼乙醚络合物贮罐；4～6—隔膜计量泵；7—分流控制阀；8—预热器；9—预冷器；10～12—文氏管混合器；13～16—聚合釜；17—终止釜；18—过滤器；19—胶液罐；20—胶液泵；21—凝集釜；22—颗粒泵；23—缓冲罐；24，27—振动筛；25—循环水罐；26—洗胶罐；28—洗胶水罐；29—挤压脱水机；30—挤出干燥机；31—提升机；32—压块机；33—自动秤；34—包装机；35—入库

凝聚釜底析出的胶粒，随同大量浮水，一起由颗粒泵输送到 1＃振动脱水筛，分离出来的热水经筛孔靠位能流入热水罐循环使用，生胶粒被送到洗胶釜，在洗胶釜中洗掉残留催化剂及其他杂质，洗涤水和颗粒胶从洗胶釜出料口流到 2＃脱水振动筛，分离出来的洗涤水经筛孔靠位能流入洗涤水罐循环使用。

颗粒胶进入脱水挤压机脱水后由机头挤出，然后通过膨胀干燥机机头喷出，闪蒸呈直径为 20mm 大小的颗粒，进入干燥箱。经热风干燥、水平输送筛送入垂直振动提升机，然后送至给料筛，再进入自动秤计量，达到 25kg 后投入压块机压块成型，经交替运输机进入金属检测器称重后进入薄膜和纸袋包装，最后由皮带机输送成品胶库。

任务五 主要岗位的开、停车操作及事故处理

【任务介绍】

通过学习主要生产岗位相关单元设备的调节参数及调节方法，能正确分析岗位操作原则。

【相关知识】

训练项目	训练岗位	操作内容
丁二烯精制	粗丁二烯萃取岗	1. 操作原则：混合碳四在粗萃取塔中，在乙腈作用下轻组分异丁烯从塔顶分离出去，重组分及乙腈从粗萃塔塔底进入粗解吸塔，塔顶分出丁二烯进入炔烃萃取塔，塔底乙腈进入回收塔进行溶剂再生或进入粗萃取塔循环使用。 2. 粗萃取塔和粗解吸塔的塔压 相关参数：温度、流量。 调节方式：热旁通控制，如果控制失灵，采用副线调节。 异常调节：可能会出现压力突然下降、压力超高、淹塔等情况，可从恢复液位、调节回流量、调节溶剂温度等几个方面调节。

续表

训练项目	训练岗位	操作内容
	粗丁二烯萃取岗	3. 粗萃取塔、粗解吸塔的塔底温度 相关参数：塔压、回流量。 调节方式：控制物料组成、冷却水的温度及流量。 异常调节：可能会出现温度突变、塔釜温度逐渐下降等情况，可通过手动控制稳定塔压、稳定塔釜液面等方面来调节。 4. 塔釜、回流罐液面 相关参数：流量、温度、压力。 调节方式：稳定的液面控制，一般 1/2～2/3 液面左右。 异常调节：可能会出现粗萃取塔、粗解吸塔液面高，可通过手动控制，提高萃取塔压力或降低解吸塔压力。 5. 塔顶丁二烯含量 相关参数：流量、温度、压力、液面。 调节方式：应采取减进料、加溶剂、降釜温、加回流等
丁二烯精制	后乙腈岗	1. 操作原则：将粗萃取岗位来的含有炔烃丁二烯的物料用乙腈萃取的方法进行脱炔烃处理，脱出的废碳四外送；脱炔后的丁二烯经水洗、脱水和再蒸馏过程，提纯达到聚合级丁二烯要求。 2. 炔烃萃取塔、炔烃解吸塔和再蒸馏塔的塔压 相关参数：温度、流量。 调节方式：卡脖子控制方式，如果控制失灵，采用副线调节，操作中，要及时排放回流罐中的不凝气。 异常调节：可能会出现压力突然下降、压力超高、淹塔等情况，可从恢复液位、调节回流量、恢复溶剂温度等几个方面调节。 3. 炔烃萃取塔、炔烃解吸塔和再蒸馏塔的塔底温度 相关参数：塔压、回流量。 调节方式：控制物料组成、冷却水的温度及流量。 异常调节：可能会出现温度突变、塔釜温度逐渐下降等情况，可通过手动控制稳定塔压、稳定塔釜液面等方面来调节。 4. 塔釜、回流罐液面 相关参数：流量、温度、压力。 调节方式：稳定的液面控制，一般 1/2～2/3 液面左右。 异常调节：可能会出现炔烃萃取塔、炔烃解吸塔液面高，可通过手动控制，提高温度、压力或开罐顶放空阀排出不凝气。 5. 丁二烯纯度(炔烃含量、乙腈含量、丁二烯水值、二聚物含量) 相关参数：流量、温度、压力、液面。 调节方式：应采取减进料、加溶剂、降釜温、加回流等
丁二烯聚合	聚合反应岗	1. 操作原则：由乙腈来的丁二烯和精制后的碳六油经静态混合器混合后，在催化剂的作用下，在聚合釜中反应，生成聚丁二烯胶液 2. 聚合首釜进料温度 相关参数：进料量、蒸汽量。 调节方式：碳六油通过预热器、预冷器的流量控制预热温度。 异常调节：可能会出现预热温度高或低，可通过副线阀开启、关闭副线阀方法调节。 3. 聚合首釜温度(75℃) 相关参数：催化剂配方、丁油浓度、进料温度、体系中的杂质。 调节方式：通过进料温度来控制，当进料温度不能控制时，可通过丁油浓度和催化剂配方来控制。 4. 聚合釜压力(0.4MPa) 相关参数：聚合进料量、丁油浓度、胶液黏度、挂胶程度、胶液罐压力。 调节方式：调丁油浓度、反应温度和进料量。 异常调节：可能会出现聚合釜压力高或低，可通过调节丁油浓度和进料量及进料温度或关小首釜出口阀。

续表

训练项目	训练岗位	操作内容
丁二烯聚合	聚合反应岗	5. 门尼黏度(40～50) 相关参数:丁二烯加水量、催化剂用量及配比、反应温度。 调节方式:调整丁二烯加水量、催化剂用量、催化剂配比及反应温度。 异常调节:改变丁二烯加水量或改变铝剂、镍、硼量的配比。 6. 聚合反应单程转化率(80%) 相关参数:催化剂用量及配比、反应温度、丁二烯进料量、反应压力。 调节方式:调节丁油进料温度、丁油浓度、催化剂用量及配比来控制聚合釜下部温度。 7. 凝胶含量(＜0.6%) 相关参数:催化剂浓度、催化剂用量及配比、反应温度、杂质。 调节方式:调整丁二烯加水量、催化剂用量、催化剂配比及反应温度。 异常调节:改变丁二烯加水量或改变铝剂、镍、硼量的配比。 8. 丁油浓度(15g/L) 是调节反应强弱的一个手段,是丁二烯聚合反应中的关键参数。浓度过低,反应弱;浓度过高,反应强,易造成爆聚
	催化剂计量与配制岗	1. 操作原则:聚合反应所用的镍、铝、硼三种催化剂和防老剂等物料的收送和配制工作,注意控制催化剂贮罐的液位。 2. 正常操作:配制镍、铝、硼三种催化剂和防老剂溶液。 3. 异常处理:计量罐液位不降——检查计量罐的出口阀 计量泵上量不足——检查泵的出、入口阀 计量泵出口压力超高——切换备用泵
溶剂回收	溶剂回收岗	1. 操作原则:将加氢溶剂油及凝聚工序送来的循环溶剂油,按其组分相对挥发度的不同,精制成不含杂质的碳六油作为聚合溶剂。 2. 脱水塔塔顶压力 相关参数:温度、流量。 调节方式:卡脖子控制方式,如果控制失灵,采用副线调节。 异常调节:压力过低——开凝水罐排水副线阀排水、关闭副线阀门。 压力过高——回流罐顶排放不凝气、加大冷却水、切换备用泵。 3. 脱水塔低温度 相关参数:塔压、回流量。 调节方式:卡脖子控制方式。 异常调节:温度突然降低——回收塔立即停止进料,脱水塔底循环回罐区。 4. 回收塔塔釜液面 调节方式:间断式排放。 异常调节:塔底液面波动——稳定脱水塔操作;调整塔底蒸气加热量;调整脱水塔进料油温度;检查回流泵运转情况。 5. 回收塔塔顶质量 相关参数:温度、压力。 调节方式:控制塔底温度在指标范围内,适当加大重组分排放量。 异常调节:塔底液面满——减小进料,适当提高塔底温控阀开度。 塔底升温困难——检查下水阀门是否畅通;加大蒸汽量;降低回流量;降低进料量;停进料泵。 塔压超高——排放不凝气;脱水塔减小回流量;开备用空冷降温;加大回流罐采出量。 回流中断——提高回流罐液面;切换备用泵;停车处理

【自我评价】

一、名词解释

1. 陈化方式　　2. 门尼黏度　　3. 挂胶现象

二、填空题

1. 顺丁橡胶生产遵循的聚合机理是（　　），工业实施方法是（　　）。

2. 顺丁橡胶生产采用的催化剂是（　　）系，主要成分为（　　）、（　　）、（　　）。

3. 催化剂的陈化方式有（　　）种，即（　　）、（　　）及（　　），常采用的是（　　）。

4. 顺丁橡胶生产常采用（　　）作溶剂、（　　）作终止剂、（　　）作防老剂。

5. 顺丁橡胶产品质量控制指标主要有（　　）、（　　）、（　　）、（　　）等。其中（　　）是最关键的。

6. 在顺丁橡胶生产中，可通过调节（　　）、（　　）、（　　）等方法来控制门尼黏度。

7. 在顺丁橡胶生产中，聚合反应温度主要是通过（　　）、（　　）、（　　）等方法来控制的。

8. 顺丁橡胶生产中，原料丁二烯的精制主要采用的是（　　）的方法，采用（　　）作为萃取剂。

三、选择题

1. 天然橡胶的主要成分为（　　）。

A. 丁二烯　B. 苯乙烯　C. 异戊二烯　D. 丙烯腈

2. 目前产量和用量占第一位的通用合成橡胶是（　　）。

A. 顺丁橡胶　B. 丁苯橡胶　C. 异戊橡胶　D. 乙丙橡胶

3. 被称为“合成天然橡胶”的是（　　）。

A. 顺丁橡胶　B. 丁苯橡胶　C. 异戊橡胶　D. 乙丙橡胶

4. 顺丁橡胶在目前世界上产量位居（　　）。

A. 第一　B. 第二　C. 第三　D. 第四

5. 顺丁橡胶的生产中催化剂的陈化方式主要目的是（　　）。

A. 减少催化剂用量　B. 提高催化剂用量　C. 提高催化剂活性　D. 降低催化剂活性

6. 顺丁橡胶生产中控制的主要参数是（　　）。

A. 凝胶量　B. 门尼黏度　C. 弹性模量　D. 拉伸强度

7. 丁二烯精制中分离粗丁二烯采用的方法是（　　）。

A. 精馏　B. 水蒸气精馏　C. 吸收　D. 萃取精馏

8. 顺丁橡胶生产中聚合首釜温度主要是由（　　）控制的。

A. 充油量　B. 丁油进料温度　C. 夹套　D. 以上三种都可以

9. 顺丁橡胶生产中聚合末釜温度主要是由（　　）控制的。

A. 充油量　B. 丁油进料温度　C. 夹套　D. 以上三种都可以

10. 影响顺丁橡胶的加工性能的主要指标是（　　）。

A. 相对分子质量　B. 门尼黏度　C. 陈化方式　D. 催化剂用量

四、简答题

1. 什么是门尼黏度？是由哪些因素决定的？

2. 挂胶现象产生的主要原因及危害是什么？如何控制？

3. 顺丁橡胶生产中，聚合首釜及其他釜的温度是如何控制的？

4. 顺丁橡胶生产中，产品质量如何控制？

学习情境七

聚酯生产

知识目标：

掌握聚酯的反应原理；掌握生产聚酯的主要原料及作用；掌握聚酯装置的生产工艺流程及生产特点；掌握聚酯生产主要岗位设置及各岗位的工作任务。

能力目标：

能正确分析聚酯生产岗位的工作任务；能识读聚酯生产工艺流程图。

聚酯是由二元或多元酸和二元或多元醇通过缩聚反应而得到的高聚物总称。聚酯可采用不同的原料、不同的合成方法得到不同品种。目前，聚酯的主要品种有聚对苯二甲酸乙二醇酯（PTE）、聚对苯二甲酸丁二醇酯（PBT）、聚对苯二甲酸丙二醇酯（PTT）以及某些共聚酯等系列。聚对苯二甲酸乙二醇酯（Polyethylene Terephthalate，缩写 PET），是以对苯二甲酸（PTA）和乙二醇（EG）为原料缩聚而成，呈乳白色或浅黄色、高度结晶的聚合物，表面平滑有光泽，是世界上第一个实现工业化的聚酯产品。聚酯生产原料及产品如图 7-1 所示。

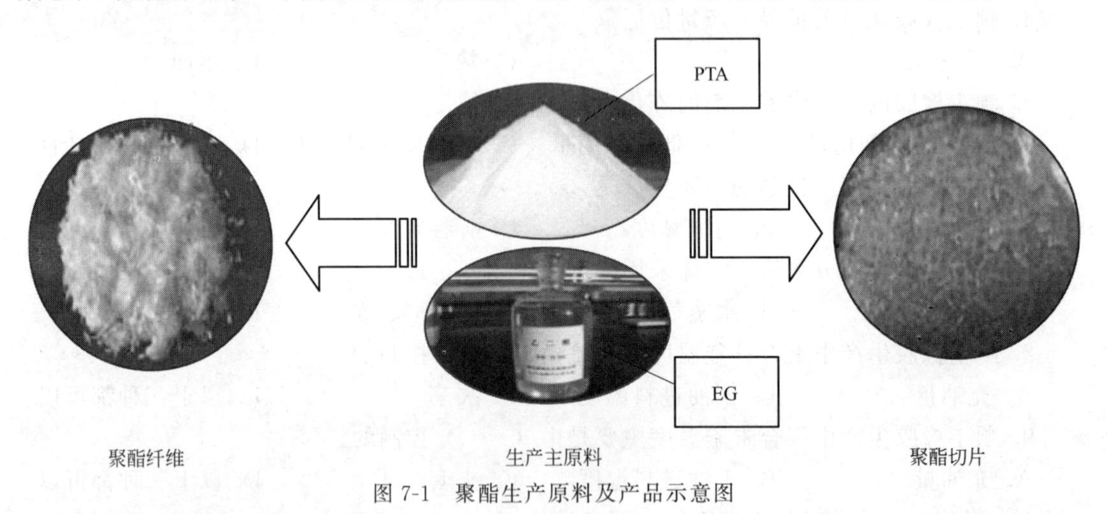

图 7-1　聚酯生产原料及产品示意图

一、聚酯制品展示

目前，纤维级聚酯和瓶级聚酯占领着全球市场，它们主要区别于相对分子质量、特性黏度、光学性能及生产配方等方面。常见的聚酯制品见图 7-2。

二、聚酯的性能指标及用途

1. 聚酯产品性能

聚对苯二甲酸乙二醇酯优点是在室温下具有优良的物理机械性能，耐蠕变性、耐疲劳性、耐摩擦性、尺寸稳定性都很好；长期使用温度可达 120℃，尤其是电绝缘性优良，耐多

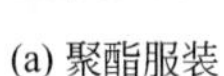

(a) 聚酯服装

(b) 聚酯膜

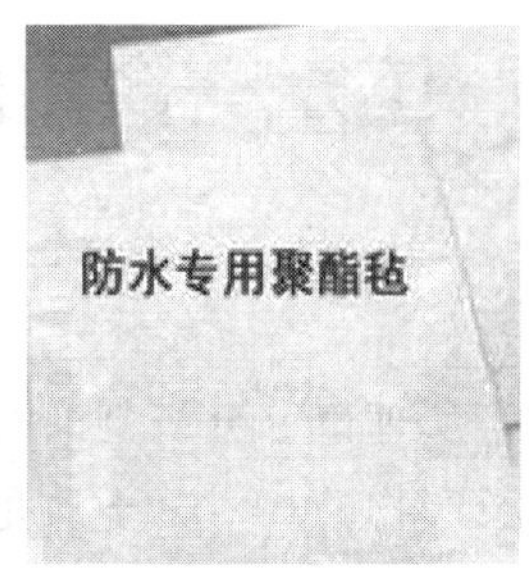

(c) 防水聚酯毡

(d) 聚酯塑料瓶

图 7-2　聚酯产品展示

种有机溶剂。缺点是冲击性能差，成型加工困难，吸湿性强，使用前常需干燥。

2. 聚酯主要质量指标

某企业聚酯切片的主要质量指标，见表 7-1。

表 7-1　聚酯切片主要质量指标

序号	项　目		质量指标		
			优级品	一级品	合格品
1	特性黏度/(dL/g)		$M_1 \pm 0.010$	$M_1 \pm 0.013$	$M_1 \pm 0.025$
2	熔点/℃		$M_2 \pm 2$	$M_2 \pm 2$	$M_2 \pm 3$
3	羧基含量/(mol/t)		$M_3 \pm 4$	$M_3 \pm 4$	$M_3 \pm 5$
4	色度(*b* 值)		$M_4 \pm 2$	$M_4 \pm 3$	$M_4 \pm 4$
5	二氧化钛含量/%(*m*/*m*)		$M_5 \pm 0.03$	$M_5 \pm 0.05$	$M_5 \pm 0.06$
6	二甘醇含量/%(*m*/*m*)		$M_6 \pm 0.15$	$M_6 \pm 0.20$	$M_6 \pm 0.30$
7	凝集粒子(≥10μm)/(个/mg)	≤	1.0	3.0	6.0
8	水分/%(*m*/*m*)	≤	0.4	0.4	0.5
9	异状切片/%(*m*/*m*)	≤	0.4	0.5	0.6
10	粉末/(mg/kg)	≤	100	100	100
11	灰分/%(*m*/*m*)	≤	0.06	0.07	0.08
12	铁含量/(mg/kg)	≤	2	4	6

3. 聚酯的用途

聚酯按用途可分为纤维和非纤维两大类。聚酯纤维是三大合成纤维之一，俗称“涤纶”，非纤维类主要指薄膜、工程塑料、容器、充装饮料、食品等中空制品；也可用来制造绝缘材料、磁带带基、电影或照相胶片片基和真空包装等。聚酯具有良好的物理、化学和机械性能，特别是力学性能、绝缘性、耐热性、耐化学性、耐磨性及后加工性能优异，使民用聚酯纤维的消耗量不断增长，同时在非纤维领域也得到进一步的拓展。目前，聚酯正在越来越多地取代金属、玻璃、陶瓷、纸张、木材和其他合成材料。聚酯树脂的主要用途见表 7-2。

表 7-2　聚酯的主要用途

应用领域	应用实例
纤维(长丝、短丝、工业丝)	服装、医用绷带、轮胎帘子线、工业滤布、建筑防水基材等
薄膜	包装、绝缘材料、带基等
瓶罐	饮料瓶(可乐、果汁、矿泉水瓶等)、食品瓶(酱油瓶、醋瓶等)、化妆品包装及洗涤用品包装瓶等
工程塑料	电子、电器、汽车等领域，如仪表壳、热风罩等

任务一 聚酯生产原理

【任务介绍】

依据单体的结构特征，从理论上分析判断合成聚酯所遵循的聚合机理，生产上可采用什么方法控制聚合反应速率及产物的相对分子质量。

【相关知识】

一、单体的性质及来源

1. 对苯二甲酸

对苯二甲酸是产量最大的二元羧酸，在常温下为白色晶体或粉末，无毒，易燃，若与空气混合，在一定的限度内遇火即燃烧甚至发生爆炸。不溶于水、乙醚、乙酸乙酯、二氯甲烷、甲苯、氯仿等大多数有机溶剂，可溶于强极性有机溶剂。

工业上，对苯二甲酸主要通过对二甲苯的氧化法而制得。

2. 乙二醇

乙二醇是最简单的二元醇，是无色、无臭、有甜味的黏稠液体，挥发度极低，能与水、丙酮互溶，但在醚类中溶解度较小。

工业上，乙二醇主要通过环氧乙烷直接水合法而制得。

二、聚酯的生产原理

大多数杂链高聚物都是通过逐步聚合反应合成的，是目前生产聚合物的主要方法之一。其产物大多具有高强度、高模量、耐高温等性能，在合成聚合物新产品方面起到重要作用。

1. 逐步聚合反应

逐步聚合反应是由单体逐步聚合成低聚体，再由低聚体聚合成高聚物的过程，包含了许多阶段性的重复反应，且每个阶段都能得到较稳定的化合物。逐步聚合反应按照基本的官能团反应类型可分为逐步缩合聚合（简称缩聚反应）和逐步加成聚合两大类。

逐步聚合反应在高分子合成中占有非常重要的地位，广泛用于合成工程塑料、纤维、橡胶、黏合剂和涂料等，具有很高工业价值。如聚酰胺、聚酯、酚醛树脂、脲醛树脂、氨基树脂、醇酸树脂、不饱和聚酯、环氧树脂、硅橡胶、聚硫橡胶、呋喃树脂、聚碳酸酯等都是通过逐步缩聚反应得到的；如聚苯醚、聚酰亚胺、聚苯并咪唑等许多带有芳杂环的耐高温聚合物也是由逐步聚合反应得到的；如聚氨酯、尼龙-6 及许多梯形聚合物等是通过逐步加成聚合反应得到的。绝大多数天然高分子都是缩聚物，如蛋白质是通过各种 α-氨基酸经酶催化缩聚而得；淀粉、纤维素是由糖类化合物缩聚而成；核酸（DNA 和 RNA）也是由相应的单体缩聚而成等。

2. 缩聚反应分类

缩聚反应是指含有两个或两个以上官能团的单体分子间逐步缩合聚合形成高聚物，同时有低相对分子质量副产物（如 H_2O、HX、ROH 等）析出的化学反应。其反应的实质是官能团之间发生缩合反应，如聚酯化反应、聚酰胺化反应等。

缩聚反应的类型很多，可以按不同的方法进行分类。

(1) 按聚合产物大分子链的形态分类

① 线型缩聚反应　参加反应的单体都含有两个官能团，反应中形成的大分子向两个方向发展，得到线型聚合物，这类反应称为线型缩聚反应。如二元酸与二元醇反应生成聚酯；二元酸与二元胺反应生成聚酰胺等。

$$n\mathrm{HOROH}+n\mathrm{HOOCR'COOH}\longrightarrow \underset{\text{聚酯}}{\mathrm{H\text{+}OROOCR'CO\text{+}_{n}OH}}+(2n-1)\mathrm{H_2O}$$

$$n\mathrm{H_2NRNH_2}+n\mathrm{HOOCR'COOH}\longrightarrow \underset{\text{聚酰胺}}{\mathrm{H\text{+}HNRNH{-}OCR'CO\text{+}_{n}OH}}+(2n-1)\mathrm{H_2O}$$

② 体型缩聚反应　参加反应的单体必须有一种含有两个以上的官能团，形成的大分子向三个方向增长，得到体型结构的聚合物，这类反应称为体型缩聚反应。如丙三醇和邻苯二甲酸酐的反应、苯酚与甲醛等的反应。这类反应除了按照线型方向进行链增长外，侧基也参加缩聚而形成体型结构。这种反应往往分阶段进行，产物为热固性聚合物。通式可表示为：

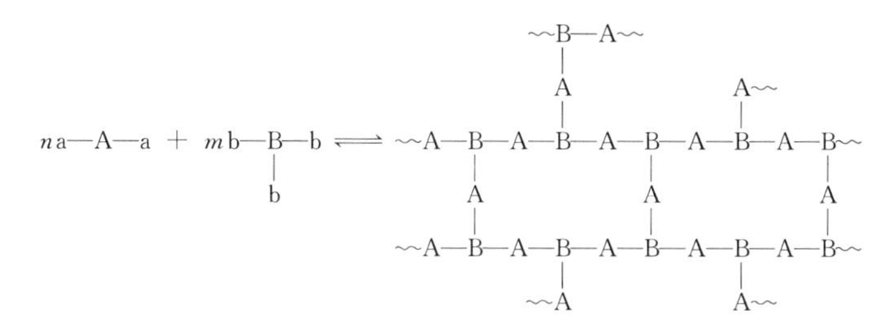

(2) 按参加反应的单体数目分类

① 均缩聚　只有一种单体参与的缩聚反应，其重复结构单元中只含有一种结构单元。该单体必须含有两种可以发生缩合反应的官能团。如 ω-氨基酸、ω-羟基酸的缩聚反应。

$$n\mathrm{H_2N{-}R{-}COOH}\longrightarrow \mathrm{H\text{+}NH{-}R{-}CO\text{+}_{n}OH}+(n-1)\mathrm{H_2O}$$

$$n\mathrm{HO{-}R{-}COOH}\rightleftharpoons \mathrm{H\text{+}ORCO\text{+}_{n}OH}+(n-1)\mathrm{H_2O}$$

② 混缩聚　两种分别带有不同官能团的单体进行的缩聚反应，其重复结构单元中含有两种结构单元。如前面提到的二元酸与二元醇、二元胺与二元酸的反应。

③ 共缩聚　在均缩聚中加入第二单体或在混缩聚中加入第三甚至第四单体进行的缩聚反应。与自由基共聚合反应相类似，按各种单体相互连接的方式也分为无规缩聚物、交替共缩聚物及嵌段共缩聚物。如乙二醇与对苯二甲酸缩聚成涤纶，加入第三种单体丁二醇，可降低涤纶的结晶度和熔点，从而增加其柔性。

(3) 按聚合反应热力学分类

① 平衡缩聚　又称可逆缩聚，通常指平衡常数小于 10^3 的缩聚反应。聚合过程中生成的聚合物可被反应中伴生的小分子化合物降解，单体小分子与聚合物大分子之间存在可逆平衡的逐步聚合反应。如二元酸与二元醇间的酯化反应。

$$n\mathrm{HOOC{-}R{-}COOH}+n\mathrm{HO{-}R'{-}OH}\underset{\text{水解}}{\overset{\text{聚合}}{\rightleftharpoons}}\mathrm{HO\text{+}OC{-}R{-}CO{-}O{-}R'{-}O\text{+}_{n}H}+2(n-1)\mathrm{H_2O}$$

② 不平衡缩聚　又称不可逆缩聚，通常指平衡常数大于 10^3 的缩聚反应。聚合反应过程中生成的聚合物分子之间不会发生交换反应，单体分子与聚合物分子之间不存在可逆平衡，即不存在化学平衡，如二元酰氯和二元胺或二元醇的缩聚反应。这类反应多使用高活性单体

或采取其他办法来实现。近年来，对这类缩聚反应的研究有了迅速的发展，特别是在合成耐高温缩聚物中它已成为一种重要手段。

（4）按缩聚反应后形成的键合基团分类

根据缩聚反应的单体官能团之间反应所生成键合基团的种类不同，可以分为聚酯化反应、聚酰胺化反应、聚醚化反应和聚硅氧烷化反应等。具体分类及常见的典型产品见表7-3。

表 7-3　缩聚物中常见的键合基团

反应类型	键合基团	典型产品
聚酯化反应	$-\overset{O}{\overset{\|}{C}}-O-$	涤纶、聚碳酸酯、不饱和聚酯、醇酸树脂
聚酰胺化反应	$-\overset{O}{\overset{\|}{C}}-NH-$	尼龙-6、尼龙-66、尼龙-1010、尼龙-610
聚醚化反应	$-O-$ $-S-$	聚苯醚、环氧树脂、聚苯硫醚、聚硫橡胶
聚氨酯化反应	$-O-\overset{O}{\overset{\|}{C}}-NH-$	聚氨酯类
酚醛缩聚	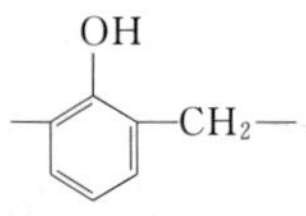 （苯环，邻位 OH）$-CH_2-$	酚醛树脂
脲醛缩聚	$-NH-\overset{O}{\overset{\|}{C}}-NH-CH_2-$	脲醛树脂
聚烷基化反应	$-[CH_2]_n-$	聚烷烃
聚硅醚化反应	$-\underset{\|}{\overset{\|}{Si}}-O-$	有机硅树脂

3. 缩聚反应的单体

逐步聚合反应的基本特点体现在反应发生单体所携带的官能团上，常见的能发生逐步聚合反应的官能团有$-OH$、$-NH_2$、$-COOH$、酸酐、$-COOR$、$-COCl$、$-H$、$-Cl$、$-SO_3$、$-SO_2Cl$等。参加反应的单体分子含有两个或两个以上官能团，官能团的性质、数目决定聚合产物的结构，也对聚合反应有重要的影响。

（1）单体的官能度

一个单体分子中能够参加反应的官能团数目称为官能度，用 f 表示。大多数单体分子官能度与所含官能团的数目相同，个别单体官能度随反应条件不同而不同。如乙二醇含有两个羟基，其官能度为 $f=2$。苯酚则随着反应条件不同官能度不同，苯酚在进行酰化反应时，只有一个羟基参加反应，官能度为 $f=1$；而当苯酚与醛类进行缩合时，参加反应的是羟基的邻、对位上的三个活泼氢原子，此时官能度为 $f=3$。又如丙三醇与邻苯二甲酸酐反应制备醇酸树脂时，反应开始时，由于伯羟基的活性比仲羟基的活性高，实际参与反应的只有两个伯羟基，此时丙三醇的官能度为 $f=2$，得到的是线型产物；但随着反应的继续进行，仲羟基也参与反应，则丙三醇的官能度为 $f=3$，得到的是交联产物。常见单体的官能度见表7-4。

表 7-4　缩聚反应常用单体官能度及其应用

官能团	单体	结构式	官能度	实际应用
醇 —OH	乙二醇	$HO—(CH_2)_2—OH$	2	聚酯、聚氨酯
	丁二醇	$HO—(CH_2)_4—OH$	2	聚酯、聚氨酯
	丙三醇	$HO—CH_2—CH—CH_2—OH$ | OH	3	醇酸树脂、聚氨酯
	季戊四醇	$CH_2—OH$ | $HO—CH_2—C—CH_2—OH$ | $CH_2—OH$	4	醇酸树脂
酚 —OH	苯酚	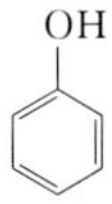 OH	2(酸催化) 3(碱催化)	酚醛树脂
	甲酚	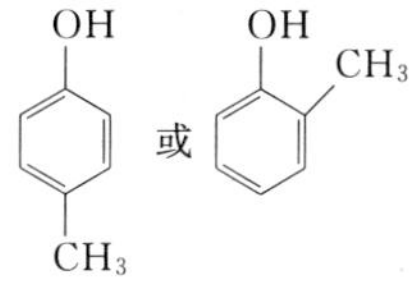 OH CH_3 或 OH CH_3	2	酚醛树脂
	间苯二酚	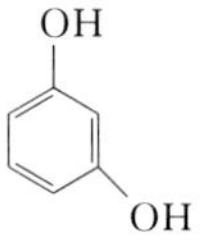 OH OH	3	酚醛树脂
	2,6-二甲基苯酚	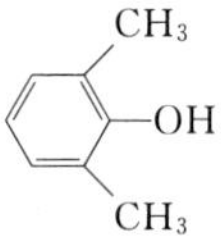 CH_3 —OH CH_3	2	聚苯醚
	双酚 A	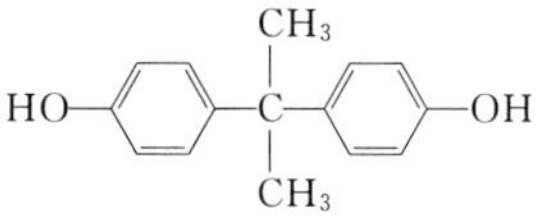 CH_3 HO— —C— —OH CH_3	2	聚碳酸酯、聚芳砜、环氧树脂
羧酸 —COOH	己二酸	$HOOC—(CH_2)_4—COOH$	2	聚酰胺、聚氨酯
	癸二酸	$HOOC—(CH_2)_8—COOH$	2	聚酰胺
	均苯四甲酸	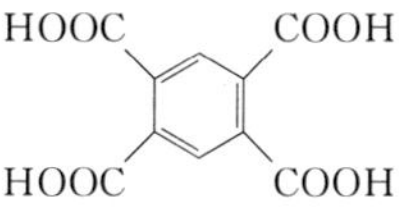 HOOC　COOH HOOC　COOH	4	聚酰亚胺
	对苯二甲酸	 HOOC— —COOH	2	聚酯
	ω-氨基十一酸	$HOOC—(CH_2)_{10}—NH_2$	2	聚酰胺
酸酐 $—(CO)_2O$	邻苯二甲酸酐	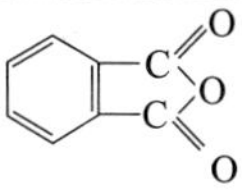 C=O O C=O	2	醇酸树脂
	均苯四甲酸酐	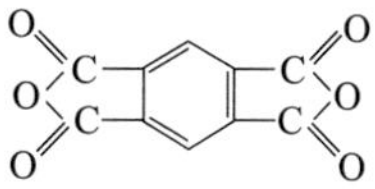 O=C　C=O O　O O=C　C=O	4	聚酰亚胺
	马来酸酐 (顺丁烯二酸酐)	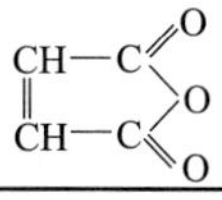 CH—C=O ‖　O CH—C=O	4	不饱和聚酯

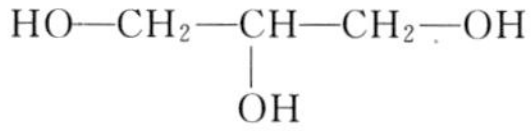

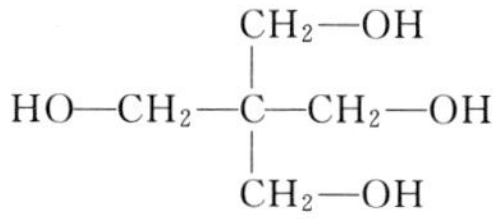

续表

官能团	单体	结构式	官能度	实际应用
酯 —COOR	对苯二甲酸二甲酯	$H_3C-O-\overset{O}{\overset{\Vert}{C}}-C_6H_4-\overset{O}{\overset{\Vert}{C}}-O-CH_3$	2	聚酯
	间苯二甲酸二苯酯	$C_6H_5-O-\underset{O}{\underset{\Vert}{C}}-C_6H_4-\underset{O}{\underset{\Vert}{C}}-O-C_6H_5$	2	聚苯并咪唑
酰氯 —COCl	光气	$Cl-\underset{O}{\underset{\Vert}{C}}-Cl$	2	聚碳酸酯、聚氨酯
	己二酰氯	$ClOC-(CH_2)_4-COCl$	2	聚酰胺
胺 $-NH_2$	己二胺	$H_2N-(CH_2)_6-NH_2$	2	聚酰胺
	癸二胺	$H_2N-(CH_2)_{10}-NH_2$	2	聚酰胺
	间苯二胺	$H_2N-C_6H_4-NH_2$（间位）	2	芳族聚酰胺
	均苯四胺	$C_6H_2(NH_2)_4$（1,2,4,5-位）	4	吡咙梯形高聚物
	三聚氰胺	$C_3N_3(NH_2)_3$（均三嗪环，三个C上各连 NH_2）	6	氨基树脂
	尿素	$H_2N-\underset{O}{\underset{\Vert}{C}}-NH_2$	2	脲醛树脂
异氰酸酯 $-N=C=O$	六亚甲基二异氰酸酯	$OCN-(CH_2)_4-NCO$	4	不饱和树脂
	甲苯二异氰酸酯	$CH_3C_6H_3(NCO)_2$（2,4-位）或 $CH_3C_6H_3(NCO)_2$（2,6-位）	4	聚氨酯
醛 —CHO	甲醛	$H-\underset{O}{\underset{\Vert}{C}}-H$	2	酚醛树脂、脲醛树脂
	糠醛	C_4H_3O-CHO（呋喃环）	2	糠醛树脂
氯 —Cl	二氯乙烷	$Cl-CH_2CH_2-Cl$	2	聚硫橡胶
	环氧氯丙烷	$\underbrace{CH_2-CH}_{O}-CH_2Cl$	2	环氧树脂
	二氯二苯砜	$Cl-C_6H_4-\overset{O}{\overset{\Vert}{\underset{O}{\underset{\Vert}{S}}}}-C_6H_4-Cl$	2	聚芳砜
	二甲基二氯硅烷	$Cl-\overset{CH_3}{\overset{\vert}{\underset{CH_3}{\underset{\vert}{Si}}}}-Cl$	2	聚硅氧烷

（2）单体的平均官能度

在多组分缩聚体系中，参加反应的单体含有两种或两种以上不同的官能团，人们常用平均官能度来衡量缩聚反应体系中单体官能团的相对数目，作为评价聚合产物结构倾向的依据。

平均官能度是指缩聚反应体系中实际参加聚合反应的官能团数目相对于体系中单体分子总数的平均值，用 $\overline{f}$ 表示。可分两种情况来计算。

a. 官能团等物质量反应　假设聚合体系中含有 A、B 两种官能团，f_A、f_B分别代表两种单体 A、B 的官能度，N_A、N_B分别代表单体 A、B 的分子数。

当 $N_A f_A = N_B f_B$时，平均官能度为体系中官能团总数相对于单体分子数的平均值，即：

$$\overline{f}=\frac{f_A N_A + f_B N_B}{N_A + N_B}$$

b. 官能团非等物质量反应　上述聚合体系，当 $N_A f_A \neq N_B f_B$时，若 $N_A f_A < N_B f_B$，缩聚反应进行的程度，取决于官能团数目少的一种物质，此时的平均官能度为官能团总数少的乘以 2 除以单体分子总数，即：

$$\overline{f}=\frac{2N_A f_A}{N_A + N_B}$$

假设体系含 A、B、C 三种官能团，A、B 有同种官能团，且 $N_A f_A + N_B f_B < N_C f_C$，则平均官能度为官能团总数少的乘以 2 再除以全部的单体分子总数，即：

$$\overline{f}=\frac{2(N_A f_A + N_B f_B)}{N_A + N_B + N_C}$$

存在多种单体的缩聚体系，可采用类似的方法确定单体的平均官能度。

（3）平均官能度的应用

由上面的几个表达式可以看出，单体的平均官能度不但与单体官能度有关，还与单体配料比有关。通过单体的平均官能度数值可以直接判断缩聚反应所得产物的结构与反应类型。

当 $\overline{f}>2$ 时，产物为支化或网状结构，属于体型缩聚反应；

当 $\overline{f}=2$ 时，产物为线型结构，属于线型缩聚反应；

当 $\overline{f}<2$ 时，反应体系有单官能团原料，不能生成高聚物。

【实例 7-1】　乙二酸与乙二胺进行官能团等物质量的缩聚反应，则单体的平均官能度 $\overline{f}$ 为：

$$\overline{f}=\frac{2\times 2+2\times 2}{2+2}=2$$

说明该反应为线型缩聚反应，产物为线型结构。

【实例 7-2】　丙三醇与邻苯二甲酸酐进行官能团等物质量的缩聚反应，则单体的平均官能度 $\overline{f}$ 为：

$$\overline{f}=\frac{3\times 2+2\times 3}{3+2}=2.4$$

说明该反应为体型缩聚反应，产物为网状结构。

【实例 7-3】　乙二醇、丙三醇与邻苯二甲酸酐进行共缩聚反应，单体分子物质的量之比为 0.05∶1.2∶1.5 时，则单体的平均官能度 $\overline{f}$ 为：

先比较单体中羟基与羧基官能团的数量。含羟基（—OH）总数为 $2\times 0.05+3\times 1.2=$

3.7；含羧基（—COOH）总数为 2×1.5=3。

$$\overline{f}=\frac{2(2\times1.5)}{0.05+1.2+1.5}=2.18$$

说明该反应为体型缩聚反应，产物为网状结构。

4. 线型缩聚反应特征

缩聚反应的实质是单体带有可发生缩合反应的官能团而发生的聚合过程，体现出机理上的逐步性，此外，还具有可逆性和复杂性的特征。

(1) 逐步性

缩聚反应的链增长是逐步进行的。首先单体因参加反应，很快消失，缩合生成低聚物（二聚体、三聚体等），生成的低聚体既可以与单体发生缩合反应，也可相互之间发生缩合反应，生成更高聚合度的聚合物，形成了单体与单体之间、单体与低聚物之间以及低聚体与低聚体之间的链增长过程。因此，单体转化率在反应一开始就急剧增加，随后变化不大，而缩聚物的相对分子质量却随反应时间的延长而逐步增加，显示出逐步的特征。如若以 a-A-a 和 b-B-b 表示两种聚合单体，官能团 a 和 b 可相互发生缩合反应，以 a-AB-b 表示二聚体、a-ABA-a 或 b-BAB-b 表示三聚体等，则逐步反应过程可表示如下：

$$aAa+bBb \rightleftharpoons aABb+ab$$

$$aABb+aAa \rightleftharpoons aABAa+ab$$

$$aABb+aABb \rightleftharpoons aABABb+ab$$

反应通式可写成： $a\!+\!\!\left[AB\right]_m\!\!-\!b + a\!+\!\!\left[AB\right]_n\!\!-\!b \rightleftharpoons a\!+\!\!\left[AB\right]_{m+n}\!\!-\!b + ab$

(2) 可逆性

大多数线型缩聚反应是可逆平衡反应。可逆程度有差别，通常用平衡常数来衡量。当缩聚反应进行到一定程度时，大分子链生长过程逐步停止，进入缩聚平衡阶段。此时，缩聚物的相对分子质量不再随反应时间的延长而增加。要使产物的相对分子质量增加，必须将体系中形成的小分子副产物不断移出，打破原有的平衡，使反应向生成聚合物的方向进行。但由于高分子链的不断生成，使体系黏度不断增大，致使低分子副产物不易排出，因此，缩聚物的相对分子质量总是低于加聚产物。

(3) 复杂性

在缩聚反应过程中，与大分子链增长的同时，往往伴有环化反应、官能团消去、化学降解、链交换反应等一些副反应，使缩聚反应变得较为复杂。

① 官能团的消去反应　主要包括二元羧酸的脱羧反应、二元胺的脱氨反应等。在合成聚酯时，所用单体中的二元羧酸在高温受热易发生脱羧反应。

$$HOOC(CH_2)_nCOOH \longrightarrow HOOC(CH_2)_nH + CO_2$$

发生官能团的消去反应将引起原料官能团摩尔比的变化，从而影响缩聚产物的聚合度。在生产中，可选择热稳定性比羧酸好的羧酸酯代替二元酸来制备聚酯。在合成聚酰胺时，所用单体中的二元胺也有可能进行分子内或分子间的脱氨反应。

$$2H_2N(CH_2)_nNH_2 \longrightarrow H_2N(CH_2)_nNH(CH_2)_nNH_2 + NH_3$$

$$2H_2N(CH_2)_nNH_2 \longrightarrow 2(CH_2)_{n-1}\!\!<\!\!\begin{smallmatrix}CH_2\\ \end{smallmatrix}\!\!>\!\!NH + 2NH_3$$

② 化学降解反应　可逆缩聚反应的逆反应实质就是发生了高聚物的化学降解。典型的是聚酯和聚酰胺的可逆反应，在高分子链增长的同时，低分子的单体原料如醇、酸、胺及水

可使聚酯、聚酰胺等大分子链发生醇解、酸解、胺解、水解等降解反应。

a. 醇解反应

$$\sim O(CH_2)_2O \vdots \underset{\underset{O}{\|}}{C}-C_6H_4-\underset{\underset{O}{\|}}{C}\sim + H\vdots O-(CH_2)_2OH \longrightarrow$$

$$\sim O(CH_2)_2OH + HO(CH_2)_2O\underset{\underset{O}{\|}}{C}-C_6H_4-\underset{\underset{O}{\|}}{C}\sim$$

b. 酸解反应

$$\sim O(CH_2)_2O\vdots \underset{\underset{O}{\|}}{C}\sim C_6H_4-\underset{\underset{O}{\|}}{C}\sim + R-\underset{\underset{O}{\|}}{C}\vdots OH \longrightarrow \sim O(CH_2)_2O\underset{\underset{O}{\|}}{C}-R + HO-\underset{\underset{O}{\|}}{C}-C_6H_4-\underset{\underset{O}{\|}}{C}-O\sim$$

c. 胺解反应

$$\sim NH(CH_2)_nNH\vdots \underset{\underset{O}{\|}}{C}-(CH_2)_n-\underset{\underset{O}{\|}}{C}\sim + H\vdots NH(CH_2)_nNH_2 \longrightarrow$$

$$\sim NH(CH_2)_nNH_2 + H_2N(CH_2)_nNH-\underset{\underset{O}{\|}}{C}-(CH_2)_n\underset{\underset{O}{\|}}{C}\sim$$

d. 水解反应

$$\sim NH(CH_2)_nNH\vdots \underset{\underset{O}{\|}}{C}(CH_2)_n-\underset{\underset{O}{\|}}{C}\sim + H\vdots OH \longrightarrow \sim NH(CH_2)_nNH_2 + HO-\underset{\underset{O}{\|}}{C}-(CH_2)_n\underset{\underset{O}{\|}}{C}\sim$$

$$\sim O(CH_2)_2O\vdots \underset{\underset{O}{\|}}{C}-C_6H_4-\underset{\underset{O}{\|}}{C}\sim + H\vdots OH \longrightarrow \sim O(CH_2)_2OH + HO-\underset{\underset{O}{\|}}{C}-C_6H_4-\underset{\underset{O}{\|}}{C}-O\sim$$

由上可见，链的降解反应造成缩聚反应产物相对分子质量降低。不仅在聚合反应中发生，在树脂的成型加工中也有可能发生。因此，热塑性聚酯、聚酰胺等在熔体成型加工前必须进行干燥处理。但有时也可以利用降解反应回收利用高聚物，变废为宝。如在合成酚醛树脂中，一旦交联固化，可加入过量的酚，使之酚解成为低聚物，可回收利用。

③ 链交换反应　缩聚反应中，一个分子中的端基可以与另一大分子中间的弱键进行链交换反应，其实质上是化学降解。此外，两个大分子也可在中间基团键处进行链交换反应。通常是较长的链易从链中间断裂进行交换反应，较短的链易从链端处发生交换反应。如聚酯、聚酰胺、聚硫化物的两个分子可在任何地方的酯键、酰胺键、硫键处进行链交换反应。

$$H-[OROCOR'O]_m-[OROCOR'O]_n-OH+H-[OROCOR'O]_p-[OROCOR'O]_q-OH \longrightarrow$$

$$H-[OROCOR'O]_m-[OROCOR'O]_q-OH+H-[OROCOR'O]_p-[OROCOR'O]_n-OH$$

链的交换反应结果使长链变短，短链变长，既不增加又不减少官能团数目，也不影响体系中分子链的数目，缩聚产物相对分子质量分布更均一，同时，如果不同聚合物进行链交换反应，可形成嵌段缩聚物。

5. 线型缩聚反应机理

(1) 官能团等活性假设

前面已经讨论过，多数线型缩聚反应都是逐步的可逆平衡反应，从单体到高聚物每步反应都存在平衡问题，由于官能团在长短不同碳链的活性不同，所以每一步都有不同速率常数。如产物的聚合度为 n 缩聚物，要经过 $n-1$ 次缩合反应，也就有 $n-1$ 个平衡常数，这造成对反应平衡及动力学等问题的研究将无法进行。

1939 年，弗洛里研究了十二碳醇与月桂酸（十二烷酸）、癸二醇与己酸的酯化反应，用同系列单官能团化合物模拟缩聚反应的不同反应阶段，对官能团的反应活性情况进行实验对比。实验数据证明，缩聚反应中不同链长的端基官能团，具有相同的反应能力和参加反应的机会，即官能团的反应活性与链长无关，这就是缩聚反应中官能团等活性假设。这一理论大大简化了研究过程，可用同一平衡常数表示整个缩聚过程，也可用两个官能团之间的反应来描述整个缩聚反应过程，而不必考虑各种具体的反应步骤。

弗洛里也指出，官能团等活性理论是近似的，不是绝对的。在某些情况下有很大的偏差，如缩聚反应后期，体系黏度过高，使分子扩散困难，相邻反应物质间的平衡浓度受到影响，官能团的活性和反应速率会受到一定的影响。

（2）线型缩聚反应的平衡

在一定温度下，可逆反应正逆反应进行的程度，可以用平衡常数 K 来表示。如聚酯反应，用 k_1，k_{-1}分别代表正、逆反应的速率常数，则反应式可写成如下形式。

$$—OH + —COOH \underset{k_{-1}}{\overset{k_1}{\rightleftharpoons}} —OCO^- + H_2O$$

根据官能团等活性假设，每一步反应的正、逆反应速率常数不变，即可以用一个平衡常数 K 代表整个反应特征，用官能团的浓度表示分子的浓度。则聚酯反应的平衡常数为：

$$K = \frac{k_1}{k_{-1}} = \frac{[—OCO][H_2O]}{[—OH][—COOH]}$$

根据平衡常数的大小可将线型缩聚反应大致分为三类：

① 平衡常数较小的反应　如聚酯反应，$K \approx 4$，低分子副产物水的存在对缩聚产物的聚合度影响很大，应设法除去；

② 平衡常数中等的反应　如聚酰胺反应，$K \approx 300 \sim 700$，低分子副产物水对缩聚产物的聚合度影响不大；

③ 平衡常数很大的反应　如聚砜和聚碳酸酯一类的合成反应，平衡常数一般在几千以上，可看作是不可逆反应。

6. 线型缩聚物的相对分子质量及控制方法

（1）相对分子质量确定方法

对于线型缩聚反应，可通过聚合度$\overline{X_n}$计算缩聚物的平均相对分子质量（$\overline{M}_n$），关系式为：

$$\overline{M}_n = M_0 \overline{X_n} + M_{端}$$

式中，M_0代表重复结构单元的平均相对分子质量。对于均缩聚反应是指重复结构单元相对分子质量；若两种单体参加混缩聚或共缩聚，$M_0 = M/2$；若三种单体参加的混缩聚或共缩聚 $M_0 = M/3$。$M_{端}$代表缩聚产物大分子端基的相对分子质量。

如聚对苯二甲酸乙二醇酯　$HO\text{-}[C\text{—}C_6H_4\text{—}CO\text{—}O\text{—}CH_2\text{—}CH_2\text{—}O]_n\text{-}H$

结构单元　结构单元

重复结构单元

其 $M = 192$，$M_0 = 192/2 = 96$，而 $M_{端} = 18$。

（2）影响线型缩聚反应聚合度的因素

① 反应程度对聚合度的影响　反应程度指参加反应官能团的数目与初始官能团数目的比值，以 P 表示。在缩聚反应中，反应程度可以对任何一种参加反应的官能团而言，常用来描述反应进行的深度，可由实验测定。反应程度与单体转化率的含义不同，转化率是参加

反应的单体量占起始单体量的分数，指已经参加反应的单体的数目。而反应程度则是指已经反应的官能团的数目。如某种缩聚反应，两个单体之间发生反应很快全部变成二聚体，则单体转化率为100%，但却只有一半官能团已经反应掉，官能团的反应程度仅为0.5。

平均聚合度指进入大分子链的平均单体数目（或结构单元数），以$\overline{X}_n$表示。

在缩聚反应中，随着反应的进行，官能团的数目不断减少，反应程度不断增加，产物的平均聚合度也增大，即反应程度与平均聚合度之间存在一定的依赖关系。如等物质的量的二元酸和二元醇的缩聚反应，起始官能团总数（羧基数或羟基数）为N_0，当反应平衡后，剩余的官能团数目为N，即反应掉的官能团数为N_0-N，此时反应程度为：

$$P=\frac{N_0-N}{N_0}=1-\frac{N}{N_0} \tag{7-1}$$

根据平均聚合度的定义：

$$\overline{X}_n=\frac{\text{单体的分子数}}{\text{生成的大分子数}}=\frac{\text{结构单元数}}{\text{大分子数}}=\frac{N_0}{N} \tag{7-2}$$

由式(7-1)与式(7-2)可得反应程度与平均聚合度的定量关系表达式为：

$$\overline{X}_n=\frac{1}{1-P} \tag{7-3}$$

反应程度与平均聚合度的这种关系，不论对均缩聚还是混缩聚都适用。若将一系列反应程度P的数值代入式(7-3)，可以得到一系列的聚合度数$\overline{X}_n$值。

P	0.500	0.750	0.850	0.900	0.950	0.96	0.980	0.985	0.990	0.995	0.998	0.999
$\overline{X}_n$	2	4	7	10	20	25	50	64	100	200	500	1000

从表中可以看出，在缩聚反应初期，随着反应程度的变化，聚合产物的聚合度逐渐增加，但到反应后期，聚合度会迅速增加。如当反应程度由99.5%增加至99.9%时，聚合度由500增至1000。聚合度随反应程度的增大而增加的变化趋势如图7-3所示。

如涤纶、尼龙、聚碳酸酯、聚砜等缩聚物，作为材料使用时，一般要求聚合度$\overline{X}_n \approx 100 \sim 200$，反应程度至少要达到0.95至0.995。因此，在缩聚反应中用反应程度表示反应进行的深度情况，而不用转化率描述。此外，大分子链端会残留两个未反应的官能团，也就是说反应程度只能趋近于1，但不能等于1。

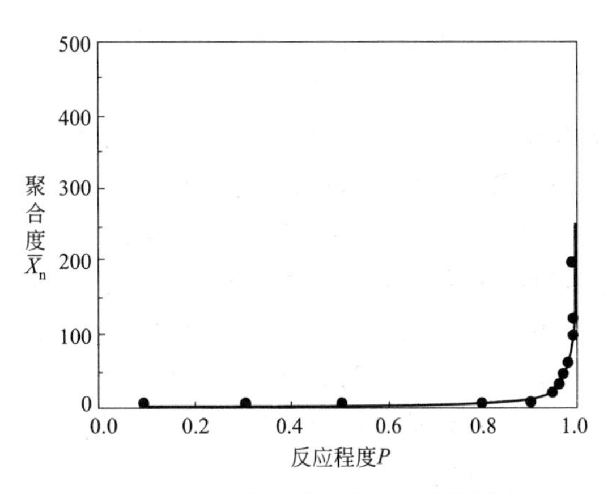

图7-3　反应程度对产物聚合度的影响

② 缩聚平衡对聚合度的影响　缩聚反应是由一系列平衡反应构成的，根据官能团等活性假设，可用一个平衡常数表示整个缩聚平衡反应。因此，平衡常数对P和$\overline{X}_n$都会产生很大的影响。以聚酯可逆平衡反应（等物质量反应）为例，设反应开始（$t=0$）时，起始官能团—COOH和—OH的总数各为N_0，当反应达到平衡（$t=t_{平}$）时，剩余的官能团数各为N，官能团参加反应生成酯键的数目为N_0-N，反应所析出的小分子水的数目为N_w，则有：

$$\sim\sim COOH + \sim\sim HO \underset{k_-}{\overset{k_+}{\rightleftharpoons}} \sim\sim COO\sim\sim + H_2O$$

$t=0$ 时	N_0	N_0	0	0
$t=t_{平}$ 时	N	N	N_0-N	N_w

若反应是均相体系，物料体积变化可以忽略不计时，可以用官能团数目代表官能团的浓度。则：

$$K=\frac{[-OCO-][H_2O]}{[-COOH][-OH]}=\frac{(N_0-N)N_w}{N^2}$$

将上式分子分母同除以 N_0^2，得：

$$K=\frac{\frac{N_0-N}{N_0}\times\frac{N_w}{N_0}}{\left(\frac{N}{N_0}\right)^2}$$

令 $N_w/N_0=n_w$，代表反应达平衡时析出低分子物的分子分数，则上式可整理为：

$$K=\frac{P\times n_w}{(1/\overline{X_n})^2}$$

即：

$$\overline{X_n}=\sqrt{\frac{K}{P\times n_w}} \tag{7-4}$$

由式(7-4) 可见，缩聚产物的聚合度取决于反应程度及反应体系中低分子副产物的浓度。

a. 密闭体系　当反应在密闭体系中进行时，由于不能排除低分子物副产物，反应程度将受到聚合反应平衡的限制，等于反应中析出的小分子分数，即 $P=n_w$，式(7-4) 将转化为：

$$\overline{X_n}=\frac{1}{n_w}\sqrt{K}=\frac{1}{P}\sqrt{K}$$

说明在密闭体系中，当平衡常数一定时，缩聚反应产物的平均聚合度与低分子副产物的浓度成反比。只有当聚合反应的平衡常数特别大的时候（可以认为是不平衡反应）才能得到聚合度较大的产物。如聚酯化反应的平衡常数为 $K=4$，达平衡时反应程度仅为 0.67，聚合产物的聚合度只能达到 3；聚酰胺反应的平衡常数为 $K=400$，反应程度为 0.95，聚合产物的聚合度为 21，它们的聚合度均偏低，达不到实用的要求。因此，要想得到相对分子质量高的缩聚产物，必须设法除去反应体系中的小分子物质，也就是要采用开放体系。

b. 开放体系　当反应在开放体系中进行时，可以将反应体系中的低分子物副产物不断地排出，打破原有的平衡体系，驱使反应向聚合反应正方向移动，可获得较高的反应程度和聚合度。通常缩聚产物的相对分子质量很大（$M>10^4$），可认为反应程度 P 趋近于 1，式(7-4) 可转化为：

$$\overline{X_n}=\sqrt{\frac{K}{n_w}} \tag{7-5}$$

上式称为缩聚平衡方程。近似表达了平均聚合度 $\overline{X_n}$、平衡常数 K 和低分子副产物 n_w 三者之间的定量关系。由于平均聚合度与低分子副产物浓度平方根成反比，生产上，对于缩聚体系可采用减压、加热或通入惰性气体（N_2、CO_2）等措施来及时排除副产物，达到提高产物的聚合度的目的。如聚酯反应 $K \approx 4$，要想得到 $\overline{X_n} > 100$ 的缩聚物，要求水分残余量必须低于 4×10^{-4} mol/L，需要高真空（低于 66.66Pa）下脱水，这对聚合设备要求很高。聚酰胺化反应时，$K \approx 400$，要想得到相同的聚合度，可以允许稍高的含水量（如 4×10^{-2} mol/L）和稍低的真空度；当平衡常数 K 值很大（高于 10^3），且对聚合度要求不高（几到几十）时，如可溶性酚醛树脂（预聚物），完全可以在水介质中进行缩聚反应。

（3）相对分子质量控制方法

高聚物相对分子质量是表征聚合物性能的重要指标之一，控制线型缩聚产物的聚合度实质就是控制产物的使用与加工性能。如涤纶的相对分子质量在 $2.1\times10^4 \sim 2.3\times10^4$ 才具有较高的强度和可纺性；聚碳酸酯的相对分子质量要在 $2\times10^4 \sim 8\times10^4$ 才能作为工程塑料。相对分子质量过高或过低的都得不到性能优异的高分子材料。因此在合成高聚物过程中，必须根据高分子材料使用目的及要求，严格控制缩聚产物的相对分子质量。

通过前面分析可知，反应程度和平衡条件是影响线型缩聚物聚合度的重要因素，理论上可以作为控制线型缩聚产物聚合度的方法，但由于反应结束后，缩聚物的大分子链端仍保留着可继续反应的官能团，使得产物在加热成型时，还会发生缩聚反应，造成最后产物的相对分子质量发生变化而影响性能。因此，控制反应程度和平衡条件都不能用作控制缩聚物聚合度的手段。

控制缩聚产物聚合度的最有效方法是：当聚合物相对分子质量达到要求时，加入官能团封锁剂，使缩聚物两端官能团失去继续反应的能力，从而达到控制缩聚物相对分子质量的目的。生产中，在官能团等物质的量的基础上，可以采用的方法有两种：一种是使参加反应的某一种单体官能团稍过量；另一种是在反应体系中加入少量单官能团物质使大分子链端基封锁。

① 某种单体官能团稍过量　此种方法的控制原理是在获得符合使用要求的相对分子质量前提下，调节单体的量，适当偏离等物质的量，使大分子链两端带上相同官能团，从而使反应无法继续进行，得到平均聚合度稳定的高聚物，以达到控制聚合度目的。主要适用于混缩聚和共缩聚体系。

如两种单体 a-A-a 和 b-B-b 发生非等物质的量混缩聚反应，其中 b-B-b 稍过量。令 N_a 和 N_b 分别表示为官能团 a、b 的起始数目，则两种单体的官能团数之比为 N_a/N_b，称为摩尔系数，用 γ 表示。则有：

$$\gamma=\frac{N_a}{N_b}<1 \tag{7-6}$$

当 a 官能团的反应程度为 P 时，反应掉的 a 官能团数目为 N_aP，剩余的 a 官能团数目为 N_a-N_aP。因在反应过程中，a 官能团与 b 官能团成对消耗，反应掉的 a 官能团总数与反应掉的 b 官能团总数相等，即 $N_aP=N_bP_b$，所以剩余官能团 b 的总数目为 N_b-N_aP，则 a、b 官能团的残留总数为 $N_a+N_b-2N_aP$。

由于残留的官能团分布在大分子链的两端，而每个大分子有两个官能团，所以，体系中大分子总数是端基官能团数的一半，即 $(N_a+N_b-2N_aP)/2$。体系中结构单元数等于单体分子数 $(N_a+N_b)/2$。

根据平均聚合度的概念，则有：

$$\overline{X_n}=\frac{N_0}{N}=\frac{(N_a+N_b)/2}{(N_a+N_b-2N_aP)/2} \tag{7-7}$$

将式(7-6) 代入式(7-7) 整理后，得到：

$$\overline{X_n}=\frac{1+\gamma}{1+\gamma-2\gamma P} \tag{7-8}$$

式(7-8) 为平均聚合度与摩尔系数、反应程度三者之间的定量关系。存在两种极限情况：

当 $\gamma=1$ 时，即两种单体为官能团等物质的量反应时，式(7-8) 变为：

$$\overline{X_n}=\frac{1}{1-P}$$

此式与式(7-3) 相同。说明式(7-3) 应用的前提条件是官能团等物质的量之比。

当 $P=1$ 时，即官能团 a 完全反应，式(7-8) 变为：

$$\overline{X_n}=\frac{1+\gamma}{1-\gamma} \tag{7-9}$$

若将一系列摩尔系数的数值代入式(7-9)，可以得到一系列的聚合度数$\overline{X_n}$值。

γ	0.500	0.750	0.850	0.900	0.950	0.96	0.980	0.985	0.990	0.995	0.998	0.999
$\overline{X_n}$	3	7	12	19	39	49	99	132	199	399	999	1999

上表说明，b 官能团过量得越少（越趋近于等物质的量之比），产物的平均聚合度越大，当 $\gamma\to1$ 时，$\overline{X_n}\to\infty$。

② 加入少量单官能团物质　此种方法的控制原理是在获得符合使用要求的相对分子质量前提下，在反应体系中加入少量单官能团物质，与聚合物链末端反应后将链端封锁，使链端失去了再反应的活性。适用于混缩聚和均缩聚体系。

a. 混缩聚体系中加入单官能团物质　若单体 a-A-a 和 b-B-b 等物质的量反应，另加少量单官能团物质 C-b，N_c为单官能团物质 C-b 的分子数。此时，摩尔系数为：

$$\gamma=\frac{N_a}{N_a+2N_c}$$

当 a 官能团的反应程度为 P 时，剩余的 a 官能团数目为 N_a-N_aP，剩余官能团 b 的总数目为 N_b-N_aP，单体 a-A-a 和 b-B-b 等物质的量反应，则 $N_a=N_b$，残留 a、b 官能团的总数为 $2(N_a-N_aP)$。此时，体系中大分子总数为 $2(N_a-N_aP)+2N_c/2=N_a+N_c-N_aP$。体系中结构单元数等于单体分子数 $(N_a+N_b+2N_c)/2=N_a+N_c$。

平均聚合度为：

$$\overline{X_n}=\frac{N_0}{N}=\frac{N_a+N_c}{N_a+N_c-N_aP}=\frac{N_a+(N_a+2N_c)}{N_a+(N_a+2N_c)-2N_aP}=\frac{1+r}{1+r-2rP}$$

式中“2”代表 1 分子单官能团物质 C-b 相当于一个过量单体 b-B-b 双官能团的作用。如在合成聚酰胺反应体系中，常加入少量乙酸或月桂酸来调节和控制高聚物的相对分子质量。人们常把这类单官能团物质称作相对分子质量调节剂。

b. 均缩聚体系中加入单官能团物质　若在单体 a-R-b 反应时，加少量单官能团物质 C-b，N_c为单官能团物质 C-b 的分子数。此时，摩尔系数为：

$$\gamma=\frac{N_a}{N_a+N_c}$$

此时，体系中的大分子数为 $N_a-N_aP+N_c$，结构单元数为 N_a+N_c。

平均聚合度为：

$$\overline{X_n}=\frac{N_a+N_c}{N_a-N_aP+N_c}=\frac{1}{1-\gamma P}$$

当 a 官能团的反应程度为 $P=1$ 时：

$$\overline{X_n}=\frac{1}{1-\gamma}$$

由以上三种情况都说明，线型缩聚产物的聚合度$\overline{X_n}$与反应程度 P、原料的配比 γ 密切相关，官能团的极少过量，对产物相对分子质量有显著影响。因此，在工业生产中，要合成指定相对分子质量的缩聚物，必须严格保证官能团等物质的量，也就是反应单体要保持严格的等物质的量之比。但在实际生产中，原料的损失、单体的纯度、单体挥发度性能往往不同，这都会影响官能团物质的量，从而影响缩聚物相对分子质量。为了制备指定相对分子质量的缩聚物，工业上往往把混缩聚变为均缩聚，这样就能解决官能团等物质的量的问题。如在合成聚酰胺时，为了保证原料等物质的量之比，生产中常常采用己二酸和己二胺所形成的盐为原料 [$H_3{}^+N(CH_2)_6NH_3{}^{+-}OOC(CH_2)_4COO^-$]（简称 66 盐）；合成涤纶时，采用对苯二甲酸和乙二醇所形成的对苯二甲酸双羟乙酯为原料，再进行缩聚，便可以保证原料官能团的等物质的量之比。

【实例 7-4】 某生产聚酰胺-66 的企业，要想获得相对分子质量为 13500 的产品，采用己二酸过量的办法，若反应程度为 0.994，在实施生产时应怎样选择己二胺和己二酸的配料比。

解： 当己二酸过量时，聚酰胺-66 的分子结构表达式为：

$$HO\!\left[CO(CH_2)_4CONH(CH_2)_6NH\right]_n\!CO(CH_2)_4COOH$$

|--------112--------|--------114--------|

结构单元的平均相对分子质量为：$M_0=\frac{112+114}{2}=113$

端基相对分子质量为：$M_{端}=146$

由 $\overline{M_n}=M_0\overline{X_n}+M_{端}$ 得平均聚合度为：

$$\overline{X_n}=\frac{13500-146}{113}=118$$

当反应程度 $P=0.994$ 时，依据$\overline{X_n}=\frac{1+\gamma}{1+\gamma-2\gamma P}$

$$118=\frac{1+\gamma}{1+\gamma-2\times0.994\gamma}$$

解得：$\gamma=0.995$

结论：在生产中，只要严格控制己二胺和己二酸的配料物质的量之比为 0.995，就可以获得平均相对分子质量为 13500 的聚酰胺-66 产品。

7. 影响缩聚反应平衡的因素

缩聚反应的平衡是动态平衡，平衡条件是影响线型缩聚物聚合度的重要因素。线型缩聚反应平衡的主要受以下五个方面影响。

（1）温度的影响

温度是影响缩聚反应平衡的主要因素。温度对平衡常数的影响可用方程式表示为：

$$\ln\frac{K_2}{K_1}=\frac{\Delta H}{R}\left(\frac{1}{T_1}-\frac{1}{T_2}\right)$$

式中，T_1、T_2代表温度；K_1、K_2分别为 T_1、T_2时的缩聚反应平衡常数；ΔH 为缩聚反应等压热效应；R 为气体常数。对于吸热反应，$\Delta H>0$。若 $T_2>T_1$，则 $K_2>K_1$，即温度升高，平衡常数增大。对放热反应，$\Delta H<0$。若 $T_2>T_1$，则 $K_2<K_1$，即温度升高，平衡常数减小。

大多数缩聚反应是放热反应，所以升高温度使平衡常数减小，缩聚产物聚合度下降，对生成高相对分子质量的产物不利。但由于缩聚反应热效应不大，一般 $\Delta H=-33.5\sim41.9$kJ/mol，所以温度对平衡常数的影响不大。然而，升高温度可降低反应体系黏度，有利于低分子副产物的排除，能使平衡向形成缩聚物的方向移动，尤其是反应后期体系黏度较大时，更有实际意义。

因此，平衡缩聚反应需在高温（如150～200℃或更高）下进行，以加速达到平衡状态，缩短缩聚反应时间。但提高温度后，可能导致单体挥发、官能团化学变化、缩聚物降解等，故生产上常须通 N_2、CO_2等惰性气体加以防止。不过，在较低温度下结束缩聚反应，可得到较大的聚合度，这在生产实际中却是一种重要的工艺控制方法，如图 7-4 所示。因此，如果反应前期在高温下进行，后期在低温下进行，就可以达到既缩短反应时间又能提高相对分子质量目的。

（2）压力的影响

压力对高温下进行的有小分子副产物汽化排出的缩聚反应有很大影响。对缩聚反应体系进行真空减压，有利于低分子副产物的排除，使平衡向形成缩聚物的方向移动。特别是对平衡常数较小的反应，如聚酯化反应，在反应后期采取真空减压操作，既可在较低温度下脱除低分子副产物，又可在较低温度下建立平衡，提高缩聚物的相对分子质量，如图 7-5 所示。但高真空度对设备的制造、加工精度要求严格，设备投资较大。生产上常常采用对缩聚反应体系充入惰性气体使平衡向形成缩聚物的方向移动，同时，惰性气体可起保护缩聚物不受氧化的作用，特别适用于高温缩聚反应。

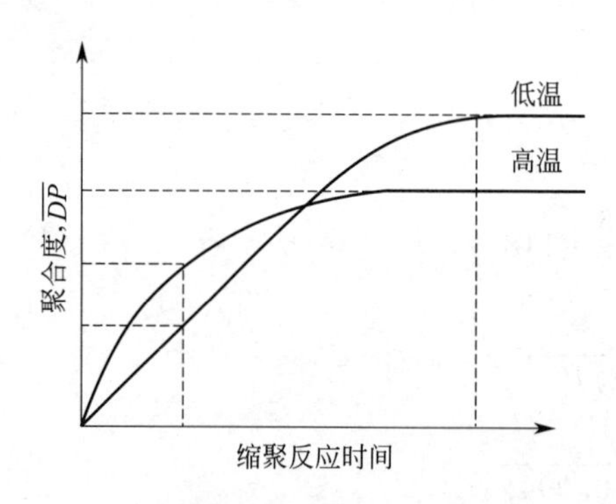

图 7-4 缩聚物的聚合度与温度的关系

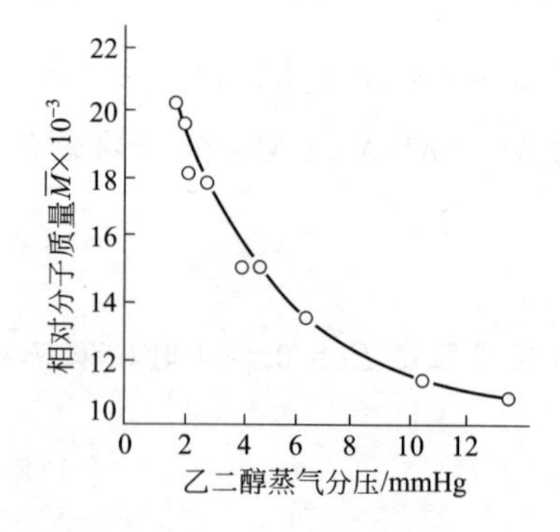

图 7-5 真空减压对聚对苯二甲酸乙二醇酯相对分子质量的影响

（3）催化剂的影响

缩聚反应是官能团之间的反应，加入催化剂不影响平衡常数，但能降低反应活化能，提高反应速率。实际生产中，经常加入少量催化剂提高反应速率，缩短缩聚反应时间。如聚酯化反应总是采用加酸催化。但加入催化剂也增加了副反应的可能性，致使产物相对分子质量降低，为了避免副反应，有时不加催化剂，如二元胺与二元酸的缩聚反应。

此外，若采用溶液缩聚的方法生产缩聚物，不同的溶剂对聚合的影响也较大。

8. 对苯二甲酸乙二醇酯（聚酯）的合成原理

聚酯合成有酯交换法、直接酯化法和环氧乙烷法三种。这里只介绍直接酯化、连续聚合的聚酯生产过程。直接酯化法生产聚酯包括酯化和缩聚两个阶段。

（1）酯化阶段

对苯二甲酸和乙二醇直接酯化，形成含有对苯二甲酸乙二醇酯和少量的短链低聚物的预聚体，同时生成副产物水。酯化反应式如下：

$$HO-\overset{O}{\overset{\|}{C}}-C_6H_4-\overset{O}{\overset{\|}{C}}-OH + 2HO-CH_2CH_2OH \longrightarrow HO(CH_2)_2-O-\overset{O}{\overset{\|}{C}}-C_6H_4-\overset{O}{\overset{\|}{C}}-O(CH_2)_2OH + 2H_2O$$

由于对苯二甲酸仅能部分溶于乙二醇，酯化反应不是均相反应，只有酯化率和聚合度达到一定程度时，固态才能对苯二甲酸全部被溶解，才可视为均相反应。

（2）缩聚反应

缩聚反应是聚酯合成过程中的链增长反应。通过这一反应，单体与单体、单体与低聚物、低聚物与低聚物将逐步缩聚成聚酯。聚合反应式如下：

$$nHO-(CH_2)_2O-\overset{O}{\overset{\|}{C}}-C_6H_4-\overset{O}{\overset{\|}{C}}-O-(CH_2)_2OH \rightleftharpoons (n-1)HO-CH_2-CH_2-OH+$$

$$+HO(CH_2)_2-O-\overset{O}{\overset{\|}{C}}-C_6H_4-\overset{O}{\overset{\|}{C}}-O\!\!\left[CH_2-CH_2-O-\overset{O}{\overset{\|}{C}}-C_6H_4-\overset{O}{\overset{\|}{C}}-O\right]_{n-1}\!\!(CH_2)_2OH$$

缩聚的产物是高黏度的聚对苯二甲酸乙二醇酯熔体，为了提高熔体的热稳定性，可在缩聚釜中加入少量防热氧化降解的稳定剂。

任务二　聚酯生产工艺

【任务介绍】

依据熔融缩聚法生产聚酯的生产原理特征，分析生产聚酯需要哪些原料，各自的作用及规格。能依据生产原理绘制工艺流程框图。

【相关知识】

一、聚酯生产工艺方法

缩聚反应的工业实施方法通常有熔融缩聚、溶液缩聚、界面缩聚、固相缩聚和乳液缩聚等。熔融缩聚的本质类似于本体聚合，溶液缩聚与溶液聚合基本相同，其他三种主要用在特种高分子的合成，属特殊聚合。

1. 熔融缩聚

熔融缩聚是在没有溶剂的情况下，使反应温度高于单体和缩聚物的熔融温度（一般高于熔点 10～25℃），体系始终保持在熔融状态下进行缩聚反应的一种方法。体系中可加入少量催化剂、适当的稳定剂及相对分子质量调节剂等。

熔融缩聚是工业生产线型缩聚物的最主要方法，如聚酯、聚酰胺、聚碳酸酯等都是采用熔融缩聚法进行工业生产的。

熔融缩聚的主要特点是工艺流程比较简单，产物后处理容易，产品纯净，可连续生产；但对设备要求较高，过程工艺参数指标高（高温、高压、高真空、长时间）。

2. 溶液缩聚

溶液缩聚是当单体或缩聚产物在熔融温度下不够稳定而易分解变质时，为了降低反应温度，使单体溶解在适当的溶剂中进行缩聚反应的一种方法。

溶液缩聚的应用规模仅次于熔融缩聚，适用于熔点过高、易分解的单体缩聚过程。主要用于生产特殊结构和性能的缩聚物，如难熔融的耐热聚合物聚砜、聚酰亚胺、聚苯硫醚、聚芳香酰胺等。

溶液缩聚与熔融缩聚相比，聚合反应缓和、平稳，不需要高真空；制得的聚合物溶液可直接作为清漆或成膜材料使用，也可直接用于纺丝；但需考虑溶剂回收，后处理会变得比较复杂。

3. 固相缩聚

所谓固相缩聚是指在原料和生成的聚合物熔点以下温度进行的缩聚反应。采用该方法可以在温度较低的条件下制备高相对分子质量、高纯度的缩聚物，适合于对于熔点很高或超过熔点容易分解的单体的缩聚以及耐高温缩聚物的制备。如采用熔融缩聚只能制得相对分子质量在 23000 左右的聚酯，而用固相缩聚法可制得相对分子质量在 30000 以上的聚酯，可作为工程塑料或轮胎帘子线。

4. 聚酯生产工艺方法

工业上，聚酯合成采用熔融缩聚法。但当作为工程塑料或瓶级制品时，要求其聚合度进一步提高。需要将熔融缩聚法得到的适当相对分子质量范围的产品出料后，再进行固相缩聚。

二、聚酯生产聚合反应设备

在聚合物生产中，聚合反应工序是最关键的过程，其设备是整个生产过程的核心设备。聚酯生产分成酯化和缩聚两个阶段，所采用的反应器结构也有所不同。

1. 酯化反应器

酯化反应器是一个全夹套带搅拌的立式反应器，反应器内有液相热媒加热盘管加热，夹套内是气相热媒保温。搅拌器采用上下两层共 10 个叶片的推进式搅拌器，物料通过搅拌器混合搅拌。其主要作用是对反应器内的物料进行加热、搅拌，并保持一定的压力，使对苯二甲酸浆料能够顺利进行酯化反应。其结构如图 7-6 所示。

2. 预缩聚反应器

预缩聚反应器的结构与酯化反应器相同，但由于反应是在真空条件下进行的，受真空变化的影响，物料在进入反应器后呈沸腾状态，因此该反应器不需搅拌，而是靠物料自身沸腾进行混合，从而使反应均匀进行。反应器内酯化反应和缩聚反应是同时进行的。其主要作用是对反应器内的物料进行加热，依靠物料自身沸腾进行混合，并保持一定的真空度，使物料能够顺利进行缩聚反应。

3. 缩聚反应器

是一个全夹套卧式单轴环盘反应器，采用了分室的环盘结构。室与室之间有挡板，挡板上相应部位开有让物料流通的斜弦孔，前三块挡板上设有加热夹套。物料从底部进入反应器，入口处设有盘管加热，物料一进入反应器就能够吸收热量迅速蒸发，物料在反应器内由入口向出口流动总体是呈活塞流，在每一块环盘附近，由于环盘的圆周运动，物料被盘面拉

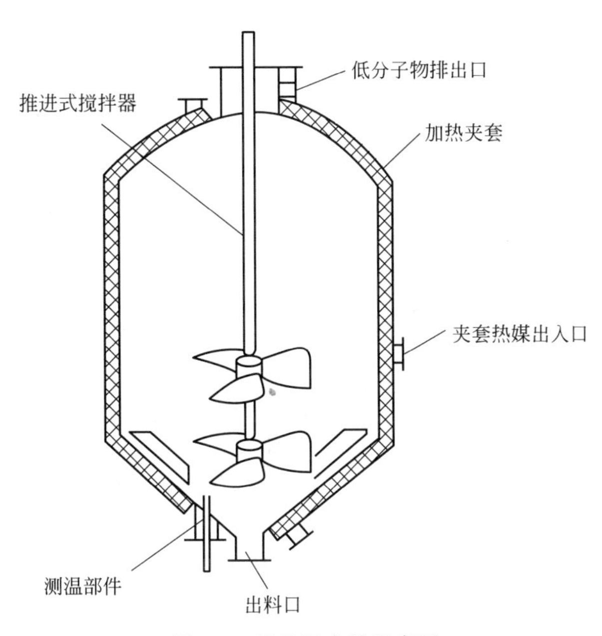

图 7-6　酯化反应器示意图

起离开液面，随即在重力作用下逐渐破碎落下，从而增大了物料的蒸发面积，有利于乙二醇的蒸发，从而加快了缩聚反应的进行。

圆盘反应器的搅拌轴一端支撑在反应器前端盖上，另一端支承在圆盘反应器的内部。其结构如图 7-7 所示。其主要作用是对反应器内的物料进行加热、搅拌，并保持一定的真空度，使物料能够顺利进行缩聚反应。

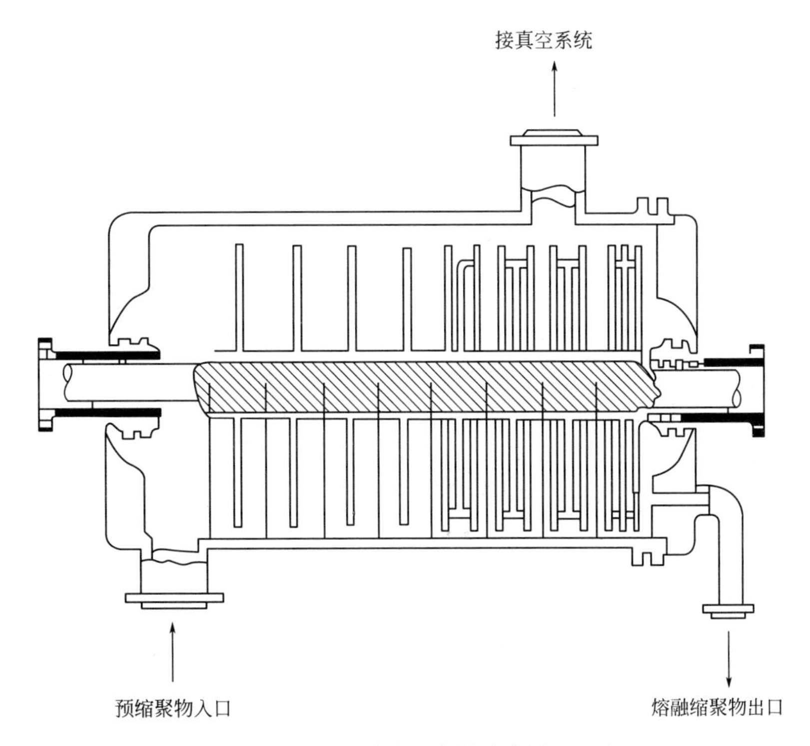

图 7-7　缩聚反应器示意图

三、聚酯生产工艺路线特点

1. 生产分酯化、缩聚两个阶段

由于酯化和缩聚反应同时发生，很难划分酯化反应和缩聚反应的阶段，通常把正压下反应阶段称为酯化反应，负压下反应阶段称为缩聚反应。

2. 固相缩聚

用作瓶子和工业丝的高黏度聚对苯二甲酸乙二醇酯，一般是在真空或惰性气体气氛下，经进一步固相缩聚完成。

3. 消光剂

聚酯产品因其表面光滑，有一定的透明度，在光线的照射下，其反射光线的强度很大，使纤维发出刺眼的强烈光泽，影响美观。为消除聚酯纤维的这种缺陷，可在纤维内添加少量折射率不同的物质，使光线向不同方向进行漫射，纤维的光泽就会变暗，这种添加的物质叫做消光剂。

常用的消光剂是二氧化钛（TiO_2）。以聚合物内消光剂的含量可划分为超有光、有光、半消光和全消光等几种不同的品种。聚合物中不添加二氧化钛的为超有光；聚合物中二氧化钛含量在0.1%（质量分数）左右的为有光；含量在0.3%～0.5%（质量分数）为半消光；含量在1.0%（质量分数）左右的为全消光。

4. 催化剂

对于缩聚反应，可以不用催化剂，但反应速度慢，所以，在聚酯生产中加入一定量的催化剂。催化剂对缩聚反应的影响主要包括催化剂的种类和催化剂的浓度两方面。

研究表明，锑、锡和钛化合物是最具活性的缩聚催化剂，最常见的缩聚催化剂是锑系化合物，有三醋酸锑、三氧化锑和乙二醇锑，其中以三醋酸锑溶解性较好，配制成溶液后，在低于60℃的情况下不析出，且催化速度适中，所得产品色相较好，被广泛使用。

5. 副反应

对苯二甲酸与乙二醇进行酯化和缩聚反应时，可能产生一些副反应。副反应主要是醚键的生成，两个乙二醇分子脱去一个水分子生成二甘醇。

$$HO—CH_2—CH_2—OH + HO—CH_2—CH_2—OH \longrightarrow$$
$$HO—CH_2—CH_2—O—CH_2—CH_2—OH + H_2O$$

二甘醇在温度200℃以下时，生成量是很少的，其速度随温度上升而急剧加快。二甘醇还可以继续与乙二醇反应生成三甘醇，当三甘醇生成量很低时，可忽略不计。

聚酯生产过程中，每个反应釜都会有二甘醇生成，其中第一酯化釜生成的二甘醇最多，约占总生成量的75%。二甘醇对产品的影响主要有三个方面：使产品易于染色，能起到润滑剂的作用，增加熔体的流动性、使熔体易于加工。通常将其含量控制在一定范围内。

四、工艺原则流程图

聚酯生产工艺原则流程图如图7-8所示。

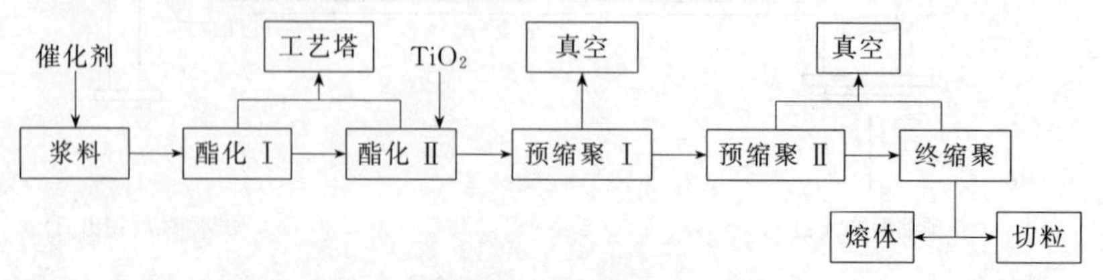

图7-8 聚酯生产工艺原则流程图

五、合成纤维的后处理过程

经聚合后分离得到的聚酯熔体通常依据其黏度和目标产品的要求而选择后加工方式，一般有切片熔纺（切粒成切片后熔融纺丝）、直接纺丝切片固相增黏等。

1. 切片熔纺和熔体直纺

切片熔纺主要包括切片干燥、熔融、纺丝及后加工等过程，熔体直纺原料是高聚物的熔体，后加工过程与切片熔纺完全相同。工艺流程如图 7-9 所示。

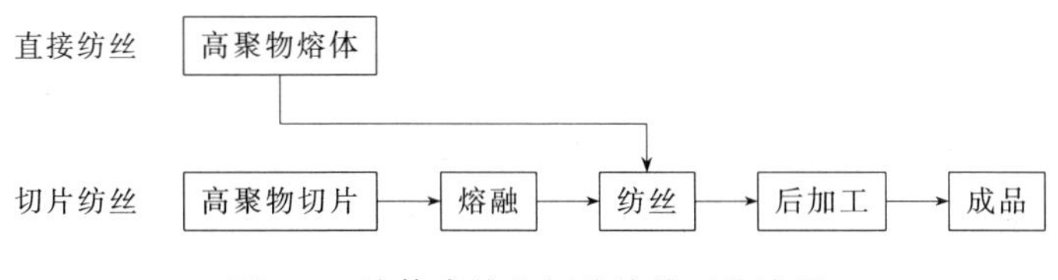

图 7-9　熔体直纺和切片熔纺工艺流程

2. 切片固相增黏

熔融缩聚得到的聚酯原料，相对分子质量还达不到某些特殊领域的要求，必须对其切片进行固相缩聚。固相缩聚是聚酯颗粒在保持固相、低于熔点温度、高真空条件和催化剂作用下进行的缩聚反应，以达到增黏、脱醛和提高结晶度的目的，所得到的瓶级高黏树脂降解小、色泽好。固相缩聚的聚酯增黏过程可分为原料切片预结晶、固相缩聚和产物冷却三个基本工序。

任务三　聚酯生产主要岗位任务

【任务介绍】

依据聚酯生产工艺过程，能正确分析影响聚酯合成的主要因素，进而理解并掌握主要岗位的工作任务及操作要点。

【相关知识】

对苯二甲酸与乙二醇在酯化反应过程中不断脱出水，体系则由非均相向均相转化，溶液由混浊趋向透明；由酯化向缩聚过渡中，体系逐渐增稠，并不断脱出乙二醇，最终生成较高黏度的聚对苯二甲酸乙二醇酯熔体。因此，在酯化过程中，处理好非均相悬浮物料输送，不断脱出分离体系中的水；在缩聚过程中从高黏度物料中不断蒸发脱出乙二醇、聚对苯二甲酸乙二醇酯熔体在高真空下连续出料等是工艺处理和操作控制的关键。

1. 影响酯化反应的主要因素

酯化反应是合成聚对苯二甲酸乙二醇酯的第一步反应，影响因素主要有以下几个方面。

（1）原料物质的量之比

原料乙二醇/对苯二甲酸摩尔比主要影响反应过程和产品的聚合度，与其他缩聚反应一样，只有乙二醇和对苯二甲酸在等物质的量配比条件下才能得到高聚合度的聚对苯二甲酸乙二醇酯。如果原料物质的量之比过低，浆料黏度大，反应慢而不匀。物质的量之比高则意味着乙二醇浓度高，有利于提高反应速度，但另一方面，由于反应体系中羟基浓度增大，使副反应产物二甘醇生成量增加，而且还增加分离乙二醇的消耗，很不经济。通常原料物质的量之比为1.7～1.8∶1。

(2) 温度

在原料物质的量之比一定的条件下，提高反应温度则反应速率也随之增加，若要得到特性黏度较高的聚酯，酯化温度要高于240℃，否则酯化时间和缩聚时间都需延长，而且产品熔点低，色相较差。但提高反应温度，同时副反应速度也随之增快。对于串联反应器的温度控制，采用逐级升温方式，有利于减少副产物DEG（二甘醇）的生成量和降低分离EG的能耗。

(3) 压力

为维持适当的原料物质的量之比，酯化反应通常在加压下进行。提高压力，反应速度加快，同时酯化物中副产物二甘醇的生成量也增加，要选择一个适宜的压力，以利于酯化。

(4) 停留时间

停留时间是影响酯化率和产物质量的重要因素。酯化反应停留时间过短，则酯化不完全；酯化反应停留时间过长，则导致产品中二甘醇含量增加。一般当酯化物的酯化率达95%以上，酯化反应可视为完成。

2. 影响缩聚反应的主要因素

缩聚反应是指对苯二甲酸乙二醇分子彼此缩合，不断释放出乙二醇分子而形成聚对苯二甲酸乙二醇酯，是逐步进行的。在反应体系中，单体很快消失而转变成各种不同聚合度的缩聚物，产物的聚合度随时间而逐渐增加。

(1) 催化剂

催化剂加入量要适当，否则在纺丝过程中对热降解和热氧化降解也起到催化作用，导致生成凝胶，影响产品的性能。

(2) 温度

缩聚反应一般是放热反应，升高温度对反应平衡不利，缩聚产物的最大平均聚合度也将会受到影响。但缩聚反应的热效应一般较小，而升高温度能增快反应速度，能促使反应更快趋向平衡，有利于小分子排除，所以在实际生产中采用逐渐升高温度的方法来缩减反应停留时间，温度一般控制在280～285℃。

(3) 压力

缩聚反应一般在真空下进行，压力越低，即真空度越高，越有利于乙二醇的排除，因而反应速度也越快。但高真空在实际生产中夹带物也多，易堵塞管线。

(4) 停留时间

在缩聚反应过程中，链增长和热降解反应同时进行。在反应初期，主要是链增长反应，单体或低聚物逐渐缩聚成大分子，黏度增长较快；随着反应的进行，大分子在高温下开始热降解，两种反应竞争结果使黏度存在最大值。

(5) 反应程度

缩聚反应过程中，随着反应程度的增加，缩聚产物聚合度也相应增加。

(6) 搅拌速度

在缩聚反应后期，体系的黏度很高，为加速生成的乙二醇扩散逸出，使平衡向有利于缩聚反应的方向移动，高真空和适宜的搅拌速度都是重要的保证因素。

3. 载热体（热媒）

聚酯生产中的酯化反应为吸热反应，而缩聚反应虽是放热反应，但放热量很少，生产中也需要一定的热量进行保温。因此，酯化和缩聚的反应器、熔体管道、气相管道等均需要进行加热和保温，所需的热量是通过载热体（俗称热媒）来完成的。热媒主要有无机盐类、矿物油类、水蒸气和有机化合物四大类，各种类型使用时的相态、操作方法大不相同。常见的有机化合物中的加氢三联苯可作液相热媒，联苯-联苯醚可作气相热媒。

德国吉玛工艺生产岗位主要有浆料配制、酯化、预缩聚、终缩聚、真空系统、切片生产、热媒加热、催化剂和消光剂配制、过滤器清洗、公用工程等。聚酯产品为聚酯切片（含瓶级聚酯切片）和聚酯熔体。聚酯熔体作为短丝装置的原料进行直纺，聚酯切片（含瓶级聚酯切片）作为直接产品出厂。

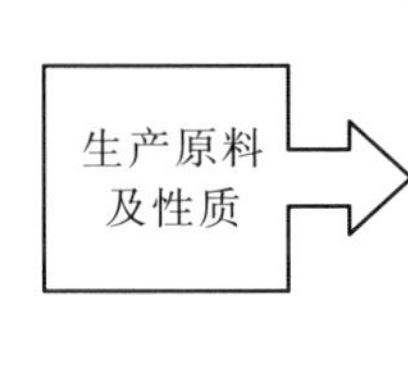

主要任务：了解生产原材料及性质

对苯二甲酸：主原料，主要对粒径、金属、水分、色相、酸值、灰分及对甲基苯甲酸的含量有质量要求。

乙二醇：主原料，主要对密度、铁、色相、二甘醇及三甘醇含有质量要求。

二氧化钛：消光剂，白色粉末，无毒，化学性质稳定。性能指标主要有粒度分布、溶液的分散性及金属杂质。

三醋酸锑：催化剂，白色、吸湿性结晶固体，有强烈的刺激性气味。在贮存和使用过程中要防水、防潮、防长时间暴露在空气中。

催化剂配制

岗位主要任务：负责为聚合单元提供催化剂。

操作要点：

1. 间歇操作。
2. 按配制浓度在配制槽通过流量计量加入乙二醇，启动搅拌器。
3. 加入催化剂，用蒸汽加热，混合搅拌，使三醋酸锑充分溶解于乙二醇中，配制成溶液，经过滤器滤去可能带进的固体杂质，供给反应系统使用。

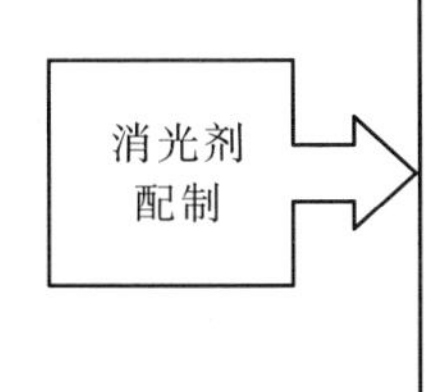

岗位主要任务：负责为聚合单元提供消光剂。

操作要点：

1. 间歇操作。
2. 在消光剂配制槽加入，计量加入新鲜乙二醇，配液，研磨。
3. 二氧化钛悬浮液打入离心机中进行离心分离，消除未分散开的大颗粒，经过滤器压送至供料槽，由计量泵供生产线使用。

浆料配制

岗位主要任务：负责为酯化反应单元提供原料。

操作要点：

1. 连续操作。
2. 对苯二甲酸用氮气输送至聚合装置的料仓。
3. 定量将对苯二甲酸加入到浆料配置槽，将配制好的催化剂溶液和乙二醇定量喷淋加入到浆料配置槽，在搅拌器的搅拌下，充分混合均匀、配制浆料。
4. 配置好的浆料用浆料泵送进第一酯化反应器。自动调节液位。

酯化反应

岗位主要任务：负责为预缩聚反应单元提供原料。

操作要点：

1. 两个酯化反应器。
2. 浆料由第一酯化反应器顶部进入，通过搅拌器混合搅拌和热媒盘管加热，在一定温度下进行反应，反应后物料由第一酯化反应器的底部从侧面进入第二酯化反应器。
3. 在第二酯化反应器，依靠搅拌和热媒盘管进行加热，物料由内室流入反应器外室，在一定温度下继续进行酯化反应，消光剂通过计量泵从反应器上部加入。
4. 第一、第二酯化反应器生成的水和蒸发的乙二醇共同进入工艺塔进行精馏分离。塔釜液乙二醇送浆料配制。

预缩聚

岗位主要任务：负责为终缩聚反应单元提供原料。

操作要点：

1. 预缩聚分两段进行。
2. 酯化产物借压差进入第一预缩聚反应器内室，通过热媒盘管进行加热，然后再从内室进入反应器外室，使酯化物在一定温度、压力下进行预缩聚反应。
3. 反应器内酯化、缩聚两种反应同时进行。
4. 由第一预缩聚反应器出来的物料借位差和压差从底部进入第二预缩聚反应器，继续进行反应，预缩聚物料酯化率达到约99.5%。
5. 第二预聚反应器的物料是在较高真空度下进行，采用乙二醇蒸气喷射器使反应器内产生真空。

终缩聚

岗位主要任务：负责为切片单元提供原料。

操作要点：

1. 预聚物由底部进入圆盘反应器，在一定温度、压力下完成终缩聚反应，使物料的特性黏度提高，聚合物酯化率达到99.8%左右。
2. 聚合物熔体由熔体出料泵排出，经熔体过滤器送去切粒。

切片生产

岗位主要任务：负责完成熔体的切粒、包装。

操作要点：

1. 聚合物熔体经熔体泵升压，经熔体过滤器过滤后，经熔体分配阀，其中部分去短丝装置直接纺丝，其余则去切粒系统切粒。
2. 熔体进入水下切粒机的导流板，用脱盐水喷淋冷却，使熔体在半固化状态下切粒，并被水进一步冷却及固化，当切片冲至切片干燥器的水分离器时，除去大部分水分，然后再由风机进一步吹除切片表面水分，使切片含水量达合格。

任务四　聚酯装置生产工艺流程

【任务介绍】

依据聚酯生产岗位的主要工作任务，识读聚酯装置的生产工艺流程图，能准确描述物料走向。

【相关知识】

聚酯装置生产工艺流程图如图7-10所示。

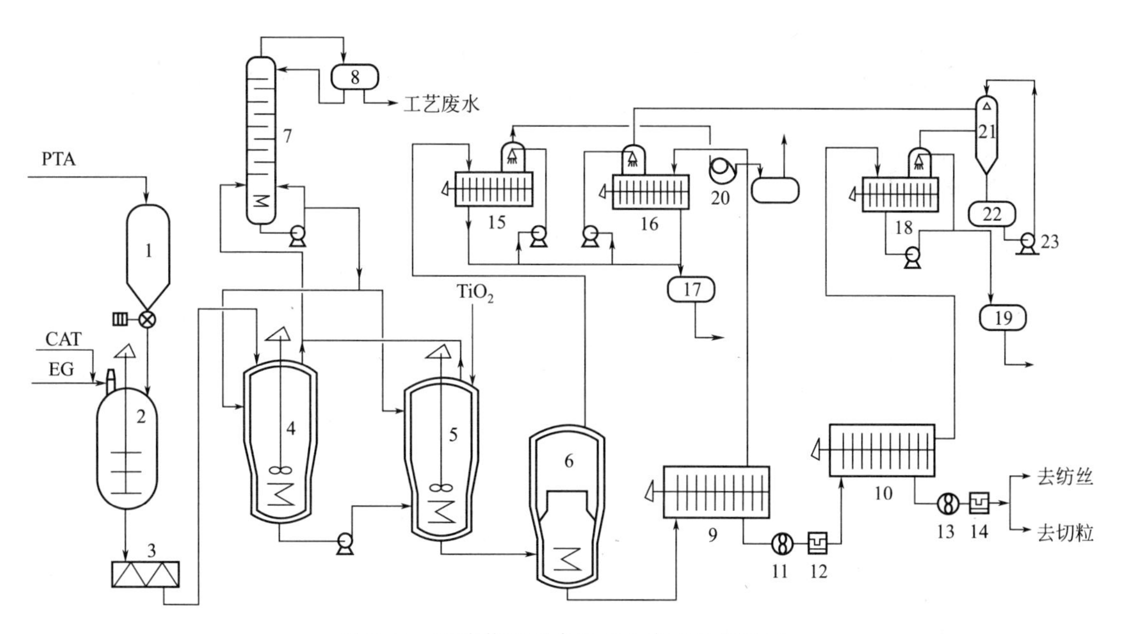

图7-10　聚酯装置聚合工段生产工艺流程图

1—PTA料仓；2—PTA浆料配制槽；3—PTA浆料输送泵；4—第一酯化反应器；5—第二酯化反应器；6—预缩聚Ⅰ反应器；7—工艺塔；8—脱盐水槽；9—预缩聚Ⅱ反应器；10—终缩聚反应器；11—预聚物泵；12—预聚物熔体过滤器；13—终聚物熔体泵；14—终聚物熔体过滤器；15，16，18—刮板冷凝器；17，19，22—乙二醇贮罐；20—真空液环泵；21—乙二醇蒸气喷射器（三级）；23—乙二醇循环泵

PTA自料仓连续加入到浆料配制槽中，同时将配制好的催化剂溶液和循环使用的乙二醇按比例计量后一同喷淋加入到浆料配制槽中，经搅拌混合均匀后配成浆料，经浆料输送泵送入带有搅拌器的第一酯化反应器的顶部进行酯化反应。

第一酯化反应器通过热媒盘管加热到反应温度，停留一定时间后物料由第一酯化反应器的底部通过泵从侧面进入带有搅拌器的第二酯化反应器的内室，依靠热媒盘管进行加热，物料由内室流入反应器外室，继续进行酯化反应。将配制好的TiO_2悬浮液通过计量泵从反应器顶部部加入。第一、第二酯化反应生成的水和蒸发的乙二醇共同进入工艺塔内进行精馏分离。塔顶馏出物部分回流，其余送污水预处理进行处理。塔釜乙二醇由出料泵一部分送回第一、第二酯化反应器，其余送到乙二醇贮罐。

酯化产物凭借压差进入不带搅拌的第一预缩聚反应器内室，通过热媒盘管进行加热，然后从内室进入反应器外室，使酯化物在一定温度压力下进行预缩聚反应。反应器内酯化、缩聚两种反应同时进行，汽化的乙二醇不断被真空系统抽走，抽走的乙二醇蒸气进入刮板冷凝器，入口处有刮板式搅拌器，以清除齐聚物。过滤后的乙二醇用循环泵经冷却器冷却，在喷淋系统中使用，多余的乙二醇溢流到废乙二醇贮槽。

由第一预缩聚反应器出来的物料凭借位差和压差从底部进入第二预缩聚反应器中，继续进行反应。第二预缩聚反应器中采用乙二醇蒸气喷射器使反应器内产生真空，预聚物由底部经泵送至终聚釜，在一定温度压力的条件下，经过一定时间完成终缩聚反应。终缩聚反应过程中蒸发出来的乙二醇蒸气从圆盘反应器上部抽出，通过刮板冷凝器用低温乙二醇液体喷淋冷凝，喷淋的乙二醇在循环系统中采用冷冻水进行冷却。产物聚合物熔体经出料泵及过滤器送去切粒。

任务五　主要岗位的开、停车操作及事故处理

【任务介绍】

通过学习主要生产岗位相关单元设备的调节参数及调节方法，能正确分析岗位操作原则。

【相关知识】

序　号	训练项目	操作内容
1	浆料配制	1. 控制条件：搅拌器电流。 2. 相关参数：原料配比、PTA平均粒径。 3. 调节方式：手动调节浆料配制罐搅拌器电流。 4. 异常调节：配制罐液面高——适当降低PTA、EG及催化剂进料量。 配制罐液面低——降低负荷；检查进料故障；适当提高PTA、EG及催化剂进料量
2	酯化反应器	1. 控制条件：酯化反应器温度。 2. 相关参数：热媒加热泵出口温度、负荷变化。 3. 调节方式：手动调节或自动串级控制。 4. 异常调节：釜温高——调整负荷变化速率，平稳降低负荷。 釜温低——打开旁通阀，必要时启动备台泵；调整负荷变化速率，平稳提高负荷。 釜压高——疏通引压管；调节阀调节功能恢复正常。 釜压低——观察是否有夹带物堵塞工艺塔；清理积液。 釜液位高——关闭故障泵出口手阀，停故障泵，出料量不够时，关闭回流阀。 釜液位低——疏通引压管
3	工艺塔	1. 控制条件：工艺塔塔底温度 2. 相关参数：塔底加热泵出口温度、塔顶回流量、酯化反应器乙二醇气体蒸发量。 3. 调节方式：手动调节或自动调节。 4. 异常调节：降液管堵塞——停车拆塔清理。 液泛——减少乙二醇蒸气出口阀的阀位；降低塔底温度；提高塔顶回流量。 泄漏——增加乙二醇蒸气出口阀的阀位；提高塔底温度；降低塔顶回流量。 塔底泵流量不足——切换至备台泵，清理泵前过滤器；关闭泵出口阀，停泵，清理疏通入口管线

续表

序 号	训练项目	操作内容
4	预缩聚Ⅰ反应器	1. 控制条件:预缩聚反应器出口压力。 2. 相关参数:负荷变化、预缩聚反应器搅拌电流。 3. 调节方式:手动调节或自动调节。 4. 异常调节:真空度破坏——置换液环泵介质或切换液环泵;疏通。 釜液位——调整负荷变化速率,平稳提高负荷;调节真空度。 釜温——调整负荷变化速率,平稳提高负荷;打开旁通阀,必要时启动备台泵
5	预缩聚Ⅱ反应器	1. 控制条件:搅拌电流。 2. 相关参数:预缩聚反应器温度、压力、液位及入口物料黏度等。 3. 调节方式:手动调节或自动调节。 4. 异常调节:真空度破坏——置换液环泵介质或切换液环泵;疏通。 釜液位——调整负荷变化速率,平稳提高负荷;调节真空度。 釜温——调整负荷变化速率,平稳提高负荷;打开旁通阀,必要时启动备台泵
6	终缩聚反应器	与预缩聚Ⅱ反应器相同

【自我评价】

一、名词解释

1. 缩聚反应　2. 线型缩聚　3. 体型缩聚　4. 平均官能度　5. 熔融缩聚　6. 固相缩聚

二、填空题

1. 适用于逐步聚合反应的工业实施方法有（　）、（　）、（　）、（　）和（　）。

2. 合成聚酯的主要原料是（　）和（　）。

3. 聚酯的合成主要有（　）、（　）和（　）三种方法，常用的是（　）。

4. 直接酯化法生产聚酯包括了（　）和（　）两个阶段。

5. 聚酯生产常用的消光剂为（　），按照消光剂的含量可划分为（　）、（　）、（　）和（　）等品种。

6. 所采用的催化剂是（　），需用（　）进行配制。

7. 聚酯生产副产物主要是（　）。

8. 酯化反应器是（　）式反应器，采用（　）式搅拌器。

三、选择题

1. 聚酯遵循的聚合机理是（　）。

A. 自由基聚合　B. 离子聚合　C. 缩聚聚合　D. 配位聚合

2. 目前生产聚酯纤维的主要方法是（　）。

A. 熔融缩聚　B. 溶液缩聚　C. 固相缩聚　D. 界面缩聚

3. 聚酯生产中所添加的消光剂是（　）。

A. SO_2　B. TiO_2　C. Al_2O_3　D. Fe_3O_4

4. 聚酯生产中所用的催化剂是（　）。

A. 三醋酸锑　B. 三氧化锑　C. 乙二醇锑　D. 三氧化二铝

5. 对苯二甲酸与乙二醇进行酯化和缩聚反应时，主要副产物是（　）。

A. 三甘醇　　B. 二甘醇　　C. 丙三醇　　D. 盐酸

6. 聚酯生产中酯化反应器采用的搅拌器是（　　）。

A. 双螺带式　　B. 三叶后掠式　　C. 锚式　　D. 推进式

7. 聚酯生产中缩聚反应器中采用的反应器是（　　）。

A. 釜式反应器　　B. 环管式反应器

C. 塔式反应器　　D. 卧式单轴环盘反应器

8. 聚酯生产中配制催化剂所使用的是（　　）。

A. 乙醇　　B. 乙二醇　　C. 乙烷　　D. 乙烯

9. 聚酯生产中配制消光剂所使用的是（　　）。

A. 乙醇　　B. 循环乙二醇　　C. 新鲜乙二醇　　D. 乙烷

10. 聚酯生产中浆料是由第一酯化反应器的（　　）加料。

A. 顶部　　B. 侧面　　C. 底部　　D. 都可以

四、简答题

1. 酯化反应生成的水是如何分离的？

2. 吉玛工艺的主要特点是什么？

3. 影响酯化反应及缩聚反应的主要因素有哪些？

五、计算题

试计算下列原料混合物的平均官能度，并判断缩聚产物类型。

（1）邻苯二甲酸和甘油等物质的量；（2）邻苯二甲酸和甘油物质的量比为 1.5∶0.98；（3）邻苯二甲酸、甘油和乙二醇物质的量比为 1.5∶0.99∶0.02。

学习情境八

聚甲基丙烯酸甲酯生产（实训）

知识目标：

掌握甲基丙烯酸甲酯聚合的反应原理；掌握甲基丙烯酸甲酯聚合引发剂的选择原则；掌握生产有机玻璃及模塑粉的主要原料及作用；掌握生产装置的安装及调试方法；掌握有机玻璃及模塑粉的生产工艺及事故处理方法。

能力目标：

能完成有机玻璃及模塑粉的制备；能对生产中出现的问题进行及时处理。

任务一　有机玻璃棒材和板材生产

聚甲基丙烯酸甲酯（Polymethyl methacrylate，缩写 PMMA，俗称有机玻璃），是通过甲基丙烯酸甲酯的本体聚合制备的，是迄今为止合成透明材料中质地最优异的品种，是重要的光学塑料，具有优异的光学性能和良好的综合性能，在工业上有着广泛的应用。有机玻璃生产原料及产品如图 8-1 所示。

【任务介绍】

以甲基丙烯酸甲酯为原料，选择合适的引发剂、其他试剂及生产设备，确定配料比，在给定的时间内，生产出有机玻璃棒材或板材。

产品质量要求：无色透明、表面光滑、内无气泡与杂质。

图 8-1　有机玻璃原料及产品示意图

甲基丙烯酸甲酯的聚合遵循自由基聚合反应机理，可以选择本体聚合、溶液聚合、悬浮聚合和乳液聚合四种工业实施方法来实现产品的生产，通常依据产品的用途来选择。本次生产任务是生产有机玻璃的棒材与板材，应选择本体聚合来实现。

【相关知识】

一、有机玻璃制品展示

有机玻璃是聚甲基丙烯酸甲酯均聚物或共聚物的片状物，也称为亚克力，是目前塑料中透明性最好的品种。有机玻璃产品展示如图 8-2 所示。

(a) 彩色有机玻璃棒

(b) 有机玻璃尺

(c) 有机玻璃板

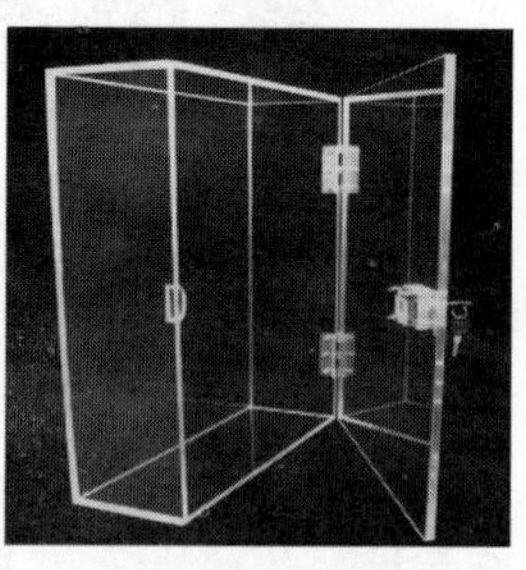

(d) 有机玻璃展示架

图 8-2 有机玻璃产品展示

二、有机玻璃的性能指标及用途

1. 有机玻璃产品性能

有机玻璃是高度透明的热塑性高分子材料，透光率高，有“塑胶水晶”之美誉，可透过 92%以上的太阳光，紫外线达 73.5%，折光指数 1.49；质地较轻，相对密度为 1.18～1.20，不到无机玻璃的一半，抗碎裂能力高出几倍，透光率高 10%；力学性能和韧性比无机玻璃大 10 倍以上；具有优良的耐候性、电绝缘性能；易于染色；分解温度大于 200℃，长期使用温度通常低于 80℃；化学稳定性较好，耐碱、稀酸、水溶性无机盐及长链烷烃和油脂等化学品，可溶于芳烃（如苯、甲苯、二甲苯等）、氯代烃（如四氯化碳、氯仿等）、丙酮等有机溶剂。

2. 有机玻璃的用途

有机玻璃应用于各个领域中，具体用途见表 8-1。

表 8-1 有机玻璃的主要用途

应用领域	应用实例	应用领域	应用实例
航空	飞机用座舱罩、风挡和弦窗等	医学	婴儿保育箱、人工角膜、各种手术医疗器具、假牙等
建筑	大型建筑的天窗、天棚、橱窗、隔音门窗、采光罩、电话亭等	工业	仪器表面板及护盖等
光学	仪表防护罩、光学镜片(眼镜、放大镜、透镜、望远镜、照相机)等	照明	日光灯、吊灯、街灯罩等
交通	车辆门窗、风挡、汽车尾灯灯罩等	日常	卫浴设施、工艺品、各种纽扣、发夹、儿童玩具、笔杆、绘图仪器等
广告	灯箱、招牌、指示牌、展架等	家居	果盘、纸巾盒、亚克力艺术画等

三、有机玻璃的生产原理

1. 单体的性质及来源

纯净的甲基丙烯酸甲酯是无色透明易挥发的液体，低毒，有特殊酯类气味，微溶于水，稍溶于乙醇和乙醚，易溶于芳香族的烃类、酮类及氯化烃等有机溶剂。甲基丙烯酸甲酯分子结构中含有不饱和双键，结构不对称，易发生聚合反应。酯基可以发生水解、醇解、胺解等反应，也能与其他单体发生共聚反应。

目前，甲基丙烯酸甲酯主要的生产方法有丙酮氰醇法、叔丁醇直接氧化法、乙烯羰基化法、新型铂催化法四种。

2. 生产原理

甲基丙烯酸甲酯的本体聚合，按自由基聚合反应进行。聚合反应式如下：

$$n\mathrm{H_2C{=}\underset{\underset{\textstyle CH_3}{|}}{C}{-}COOCH_3} \longrightarrow \mathrm{\left[CH_2{-}\overset{\overset{\textstyle COOCH_3}{|}}{\underset{\underset{\textstyle CH_3}{|}}{C}}\right]_n}$$

3. 有机玻璃的生产特点

在利用本体聚合生产有机玻璃时，最关键的问题是如何控制甲基丙烯酸甲酯聚合过程中的凝胶效应、爆聚及聚合过程体积收缩等。

(1) 凝胶效应

聚合中，当单体转化率达到20%左右时，体系黏度会明显增大，增长的活性链活动受阻，这时，单体的扩散速率无影响，链增长速率将正常进行，而链终止速率却减慢，因此聚合物的相对分子质量显著增大，聚合反应速率明显增加，出现了自动加速效应，以致发生局部过热，甚至产生爆聚。在聚合过程中必须严格控制升温速度，掌握自加速效应发生的规律。

(2) 爆聚

在聚合过程中，当反应物逐渐增稠而变成胶质状态后，热的对流作用受到限制，使反应体系积蓄大量的热，局部温度上升，导致聚合速率加快，以致产生大量的热量，这种恶性循环的结果先是局部，然后扩大至全部达到沸腾状态，产生所谓的爆聚现象。若发生在密闭容器中，可能会产生很大的压力，可使容器炸裂，引起生产事故。

(3) 聚合过程体积收缩率大

在甲基丙烯酸甲酯转化成高聚物的反应过程中，反应物的体积有着显著的收缩。甲基丙烯酸甲酯单体的密度为 $0.948\mathrm{g/cm^3}$，聚合物密度 $1.18\mathrm{g/cm^3}$，因此，发生聚合后，收缩率会超过单体原有体积的五分之一，结果会造成产品表面的缺陷。

4. 有机玻璃的生产流程

工业上，用本体法生产有机玻璃时，按加热方式可分为水浴法和空气浴法，或两种方式结合使用。通常水浴法一般生产民用产品，空气浴法大多用于生产力学性能要求高、抗银纹性好的工业产品及航空用的有机玻璃。按单体是否预灌模又可分为单体灌模法和单体预聚成浆液后灌模两种。有机玻璃的板材及棒材的生产通常用单体预聚成浆液灌模的方法。有机玻璃板材的生产流程框图见图 8-3。

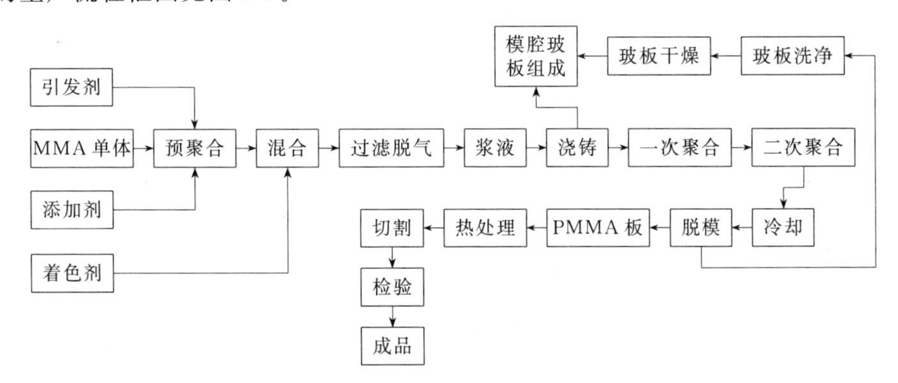

图 8-3 有机玻璃板材的生产流程框图

5. 有机玻璃生产控制因素

本体聚合由于反应的聚合热较大，很容易引起局部过热，致使产品产生气泡、变色，甚至引起爆聚，因此，在生产过程中，要严格控制温度、压力、反应时间、系统中氧及原料的纯度等。

(1) 单体的纯度

若单体中含有甲醇、水、阻聚剂等，将影响聚合反应速率，造成有机玻璃局部密度不均或带微小气泡和皱纹等，甚至严重影响有机玻璃的光学性能、热性能及力学性能。聚合前，可用洗涤法、蒸馏法或离子交换去除单体中的阻聚剂。若杂质中含有少量甲基丙烯酸，虽容易粘模，但可消除收缩痕。

(2) 引发剂的性质

有机玻璃的生产，可选择有机过氧化物或偶氮类化合物做引发剂，但其用量对产物相对分子质量影响较大，通常用量为0.8%～1.0%。此外，有机过氧化物是强氧化剂，对某些染料有氧化作用，使有机玻璃无法染色，在配料时应给予注意。

(3) 聚合反应温度

温度升高，聚合反应速率加快，转化率增大。但温度过高，会导致链终止速率超过链增长速率，同时引起长链解聚，使短链增多，相对分子质量下降，影响产品的力学性能。温度控制不均，易局部过热，将会引起收缩不均、应力集中，使制品过早出现银纹、气泡等缺陷。

(4) 聚合反应压力

压力提高，可增加活性链与单体的碰撞概率，加快聚合反应速率。加压操作还可以减少因聚合体积收缩而引起的表面收缩痕。因此，工业上在生产有机玻璃棒材的时候常采用加压聚合工艺，有利于提高产品的质量。

(5) 聚合反应时间

在一定的温度下，通常聚合转化率随时间增长而增大。单体转化率在20%前，聚合速率很快；转化率在20%后，聚合速率略微减缓；转化率在45%后大为减慢；待转化率达90%以上，聚合反应几乎停止。所以，在较低温度聚合结束后，升温至100～110℃保持1～3h，使聚合反应进行彻底。

(6) 系统中的氧

系统中的氧很容易使聚甲基丙烯酸甲酯产生分解反应而使热性能和力学性能降低。因此，生产中要尽量避免空气与单体或预聚物接触，对预聚体要采取真空脱气，灌模时必须将模具内空气排尽。

四、有机玻璃生产工艺方法

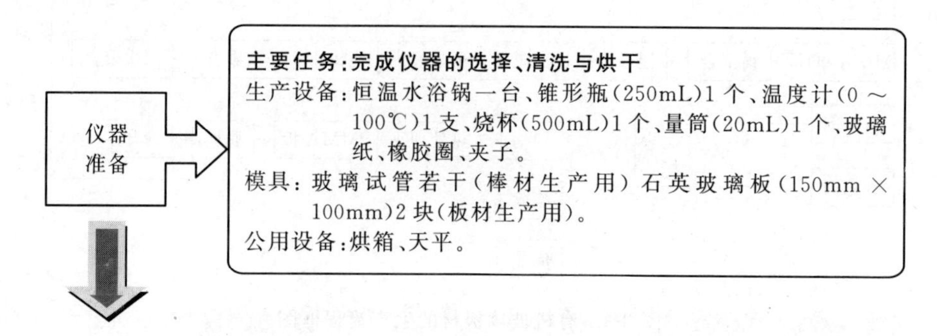

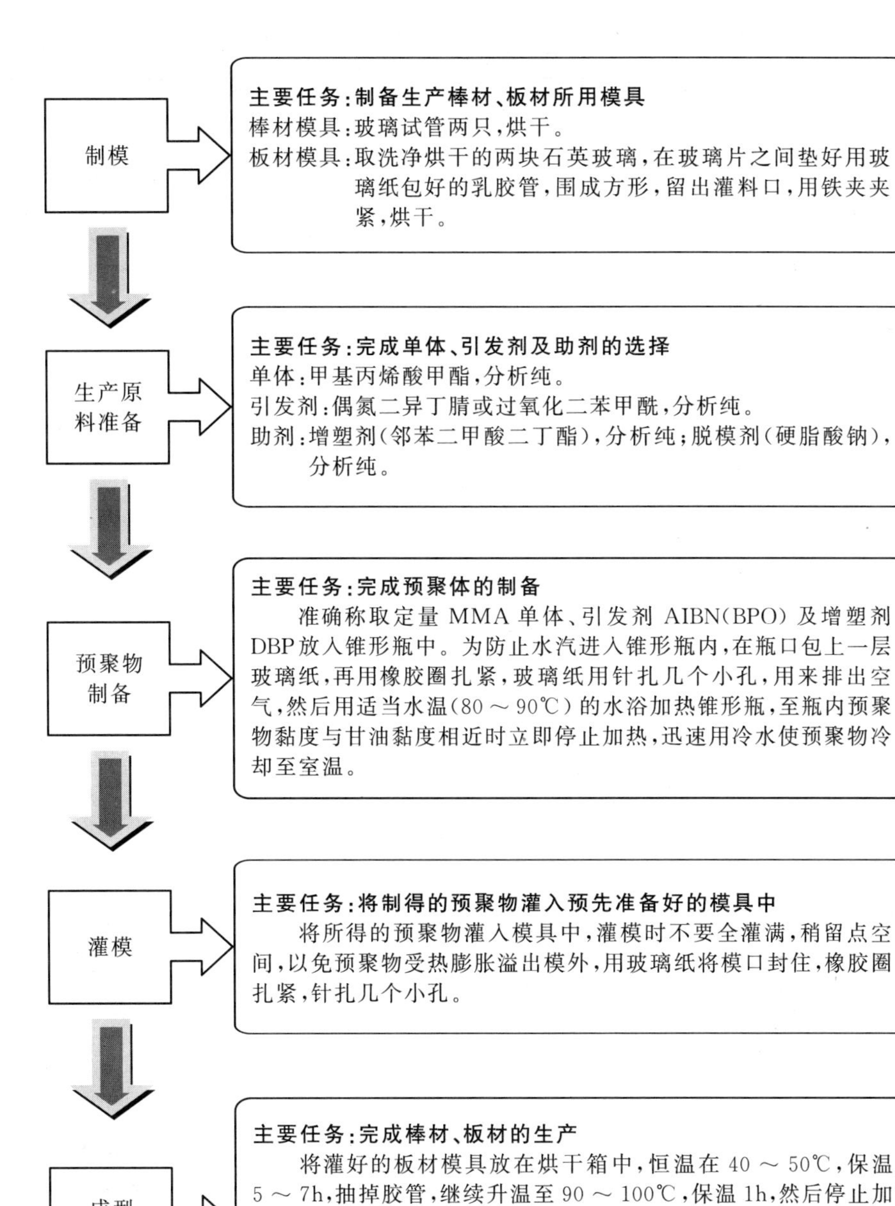

五、生产中注意事项

1. 仪器、设备需要预先干燥。
2. 预聚合时间控制要点：与甘油浓度接近，冷却。
3. 聚合温度的控制：取决于引发剂的分解温度。
4. 灌模方法：倾斜、顺畅、留余地、无气泡。
5. 成型方法：缓慢升温。

【综合评价】

序号	评价项目	评价要点
1	产品质量	无色透明
		表面光滑
		内无气泡与杂质
2	原料配比	单体量、引发剂量及其他助剂量
3	生产过程控制能力	温度控制范围
		预聚物黏度控制
		灌模方法
		聚合反应时间控制
4	事故分析和处理能力	是否出现生产事故
		生产事故处理方法

任务二 MMA 模塑粉生产

PMMA 模塑粉是通过甲基丙烯酸甲酯的悬浮聚合制备的，可用成型方法制造假牙、假肢或其他模塑制品。PMMA 模塑粉生产原料及产品如图 8-4 所示。

【任务介绍】

以甲基丙烯酸甲酯为原料，选择合适的引发剂、其他试剂及生产设备，确定配料比，在给定的时间内，生产 PMMA 模塑粉。

产品质量要求：无色、透明、粒度大小符合要求。

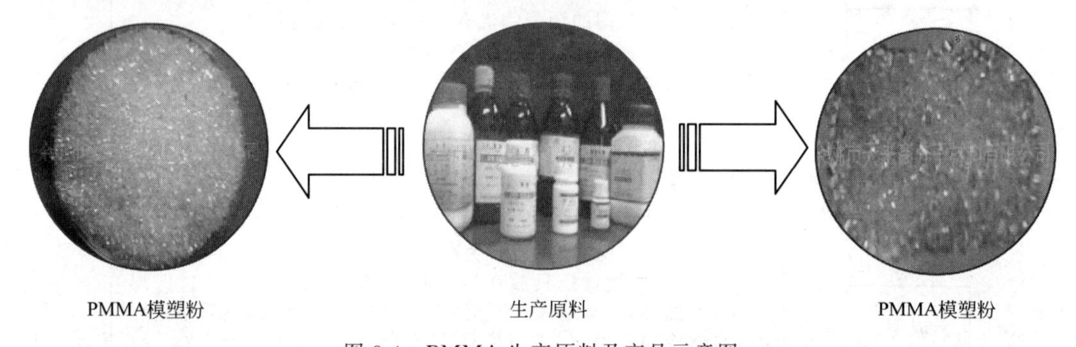

图 8-4 PMMA 生产原料及产品示意图

【相关知识】

一、PMMA 模塑粉制品展示

PMMA 模塑粉是通过甲基丙烯酸甲酯的悬浮聚合得到的无色透明颗粒，按粒度的大小得到不同用途的合成产品，用在不同的加工成型中，可得到性能及用途不同的塑料制品。PMMA 模塑粉制品展示如图 8-5 所示。

二、PMMA 模塑粉的性能指标及用途

1. PMMA 模塑粉的性能

PMMA 模塑粉比浇铸型的聚甲基丙烯酸甲酯相对分子质量低，其他性能相近，也是无

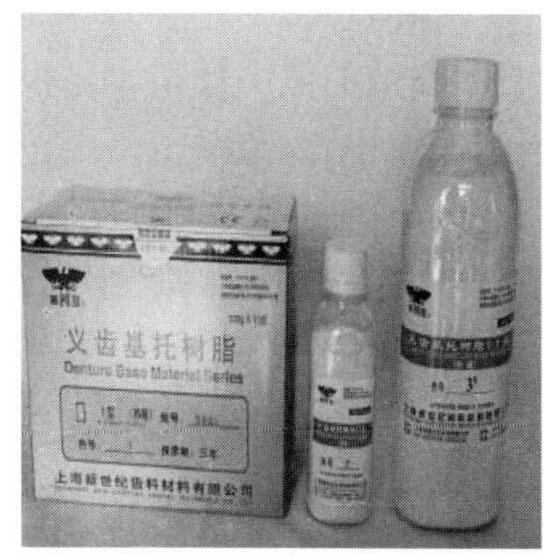

(a) 热凝造牙粉

(b) PMMA灯罩

(c) PMMA烟灰缸

图 8-5　PMMA 制品展示

色透明。

2. PMMA 模塑粉的用途

悬浮法得到的聚甲基丙烯酸甲酯珠状树脂，颗粒直径小于 0.1mm，可作为牙托粉原料；颗粒直径在 0.2～0.5mm，作为模塑料可注射、模压和挤出成型，主要用于制汽车尾灯罩、交通信号灯罩、工业透镜、仪表盘盖、控制板、设备罩壳等。

三、PMMA 模塑粉的生产原理

1. PMMA 模塑粉的生产原理

根据聚合物在单体中的溶解情况，悬浮聚合可分为均相聚合（珠状聚合）和非均相聚合（粉状聚合）两种，其成粒机理是不同的。甲基丙烯酸甲酯和苯乙烯的均聚体系是典型的珠状悬浮聚合，成粒过程可分为三个阶段：

（1）聚合初期

单体在机械搅拌和分散剂的作用下形成直径 0.5～5mm 的小液滴，在适当的温度下，引发剂分解产生自由基，引发单体聚合。

（2）聚合中期

由于高聚物能溶于单体中，使液滴保持均相。随着高聚物增多，液滴黏度增大，体积开始减小，存在易黏结成块的危险期。当转化率达 70%以后，聚合速率开始下降，单体浓度逐渐减少，液滴内大分子越来越多，液滴黏性减小，弹性相对增加。

（3）聚合后期

转化率达 80%时，单体显著减少，液滴内大分子链间越来越充实，弹性逐渐消失而变硬。适当提高温度使残余单体进一步聚合，完成由液相转变为固相的全部过程，最终形成均匀、坚硬、透明的高聚物珠状粒子。其过程如图 8-6 所示。

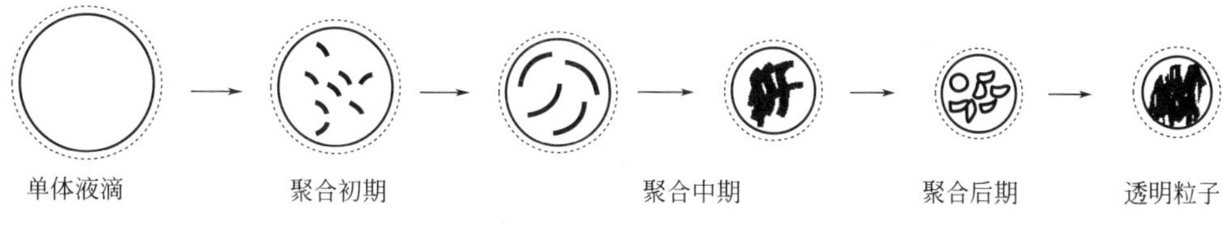

图 8-6　珠状粒子的形成过程示意图

2. PMMA 模塑粉的生产特点

甲基丙烯酸甲酯的悬浮聚合属典型的均相聚合反应，产物是无色透明、坚硬、光滑的珠状粒子。25℃时，聚合反应过程中体积收缩率达到23%左右，当转化率达20%～70%阶段，均相反应体系的单体液滴中，因溶有大量聚合物而黏度很大，凝聚黏结的危险性很大，很容易产生“爆聚”现象，生产中要严加控制聚合温度。

3. PMMA模塑粉的生产工序

PMMA模塑粉的生产过程采用间歇法生产，图8-7所示为PMMA模塑粉的生产流程框图。

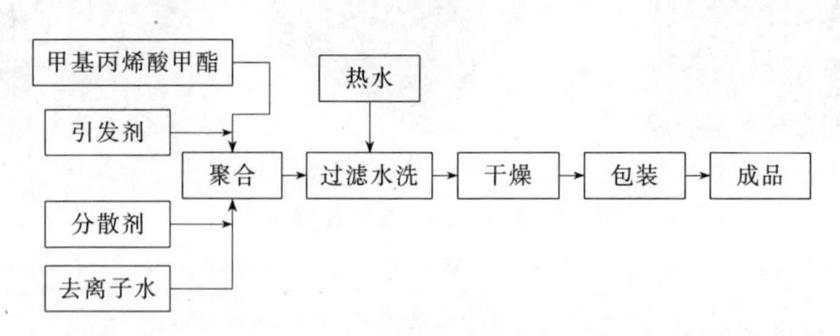

图8-7 PMMA模塑粉的生产流程框图

4. PMMA模塑粉的生产控制因素

甲基丙烯酸甲酯的悬浮聚合反应中，单体纯度、水油比、聚合反应温度、聚合反应时间、聚合反应压力、搅拌速度等对聚合过程及产品质量都有影响，掌握这些变化规律才能进行平稳操作及生产合格的产品。

(1) 单体纯度

杂质主要影响聚合反应速率及产品质量。随单体合成方法的不同，所含杂质也不一样。在甲基丙烯酸甲酯中，常见的杂质有甲醇、乙醇等低级醇类及低级醚类、酮类等。当杂质含量超过0.01%时就对产品质量有明显的影响，能使悬浮聚合体系中出现聚合物胶液及乳胶滴增大黏结倾向，也能造成聚合物粒子内部产生气泡。

(2) 水油比

悬浮聚合体系中的水油比是指水的用量与单体用量的质量比。水油比的大小将直接影响聚合物粒子的大小。水油比大，利于反应热的移出，易于操作控制。但过多水量也会降低聚合设备的利用率。工业上，水油比大小要依据产品用途控制在1∶1～6∶1。

(3) 聚合反应温度

悬浮聚合的反应温度是由单体、引发剂的性质及产品的性能来确定的。理论上，选择在接近单体或水的沸点条件下进行聚合，反应速率较快，但产物不规则，部分粒子内部会含有气泡。因此，工业上，多数悬浮聚合是在单体和水的沸点以下常压操作。同时，也要考虑选用的引发剂分解温度。

(4) 聚合反应压力

加压聚合对反应器的强度和搅拌器密封要求更高。因此，通常采用常压下操作。

(5) 聚合反应时间

单体纯度、引发剂类型和用量、聚合反应温度、聚合反应压力都能影响聚合时间。但转化率达90%以后，聚合物粒子中单体浓度已很低，聚合速率大大下降。这时结束反应回收单体，可缩短反应时间。

(6) 聚合反应核心设备

聚合反应器是聚合反应的核心设备，其类型有很多种。悬浮聚合一般为间歇式生产，大都是采用带夹套和搅拌器的釜式反应器。搅拌在悬浮聚合中极为重要，搅拌的目的是使单体均匀分散，并悬浮成微小的液滴。悬浮聚合时，搅拌器的转速与生产品种及操作条件有关。生产上，只要采用适当的转速，不仅可降低能耗，且可减少结块并使聚合物颗粒形态均匀。

（7）黏釜物

在悬浮聚合过程中，很容易在釜壁上形成黏釜物。主要是由聚合中形成的低聚物或在搅拌中飞溅碰撞釜壁的聚合物粒子造成的。黏釜物的存在会导致釜壁导热系数降低，影响传热效果。此外，如果树脂中混入黏釜物，在加工时不易塑化，在制品中则呈现不透明的细小粒子，生产中常把这种不塑化的粒子称为“鱼眼”。“鱼眼”会影响产品质量，因此必须采取一系列措施预防结块和清除黏釜物。工业上，常采用的措施有：

① 使聚合釜内壁金属钝化。

② 添加水相阻聚剂，终止水相中的自由基。如在明胶为分散剂的体系中加入亚硝基R盐、亚甲基蓝或硫化钠等。

③ 釜内壁涂布某些极性有机化物，防止金属表面发生引发聚合或大分子活性链接触的情况。如用醇溶黑作为釜壁涂层。

④ 定期清釜。

（8）产物后处理

悬浮聚合之后，一般得到20%～42%固体浓度的悬浮液，其中含大量水分，需要将聚合物与水进行分离。聚合物粒子经洗涤、干燥，即得成品。

四、PMMA模塑粉生产工艺方法

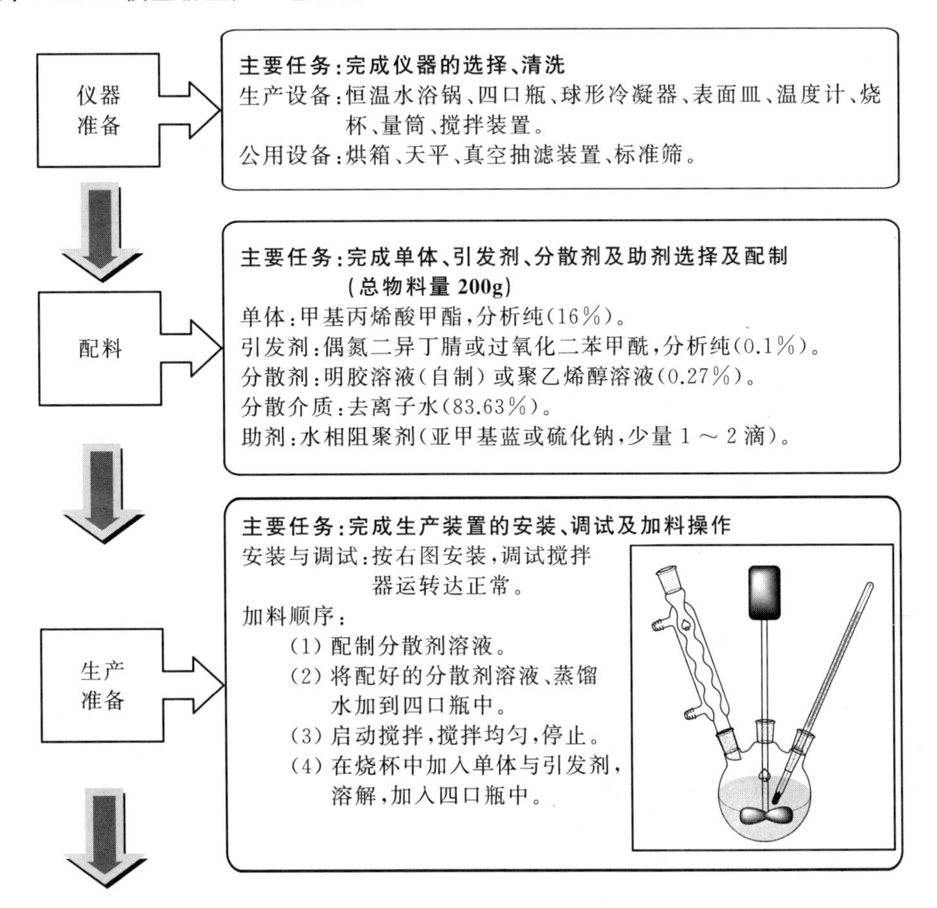

主要任务:完成PMMA模塑粉的生产操作

观察现象:油水分层,有两相界面。

缓慢开动搅拌器,待油状透明珠粒大小达到要求的直径后,开始加热,温度控制在70℃,然后加入1～2滴左右的1.0%的亚甲基蓝,反应1h后升温至80℃恒温反应3h,待颗粒变硬,再升温至90℃,反应结束。

主要任务:完成产物的后处理(洗涤、过滤、干燥、筛分)操作,得到合格产品

洗涤:将产物倒入烧杯,沉淀分层,倒出上层液体,余下用热水洗涤,注意不要把颗粒冲洗出去,洗至清晰为止,观察颗粒是否均匀透明。

过滤:将含有颗粒的液体抽滤,倒入表面皿中。

烘干:将表面皿放置烘箱,调温控100℃,干燥4h左右。

筛分:用标准筛筛分颗粒,得到合格产品。

五、生产中注意事项

1. 生产装置:安装要平稳,搅拌顺畅。
2. 加料:按顺序完成。
3. 聚合温度的控制:取决于引发剂的分解温度,严格控制防"爆聚"。
4. 搅拌控制:控制搅拌速度来控制产物粒度大小。
5. 后处理:热水洗净,烘干。

【综合评价】

序号	评价项目	评价要点
1	产品质量	无色透明
		颗粒均匀
		颗粒大小符合质量要求,产率高
2	原料配比	单体量、引发剂量及其他助剂量
3	生产过程控制能力	温度控制范围
		搅拌速度的控制
		聚合反应时间控制
		后处理方法
4	事故分析和处理能力	是否出现生产事故
		生产事故处理方法

【自我评价】

一、名词解释

1. 有机玻璃　　2. 亚克力

二、填空题

1. 本体聚合的缺点是(　　)难于排除,因此容易产生(　　),致使产品变色,发生气泡甚至爆聚。为了克服这一问题,工业生产中一般采用(　　)聚合。

2. 生产有机玻璃时会有着显著体积收缩现象,主要是由于单体和聚合物(　　)差异造成的。

3. 生产有机玻璃时,最关键的问题是克服(　　)、(　　)及(　　)。

4. 悬浮聚合体系中的水油比是指（　　）用量与（　　）用量的质量比。
5. 生产 PMMA 模塑粉可以选择的分散剂是（　　）或（　　）。
6. 在悬浮聚合过程中，很容易在釜壁上形成（　　）。

三、选择题

1. 有机玻璃是甲基烯酸甲酯通过（　　）工业实施方法得到的。
A. 本体聚合　B. 溶液聚合　C. 悬浮聚合　D. 乳液聚合
2. 有机玻璃是目前塑料中（　　）性能最好的品种。
A. 透明性　B. 弹性　C. 耐磨性　D. 耐热性
3. 生产有机玻璃时，加入邻苯二甲酸二丁酯的主要作用是作为（　　）。
A. 引发剂　B. 防老剂　C. 增塑剂　D. 染色剂
4. PMMA 模塑粉是甲基烯酸甲酯通过（　　）工业实施方法得到的。
A. 本体聚合　B. 溶液聚合　C. 悬浮聚合　D. 乳液聚合
5. 高聚物生产中常把制品中未塑化的粒子称为（　　）。
A. 凝胶　B. 胶粒　C. 黏釜物　D. 鱼眼
6. PMMA 模塑粉的生产后处理时要先用（　　）进行洗涤。
A. 冷水　B. 盐水　C. 热水　D. 以上都可以
7. 聚合反应在生产中究竟选择哪一种方法，须由（　　）来决定。
A. 单体的性质　B. 聚合产物的用途
C. 单体的性质和聚合产物的用途　D. 生产工艺
8. 悬浮聚合体系中水的主要作用是（　　）。
A. 第二种单体　B. 引发剂　C. 分散介质　D. 溶剂
9. 聚合反应实施方法属于典型珠状悬浮聚合的单体是（　　）。
A. 甲基丙烯酸甲酯　B. 氯乙烯　C. 乙烯　D. 丙烯
10. 聚合反应实施方法属于典型粉状悬浮聚合的单体是（　　）。
A. 甲基丙烯酸甲酯　B. 氯乙烯　C. 乙烯　D. 丙烯

四、简答题

1. 有机玻璃的生产中为什么要进行预聚合?
2. 有机玻璃产品中如有气泡或表面有纹银，试分析产生的主要原因。
3. 模塑粉的生产中，要制得颗粒比较均匀的产物，应如何控制?

参 考 文 献

[1] 潘祖仁．高分子化学．北京：化学工业出版社，2001.
[2] 胡学贵．高分子化学及工艺学．北京：化学工业出版社，1999.
[3] 赵进，赵德仁，张慰盛．高聚物合成工艺学．第3版．北京：化学工业出版社，2015.
[4] 侯文顺．高聚物生产技术．北京：化学工业出版社，2004.
[5] 薛叙明，张立新．高分子化工概论．北京：化学工业出版社，2011.
[6] 徐玲．高分子化学．北京：中国石化出版社，2010.
[7] 卢江，梁辉．高分子化学．北京：化学工业出版社，2004.
[8] 张兴英．高分子化学．北京：化学工业出版社，2006.
[9] 黄志明等．聚氯乙烯工艺技术．北京：化学工业出版社，2008.
[10] 张晓黎．高聚物产品生产技术．北京：化学工业出版社，2010.
[11] 韦军．高分子合成工艺学．上海：华东理工大学出版社，2011.
[12] 中国石油化工集团公司人事部，中国石油天然气集团公司人事服务中心．聚酯装置操作工．北京：中国石化出版社，2007.